仪器装备可靠性工程丛书

装备可靠性工程与实践

方其庆　杨洪旗　胡亚敏　编著
编写组成员：刘　根　刘庆华　潘　勇　刁　斌
　　　　　　张　伟　李洪力　吕　伟　王晶晶
　　　　　　谷成刚

电子工业出版社

Publishing House of Electronics Industry

北京·BEIJING

内 容 简 介

本书紧贴装备全寿命周期工作实际，借鉴国内外最新研究成果，充分吸收编著者团队在可靠性工程领域的实践经验，介绍了可靠性基础知识、可靠性工程内容和发展历程，对装备可靠性要求论证、装备可靠性设计与分析、装备可靠性试验与评价、装备使用可靠性评估与改进，以及装备可靠性管理工作的实施流程、技术方法、工作要点等进行了系统阐述，并对装备可靠性数字孪生技术、智能软件可靠性技术等前沿理论与技术进行了介绍。

本书适合从事装备设计、研究、生产和使用，以及可靠性工程相关工作的各类科技人员阅读，也可作为教学参考用书。

图书在版编目（CIP）数据

装备可靠性工程与实践 / 方其庆，杨洪旗，胡亚敏
编著. -- 北京 : 电子工业出版社，2024. 8. -- （仪器
装备可靠性工程丛书）. -- ISBN 978-7-121-48182-6

Ⅰ. TB114.39

中国国家版本馆 CIP 数据核字第 2024V8S430 号

责任编辑：牛平月（niupy@phei.com.cn）
印　　刷：中煤（北京）印务有限公司
装　　订：中煤（北京）印务有限公司
出版发行：电子工业出版社
　　　　　北京市海淀区万寿路 173 信箱　　邮编：100036
开　　本：720×1 000　1/16　印张：16.75　字数：353.6 千字
版　　次：2024 年 8 月第 1 版
印　　次：2025 年 1 月第 3 次印刷
定　　价：98.00 元

前言

　　本书紧贴装备全寿命周期工作实际，充分吸收空军预警学院、工业和信息化部第五研究所等单位在可靠性工程中的实践经验，借鉴国内外最新研究成果，介绍了可靠性基础知识、可靠性工程内容和发展历程，对装备可靠性要求论证、装备可靠性设计与分析、装备可靠性试验与评价、装备使用可靠性评估与改进以及装备可靠性管理工作的实施流程、技术方法、工作要点等进行了系统阐述，并对装备可靠性数字孪生技术、智能软件可靠性技术等前沿理论与技术进行了介绍。

　　可靠性工程起源于武器装备系统，经过70多年的发展，随着工业技术、信息技术等的不断发展和进步，新一代装备向集成化、体系化、智能化、模型化演进，可靠性工程技术也快速向前发展，从最初的电子产品可靠性延伸到机械和非电子类产品的可靠性，从硬件的可靠性发展到软件的可靠性。与此同时，复杂系统可靠性、装备体系可靠性、基于模型的装备可靠性工程、装备可靠性数字孪生、智能软件可靠性等技术日益成为学术界和工业界关注的焦点。

　　全书共7章。第1章绪论，从对可靠性与可靠性工程概念的内涵分析着手，简要介绍了可靠性工程包含的可靠性管理与可靠性技术工作，并分析了从概念形成到深入发展阶段及新技术革命阶段的可靠性工程发展历程；第2章装备可靠性要求论证，阐述了可靠性定量要求、定性要求、工作项目要求的论证流程、论证要点及相关示例；第3章装备可靠性设计与分析，对可靠性建模、分配与预计，故障模式、影响及危害性分析，故障树分析，潜在分析，电路容差分析，元器件选用控制，耐久性分析，可靠性仿真分析进行了详细介绍，给出了具体工程示例，提出了工作实施要点；第4章装备可靠性试验与评价，主要介绍了可靠性试验分类及内容、环境应力筛选试验、可靠性研制试验、可靠性增长试验、可靠性验证试验的程序、方法及工作要点；第5章装备使用可靠性评估与改进，对使用可靠性信息收集、使用可靠性评估、使用可靠性改进等工作的主要内容、程序、方法、途径、工作要点等进行了介绍；第6章装备可靠性管理，重点阐述了建立可靠性工作机构、制订可靠性工作计划、可靠性评审等工作的内容与要求；第7章装备可靠性工程新技术，对复杂系统可靠性技术、装备体系可靠性技术、基于模型的装备可靠性工程技术、数据驱动的装备可靠性工程技术、装备可靠性数字孪生技术、智能软件可靠性技术等新技术、新方法进行了介绍。

　　本书由空军预警学院、工业和信息化部第五研究所组织策划，方其庆、杨洪旗、胡亚敏编著，刘根、刘庆华、潘勇、刁斌、张伟、李洪力、吕伟、王晶晶、谷成刚同志参与了编写，武汉大学信息管理学院姜瑞同学，空军预警学院杨丽萍、孔绪、张鹏、冯露君同学参与了文献资料收集、整理及校稿等工作，全书由方其庆、杨洪旗、胡亚敏总体规划与统稿。

本书内容突出"实践"特色，在编写过程中，参阅了前辈和同行提供的大量相关文献资料，并引用了部分内容，在此表示衷心感谢。

由于可靠性工程技术的快速发展，加之编著者水平有限，书中难免存在不妥甚至谬误之处，敬请读者谅解和批评指正。

编著者

2024 年 2 月

目录

第1章

绪　　论

1.1 可靠性基础

可靠性作为通用质量特性的重要组成部分，主要着眼于减少或消灭故障。而维修性则强调以最短的时间、最低限度的保障资源及最省的费用，使装备保持或迅速恢复到良好状态。所以，可靠性是维修性的基础，维修性是可靠性的重要补充和延续，同时维修性还受可靠性的制约和影响。维修性又依赖于测试性，通过测试进行故障监测和隔离，装备在正常使用、维修、测试过程中又必须依赖于保障性，要求其易于保障。安全性是一种特殊的可靠性，当故障后果导致不安全时，可靠性问题就成了安全性问题。装备的维修性和可靠性是保障性的重要条件，而保障性是可靠性和维修性的归宿。环境适应性主要取决于选用的材料、构件、元器件的耐环境能力及其结构设计、工艺设计时采取的耐环境措施是否完整有效，是以装备是否失效或出现故障为判据的，所以，环境适应性是可靠性的前提和基础，没有较高的环境适应性，可靠性就失去了保证。

由此可见，可靠性与设计、生产、管理和维修保养等诸多因素有关，是装备质量的重要组成部分，也是基本质量目标之一，对装备整体效能的发挥起着至关重要的作用。

1.1.1 可靠性的基本概念

可靠性是产品质量特性，是衡量产品质量的重要指标之一。例如，珠峰的自然环境对通信设备的正常工作是一个极其严峻的考验，珠峰不可能提供常规维护条件，移动基站设备必须达到超常规的稳定性和零故障，以保证通信网络的稳定、可靠运行，从而实现基站设备的"零值守"，不需要现场维护。可见，可靠性也是产品的设计特性。

为了讨论可靠性的关键要素，需要明确可靠性的定义。可靠性是指产品在规定的条件下和规定的时间内完成规定的功能的能力。可靠性的定义包括以下四个要素。

① 规定的条件

产品的可靠性是与"规定的条件"分不开的，规定的条件包括使用环境条件，如温度、振动、湿度、冲击等；工作应力条件；贮存时的贮存条件等。在可靠性工作中，必须强调环境的影响，同一个产品在不同的使用环境条件或工作应力下使用时，其可靠性是不同的。良好环境的失效率与恶劣环境的失效率差别巨大，在进行可靠性设计时应明确产品使用环境和工作应力，以便于在设计时进行这方面的考量。

② 规定的时间

产品的可靠性与规定的时间密切相关，因为使用或贮存时间的不同，产品的可靠性也存在较大的差异性，因此应该把对应的环境、工作状态与经历时间联系起来。这里的时间是指广义的时间概念，可以是日历时间、使用时间，也可以是使用次数、里程、循环数等寿命单位。产品的可靠性一般随着时间的推移呈下降趋势。

③ 规定的功能

产品的可靠性与规定的功能有密切的关系，规定的功能就是产品应具备的技术指标。产品能否完成预定的任务，取决于其各种规定的功能是否正常。对于具有单一功能的简单产品，其无故障工作的定义比较容易；而对于具有多种功能的复杂产品，其无故障工作的定义必须进行细致的分析才能给出，需首先对各组件进行故障模式、影响分析，然后进一步规定各组件性能指标的可接受范围、各组件正常工作的条件，最后给出无故障工作的具体定义。

④ 具体的度量

可靠性的概率度量称为可靠度，可靠度在数学概率计算上是一个小于或等于 1 且大于或等于 0 的值，但对于具体产品其可靠度不可能等于 0（即百分之百的不可靠），也不可能等于 1（即百分之百的可靠），因此产品的可靠度是一个小于 1 且大于 0 的值。

同时，可靠性根据其使用场景又可分为固有可靠性、使用可靠性、基本可靠性和任务可靠性，各可靠性的定义如下。

● 固有可靠性

固有可靠性也可称为设计可靠性，是承制方通过设计和制造赋予产品的，并在理想的使用和保障条件下所呈现的可靠性。固有可靠性用于设计、度量并评价产品的固有能力，只有在规定的条件下和规定的时间内由于设计、制造缺陷导致的故障才在固有可靠性分析考虑的范围内。

● 使用可靠性

使用可靠性是装备在实际使用条件下表现出的可靠性，是对装备在实际使用条件下的使用能力的描述与评价，同时受设计、制造、安装、使用、维修及环境等多方面因素的影响。

● 基本可靠性

基本可靠性是装备在规定的条件下，无故障工作的持续时间或概率。对于一个装备来说，所有的寿命单位和关联故障都在其基本可靠性统计范围内。

● 任务可靠性

任务可靠性是装备在规定的任务剖面中完成规定功能的能力。统计的是规定的任务剖面的任务时间和该任务剖面内出现的故障。

1.1.2 可靠性参数

1.1.2.1 常用的可靠性参数

（1）可靠度

产品在规定的条件下和规定的时间内，完成规定功能的概率称为产品的可靠度。若以 T 表示产品的寿命，以 t 表示规定的时间，显然，"$T > t$"的事件是一个随机事件。产品的可靠度是用概率来度量的，因此，产品可靠度的数学表达式为

$$R(t) = P(T > t)$$

式中：T——产品寿命；

t——规定时间。

显然，当 $t=0$ 时，$R(0)=1$；当 $t=\infty$ 时，$R(\infty)=0$

$$R(t) = \frac{N_0 - r(t)}{N_0}$$

式中：N_0——$t=0$ 时，在规定条件下工作的产品数；

$r(t)$——在 $0 \sim t$ 内，累计的故障数。

（2）不可靠度

定义：不可靠度是指在规定的条件下、规定的时间内，产品不能完成规定功能的概率。它也是时间的函数，记作 $F(t)$，称为累积失效概率。产品的寿命是一个随机变量，对于给定的时间 t，概率论中称随机变量 T 不超过规定值 t 的概率为分布函数，因此 $F(t)$ 也是产品的累积失效分布函数，其数学表达式为

$$F(t) = P(T \leqslant t)$$

显然，产品的可靠度与不可靠度之间，有关系式

$$R(t) + F(t) = 1$$

（3）失效概率密度函数

若函数 $F(t)$ 是连续可微的，则其导数称为产品的失效概率密度函数。失效概率密度函数 $f(t)$ 表示产品在 t 时刻的单位时间内的失效概率。其数学表达式为

$$f(t) = \frac{\mathrm{d}F(t)}{\mathrm{d}t}$$

显然，产品的累积失效概率与失效概率密度函数之间有关系式

$$F(t) = \int_0^t f(t)\mathrm{d}t$$

因而，产品的可靠度可表示为

$$R(t) = 1 - F(t) = 1 - \int_0^t f(t)\mathrm{d}t = \int_t^\infty f(t)\mathrm{d}t$$

（4）失效率（也称瞬时失效率）

在 t 时刻，尚未失效的产品，在该时刻后的单位时间内发生失效的概率，称为产品的瞬时失效率，简称失效率。其数学表达式为

$$\lambda(t) = \frac{f(t)}{R(t)}$$

由于 $f(t) = \dfrac{\mathrm{d}F(t)}{\mathrm{d}t} = -\dfrac{\mathrm{d}R(t)}{\mathrm{d}t}$ ，因而有：

$$\lambda(t) = -\frac{\mathrm{d}R(t)}{\mathrm{d}t} \cdot \frac{1}{R(t)} = -\frac{\mathrm{d}\ln R(t)}{\mathrm{d}t}$$

上述两边积分可得到

$$-\int_0^t \lambda(t)\mathrm{d}t = \ln R(t)$$

两边取指数得到

$$R(t) = \mathrm{e}^{-\int_0^t \lambda(t)\mathrm{d}t}$$

由上式还可以得到

$$f(t) = \lambda(t)\mathrm{e}^{-\int_0^t \lambda(t)\mathrm{d}t}$$

令 $\psi(t) = \int_0^t \lambda(t)\mathrm{d}t$ ，则称 $\psi(t)$ 为区间 $[0, t]$ 上的累积失效概率。

令 $\overline{\lambda}(t) = \dfrac{\psi(t)}{t}$ ，则称 $\overline{\lambda}(t)$ 为区间 $[0, t]$ 上的平均失效率。

某些产品的可靠性，特别是电子元器件的可靠性，常用失效率来表示。

1.1.2.2　产品的寿命特征量

（1）平均寿命（MTTF 或 MTBF）

对于不可修复的产品，平均寿命是指产品发生失效前的工作时间或贮存时间的平均值，通常记作平均失效前时间（Mean Time to Failure，MTTF）；对于可修复的

产品，平均寿命是指两次相邻故障间工作时间的平均值，通常记作平均故障间隔时间（Mean Time Between Failure，MTBF）。产品平均寿命的理论值为产品寿命 T 的数学期望，其表达式为：

$$E(t) = \int_0^\infty tf(t)\mathrm{d}t$$

对于指数分布，有

$$\mathrm{MTBF} = 1/\lambda$$

MTBF 是产品平均故障间隔时间或者称为平均无故障工作时间。它用来表征寿命为指数分布的产品的特征寿命。MTBF 越大，表明产品的可靠性越高，其故障率就越小。

（2）寿命方差与寿命标准离差 $D(t)$

产品寿命 T 的方差称为产品的寿命方差，其理论值为

$$D(t) = \int_0^\infty [t - E(t)]^2 f(t)\mathrm{d}t$$

寿命方差的均方根，称为产品的寿命标准离差。

（3）可靠寿命 ρ_r

对于给定可靠度 r，产品工作至可靠度为 r 的时间，称为可靠度为 r 的可靠寿命。若以 ρ_r 表示可靠寿命，则可从方程式 $R(\rho_r)=r$ 中求出 ρ_r。

（4）中位寿命 $\rho_{0.5}$

产品工作到可靠度为 50%时的寿命时间，称为产品的中位寿命，显然此时有

$$R(\rho_{0.5}) = F(\rho_{0.5}) = 50\%$$

（5）特征寿命 $\rho_{\mathrm{e}^{-1}}$

产品工作到可靠度为 e^{-1} 时的寿命时间，称为产品的特征寿命，显然此时有

$$R(\rho_{\mathrm{e}^{-1}}) = \mathrm{e}^{-1} = 36.8\%$$

1.1.2.3　可靠性参数间的相互关系

由可靠性参数的基本概念可以看出：产品的可靠度与失效分布函数之间为互逆关系，产品失效分布函数与分布密度函数之间为微积分关系，因此可以构成如图 1-1 所示的关系图。

由图 1-1 可知，只要知道方框中 $R(t)$、$F(t)$、$f(t)$、$\lambda(t)$这 4 个函数中的任何一个，就可以顺着箭头方向按相应的方程式，求出所有的可靠性参数。

1.1.3　产品寿命分布

在可靠性工作过程中，常常涉及产品的寿命分布问题。在可靠性实践中，常用指数分布、正态分布、对数正态分布、威布尔分布、超几何分布、伽马分布、贝塔分布来描述产品的失效分布规律。

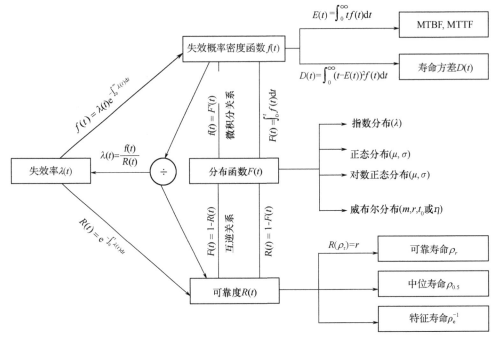

图 1-1　可靠性参数之间的关系图

（1）指数分布

指数分布是可靠性实践中最常见的分布，它的概率密度函数为

$$f(t) = \lambda e^{-\lambda t}$$

式中：λ——失效率。

服从指数分布的产品，在早期失效阶段，失效密度较高，随着时间的推移，失效密度逐渐降低，并趋向恒定。

根据可靠性指标的相互关系，可以得到

$$F(t) = 1 - e^{-\lambda t}$$
$$R(t) = e^{-\lambda t}$$
$$\lambda(t) = \lambda$$
$$\text{MTBF} = 1/\lambda$$
$$D(t) = 1/\lambda^2$$
$$\rho_r = -\ln(r)/\lambda$$
$$\rho_{0.5} = -\ln(2)/\lambda$$
$$\rho_{e^{-1}} = 1/\lambda$$

当产品寿命服从指数分布时，失效率近似常数。其平均寿命、寿命标准离差和特征寿命都是失效率的倒数。因此，对于寿命服从指数分布的产品而言，只要掌握了产品的失效率就可以知道产品的全部寿命分布特性。

指数分布的一个重要性质是无记忆性。无记忆性是指产品在经过一段时间 t_0 工作之后的剩余寿命仍然具有与原来工作寿命相同的寿命分布，而与 t_0 无关（马尔可夫特性）。这个性质说明，寿命分布为指数分布的产品，过去工作了多久对现在和将来的寿命分布不产生影响。

（2）正态分布

正态分布是一种应用极其广泛的分布，其失效概率密度函数为

$$f(t) = \frac{1}{\sigma\sqrt{2\pi}} e^{-\frac{1}{2}\left(\frac{t-\mu}{\sigma}\right)^2}$$

我们定义 $\mu=0$，$\sigma=1$ 的正态分布为标准正态分布。对于标准正态分布的分布函数而言，有

$$\Phi(x) = \int_0^x \frac{1}{\sqrt{2\pi}} e^{-\frac{x}{2}} dx$$

对于正态分布函数，统计学和各种数学手册已有专门的数表可查。

若令 $X = \dfrac{t-\mu}{\sigma}$，则有 $dx = \dfrac{dt}{\sigma}$，$t = \mu + \sigma x$。利用这种变换可以证明：当产品寿命服从正态分布时，式中参数 μ 就是产品的平均寿命，参数 σ 就是产品的寿命标准离差，而且产品的中位寿命同产品的平均寿命相等。

应用可靠性参数之间的关系图，可以得到产品的累积失效概率 $F(t)$、可靠度 $R(t)$、失效率 $\lambda(t)$、可靠寿命 ρ_r、特征寿命 $\rho_{e^{-1}}$ 的计算公式为

$$F(t) = \int_0^t \frac{1}{\sigma\sqrt{2\pi}} e^{-\frac{1}{2}\left(\frac{t-\mu}{\sigma}\right)^2} dt = \int_0^{\frac{t-\mu}{\sigma}} \frac{1}{\sqrt{2\pi}} e^{-\frac{x^2}{2}} dx = \Phi\left(\frac{t-\mu}{\sigma}\right)$$

$$R(t) = 1 - F(t) = 1 - \Phi\left(\frac{t-\mu}{\sigma}\right)$$

$$\lambda(t) = \frac{f(t)}{R(t)} = \frac{\Phi\left(\dfrac{t-\mu}{\sigma}\right)\Big/\sigma}{1 - \Phi\left(\dfrac{t-\mu}{\sigma}\right)}$$

$$\rho_r = \mu + \sigma K_{1-r}$$

$$\rho_{e^{-1}} = \mu + \sigma K_{0.632} = \mu + 0.34\sigma$$

式中：K_{1-r} ——标准正态分布的 $1-r$ 上侧分位点。

（3）对数正态分布

当正态分布函数的自变量取对数时，就变为对数正态分布函数。它的概率密度函数为

$$f(t) = \frac{1}{\sigma t \sqrt{2\pi}} e^{-\frac{1}{2}\left(\frac{\ln t - \mu}{\sigma}\right)^2}$$

式中：μ——对数均值；

σ^2——对数方差。

若以 $\varphi(x)$ 表示标准正态分布的概率密度函数，以 $\Phi(x)$ 表示标准正态分布的分布函数，以 K_{1-r} 表示标准正态分布函数的 $1-r$ 上侧分位点，令 $x = \dfrac{\ln t - \mu}{\sigma}$，则有

$\mathrm{d}x = \dfrac{\mathrm{d}t}{\sigma t}$，$\ln t = x\sigma + \mu$。根据上述关系式，利用可靠性参数之间的关系图，可以证明：累积失效概率 $F(t)$、可靠度 $R(t)$、失效率函数 $\lambda(t)$、平均寿命 $E(t)$、寿命方差 $D(t)$、可靠寿命 ρ_r、中位寿命 $\rho_{0.5}$、特征寿命 $\rho_{e^{-1}}$ 的计算公式为

$$F(t) = \int_0^t \frac{1}{\sigma t \sqrt{2\pi}} e^{-\frac{1}{2}\left(\frac{\ln t - \mu}{\sigma}\right)^2} \mathrm{d}t = \int_0^{\frac{\ln t - \mu}{\sigma}} \frac{1}{\sqrt{2\pi}} e^{-\frac{x^2}{2}} \mathrm{d}x = \Phi\left(\frac{\ln t - \mu}{\sigma}\right)$$

$$R(t) = 1 - \Phi\left(\frac{\ln t - \mu}{\sigma}\right)$$

$$\lambda(t) = \frac{\Phi\left(\dfrac{\ln t - \mu}{\sigma}\right)\bigg/ \sigma t}{1 - \Phi\left(\dfrac{\ln t - \mu}{\sigma}\right)}$$

$$E(t) = e^{\mu + \frac{\sigma^2}{2}}$$

$$D(t) = e^{2\mu + \sigma^2}\left[e^{\sigma^2} - 1\right]$$

$$\rho_r = e^{\mu + \sigma K_{1-2}}$$

$$\rho_{0.5} = e^{\mu}$$

$$\rho_{e^{-1}} = e^{\mu + 0.34\sigma}$$

（4）威布尔分布

瑞典的威布尔构造了一种分布函数。后来人们发现，凡是由于局部失效而导致整体机能失效的串联式模型都能采用这种分布函数来进行描述。这种分布函数具有普遍意义并得到了广泛的应用，尤其适用于机电类产品磨损失效的分布规律描述，并被人们称为威布尔分布函数。威布尔分布函数的形式为

$$F(t) = 1 - e^{-\left(\frac{t-\gamma}{t_0}\right)^m}$$

其失效概率密度函数为

$$f(t) = \frac{m}{t_0}(t-\gamma)^{m-1} \cdot e^{\frac{(t-\gamma)m}{t_0}}$$

式中：m——形状参数；

γ——位置参数；

t_0——尺度参数。

令 $\eta = t_0^{\frac{1}{m}}$，则称 η 为真尺度参数。令 $\Gamma\left(1+\dfrac{1}{m}\right) = \displaystyle\int_0^\infty u^{\frac{1}{m}} \mathrm{e}^{-u} \mathrm{d}u$，则称 $\Gamma(x)$ 为伽马

函数。这种函数在数学手册中有表可查。如果设 $u = \dfrac{t^m}{t_0}$，则有 $\mathrm{d}u = m\dfrac{t^{m-1}}{t_0}\mathrm{d}t$，

$t = (ut_0)^{1/m}$。根据这些关系式，利用可靠性指标的相互关系图，可以证明：当 $\gamma = 0$ 时，η 就是产品的特征寿命，而且其可靠度 $R(t)$、失效率 $\lambda(t)$、平均寿命 $E(t)$、寿命方差 $D(t)$、可靠寿命 ρ_r、中位寿命 $\rho_{0.5}$ 的计算公式为

$$R(t) = \mathrm{e}^{-\frac{t^m}{t_0}}$$

$$\lambda(t) = \frac{m}{t_0}t^{m-1}$$

$$E(t) = \eta\Gamma\left(1+\frac{1}{m}\right)$$

$$D(t) = \eta^2\left\{\Gamma\left(1+\frac{2}{m}\right) - \Gamma^2\left(1+\frac{1}{m}\right)\right\}$$

$$\rho_r = \eta(-\ln r)^{1/m}$$

$$\rho_{0.5} = \eta(\ln 2)^{1/m} = \eta(0.693)^{1/m}$$

如前所述，威布尔分布能体现产品全寿命期的失效特征，包括早期失效期、偶然失效期和耗损失效期；威布尔分布的一个重要参数是形状参数 m：

● 当 $m < 1$ 时，表示产品处于早期失效期。

● 当 $m = 1$ 时，表示产品处于偶然失效期。

● 当 $m > 1$ 时，表示产品处于耗损失效期。

威布尔分布的适用范围较广，服从指数分布、正态分布的产品同样可以用威布尔分布来描述：

● 当 $m = 1$，$\gamma = 0$ 时，代表指数分布，式中 t_0 即为平均寿命。

● 当 $m = 3.4$ 时，接近正态分布。

（5）超几何分布

超几何分布的概率计算在抽样方案设计中是计算接收概率的基础，非常重要。

超几何分布常用于连续事件导致系统失效的情况建模。考虑一个具有隐含冗余配置的系统，当两个连续器件发生失效时将导致系统失效，在这种情况下系统的可靠度可用超几何分布来进行建模。假设 N 件产品中有 M 件为次品，从中任取 $n(n \leq M)$ 件产品，设其中次品数为 X，则称 X 服从超几何分布。若 X 服从超几何分布，则其分布为

$$P\{X=k\}=\frac{C_M^k C_{N-M}^{n-k}}{C_N^k}(k=0,1,2,\cdots,n)$$

期望和方差分别为

$$E(X)=n\left(\frac{k}{N}\right)$$

$$D(X)=n\left(\frac{k}{N}\right)\left(\frac{N-k}{N}\right)\left(\frac{N-n}{N-1}\right)$$

由于概率分布的表达式与"超几何函数"的级数展开系数有关，故称为超几何分布。这就说明超几何分布的极限是二项分布。在实际应用时，只要 $N\geqslant10n$，就可用二项分布近似计算超几何分布的有关问题。

（6）伽马（Γ）分布

伽马分布可以表示较大范围的失效率函数，包括递减失效率函数、常数失效率函数及递增失效率函数。这种分布模型适用于描述失效分为 n 个阶段发生的情况，或者由于一个系统的 n 个独立的子器件失效导致整体失效的情况。

若随机变量 X 具有概率密度

$$f(x)=\begin{cases}\dfrac{\lambda^\alpha}{\Gamma(\alpha)}x^\alpha e^{-\beta\alpha} & x\geqslant0 \\[2mm] 0 & x<0\end{cases}$$

其中，$\alpha>0$，$\beta>0$，则称 X 服从参数为 α，β 的伽马分布，记为 $X\sim\Gamma(\alpha,\beta)$；$\alpha$ 称为形状参数，β 称为尺度参数；$\Gamma(\alpha)$ 称为伽马函数，其表达式为：$\Gamma(\alpha)=\int_0^\infty x^{\alpha-1}e^{-x}\mathrm{d}x$。

累积失效分布函数 $F(x)$ 为

$$F(x)=I\left(\frac{x}{\beta},\alpha\right)$$

其中，$I\left(\dfrac{x}{\beta},\alpha\right)$ 称为不完全伽马函数。

可靠度函数 $R(t)$ 为

$$R(t)=\int_t^\infty\frac{1}{\beta\Gamma(\alpha)}\left(\frac{\tau}{\beta}\right)^{\alpha-1}e^{-\frac{\tau}{\beta}}\mathrm{d}\tau$$

当形状参数 α 为整数 n 时，伽马分布即为 Erlang 分布，这种情况下，累积失效分布函数表示为：

$$F(t)=1-e^{-\frac{t}{\beta}}\sum_{k=0}^{n-1}\frac{\left(\dfrac{t}{\alpha}\right)^k}{k!}$$

失效率函数为

$$h(t) = \frac{\dfrac{1}{\beta}\left(\dfrac{t^{n-1}}{\beta}\right)}{(n-1)!\sum_{k=0}^{n-1}\dfrac{\left(\dfrac{t}{\alpha}\right)}{k!}}$$

（7）贝塔分布

当产品或组件的寿命可能被限制在一个时间段时，可以用贝塔分布来描述。贝塔分布最适合描述产品在(0,1)区间内的可靠度。像其他寿命分布的函数都可以描述三种形式（递减、恒定、递增）的失效率一样，贝塔分布的前两个参数也使其可以灵活地描述失效率的特性。贝塔分布的失效概率密度函数的标准形式如下。

x 服从连续分布的失效概率密度函数为

$$f(x|\alpha\beta) = \begin{cases} \dfrac{\Gamma(\alpha+\beta)}{\Gamma(\alpha)\Gamma(\beta)}x^{\alpha-1}(1-x)^{\beta-1} & 0 < x < 1 \\ 0 & \text{其他} \end{cases}$$

则称随机变量 x 服从带参数 α 和 β 的贝塔分布（$\alpha > 0$，$\beta > 0$）。

由于 $\int_0^1 f(x)\mathrm{d}x = 1$，因此

$$\int_0^1 x^{\alpha-1}(1-x)^{\beta-1}\mathrm{d}x = \frac{\Gamma(\alpha)\Gamma(\beta)}{\Gamma(\alpha+\beta)}$$

一般情况下，累积失效分布函数和失效率函数没有解析表达式，但如果 α，β 是整数，利用二项式展开的方法可以得到 $F(t)$，进而得到 $h(t)$。$F(t)$ 是关于 t 的多项式，t 的阶数在一般情况下是介于 0 和 $(\alpha+\beta-1)$ 之间的正实数。

贝塔分布的均值和方差分别为

$$E(x) = \frac{\alpha}{\alpha+\beta}$$

$$D(x) = \frac{\alpha\beta}{(\alpha+\beta)^2(\alpha+\beta+1)}$$

当参数 $\alpha = 1$，$\beta = 1$ 时，贝塔分布是（0,1）区间上的均匀分布。

1.2 可靠性工程

造成产品不可靠的因素是多方面的，既有客观上的因素也有主观上的因素，既与技术水平有关也与认知水平及管理水平有关。我国的可靠性工作开展了五十多年，取得了很大的进步，各领域、各行业对产品可靠性的重要性认识也慢慢提高。在很多的产品设计、开发过程中，都开展了可靠性工作。但是，要提高产品的可靠性是一项非

常艰巨的任务，它不仅需要管理者的重视、技术人员的参与，还需要各环节人员将可靠性工作视为一项系统工程。可靠性工作要与实际的产品相结合开展才有意义。

1.2.1 可靠性工程概要

从工程视角来看，可靠性工作可理解为使产品保持无故障状态完成规定功能所实施的一系列活动。GJB 451B 对"可靠性工程"的定义是：为了确定和达到产品的可靠性要求所进行的一系列技术与管理活动。可靠性工程涉及产品可靠性要求论证、可靠性设计与分析、可靠性试验与评价、使用可靠性评估与改进，以及产品寿命周期可靠性管理等内容。

可靠性工程贯穿产品寿命周期从概念、方案设计、样机研制、生产、使用到报废处置各阶段。它涉及原材料、元器件、设备和系统等各个方面。不同的产品，可能在开展可靠性工作时，会有不同的侧重点，即有所区别。

可靠性工程是装备系统工程的一个重要组成部分，它包括：确定可靠性要求、进行可靠性管理、开展可靠性设计与分析、实施可靠性试验、验证和评价可靠性要求以及改进可靠性等一系列工作。可靠性工程活动的目的是使产品在使用中不发生或少发生故障，达到要求的或更高的可靠性水平，为此，必须掌握产品故障发生的规律和机理，通过设计、分析、试验、管理、合理使用等途径，控制和预防故障的发生。在产品研制时应更强调通过设计、暴露（如通过试验或分析等手段暴露故障或缺陷）、再设计的过程，使产品设计得更"健壮"。

GJB 450B—2021《装备可靠性工作通用要求》（简称 GJB 450B）规范了可靠性工作内容，提出了 5 大系列的可靠性工作项目，分别是可靠性要求论证、管理、设计与分析、试验与评价、使用可靠性评估与改进。图 1-2 概括梳理了 GJB 450B 中规定的工作项目，包括 5 大系列、37 个子项。

1.2.2 可靠性工程的基本内容

装备可靠性工作是指应用工程化的方法、技术和专业知识，通过策划与实施一系列技术与管理工作，识别、消除故障或降低其发生概率，以达到装备的可靠性要求。装备可靠性工作是一项综合性、系统性的工作，它需要各部门之间共同努力和密切协作。

装备可靠性工作的目标是在现有技术水平、进度、费用等条件的约束下，通过一系列活动确保新研和改型装备确定合理的可靠性要求，并达到规定的可靠性要求，保持和提高现役装备的可靠性水平，以满足装备系统战备完好性和任务成功性要求，降低对保障资源的要求并减少寿命周期费用。

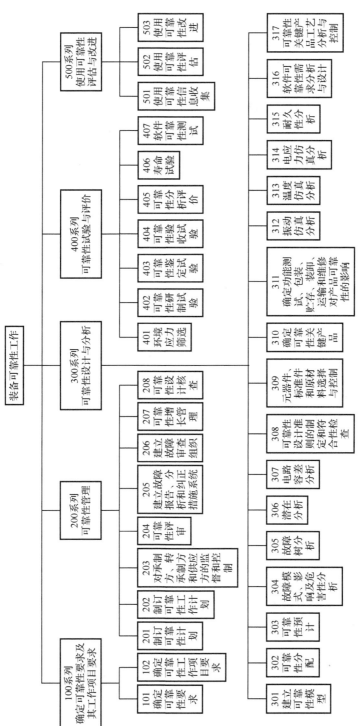

图 1-2　可靠性工程主要工作

装备可靠性工作贯穿装备寿命周期，从论证立项、工程研制到列装定型，涉及原材料、元器件、设备、软件、系统和装备体系等各个方面。

造成装备不可靠的因素是多方面的，既有客观上的因素也有主观上的因素，既与技术水平有关，也与管理水平有关。装备可靠性水平的提升不仅需要管理者的重视与技术人员的参与，而且要与装备研制工作结合开展才有意义。一般而言，装备可靠性工程包括可靠性管理工作和可靠性技术工作两方面。

1.2.2.1 可靠性管理工作

可靠性管理工作范围很广，包括可靠性规划制订、实施该规划所需的人力物力资源调度、实施可靠性规划的体制以及可靠性标准规范制订、可靠性教育培训、可靠性信息反馈等。

可靠性工作是一项综合性的技术工作，它需要各部门之间共同努力和密切协作。由谁来组织各部门之间的平衡和协调？由谁来下达可靠性任务？由谁来制订可靠性计划并督促实施？由谁来组织可靠性审查？这些都涉及可靠性管理工作。在任何机构里，凡是与可靠性有关的各项措施都必须自上而下地贯彻执行，也就是说，可靠性管理工作，不光是管理人员的工作，应该全员参与。可靠性管理工作在可靠性工程中起着决定性的作用。"三分技术，七分管理"恰如其分地说明了管理工作的重要性。只有加强可靠性管理工作，才能提高产品的可靠性。某厂为了给工程上提供一批高可靠性的元器件，并没有引入什么新的技术装备，只是加强了管理，把技术上过硬的熟练工人调到专用生产线上，并且组织有关人员在每一道关键工序后进行严格的检验，最终使筛选淘汰率从 10%～20%降到 1%～3%，达到了较高的可靠性水平。据统计，1996—2000 年美国 80%的装备都达不到要求的可靠性水平，为此，美国国防部一方面深入改革防务采办的政策、程序和方法，另一方面积极制订可靠性标准。如 2008 年，美国信息技术协会发布了 GEIA-STD-0009《系统设计、研制和制造用可靠性工作标准》；为贯彻和落实该标准，2009 年颁布了 MIL-HDBK-00189A《可靠性增长管理手册》。随着可靠性工程的不断发展，装备的可靠性工作项目越来越多，与其他工作的接口越来越复杂，可靠性管理工作更显其重要性。

除了工作项目的管理外，可靠性信息管理也是可靠性工程中的重要环节。可靠性信息是指有关装备的可靠性和费用等数据、报告与资料的总称。可靠性信息管理是对上述信息进行收集、传递、处理、贮存和使用等的一系列活动，是可靠性管理工作的一项重要工作。

可靠性信息是反映装备可靠性要求、状态、变化和相关要素及相互关系的信息，包括数据、资料和文件等。可靠性信息是进行可靠性设计、试验、管理、提高和保障产品可靠性的重要依据。按照信息来源，可靠性信息可以分为内部信息和外部信息，它们的区别在于是否由所管理的可靠性信息系统产生。可靠性信息管理工作包括对信息的收集、加工处理、贮存、反馈与交换，以及对信息利用情况的跟踪等内容。信息收集是开展可靠性信息工作的起点，没有信息就无法进行信息的加工和应用，收集的程序包括确定信息收集的内容和来源、编制规范的信息收集表格，以及采集、审核和汇总信息。通过对所收集到的、分散的原始信息，按照一定的程序和方法进行审查、筛选、分类、统计计算、分析，对信息进行加工处理。信息经加工处理后，要分类贮存，以便随时查询、使用。

进行可靠性信息管理的主要手段是建立可靠性信息管理系统。可靠性信息管理系统是指以装备（产品）为受控对象，以系统论和控制论为指导，由一定的组织、人员、设备和软件组成的，按照规定的程序和要求，从事可靠性信息工作，以支持和控制可靠性工程活动有效运行的系统。典型的可靠性信息管理系统是故障报告、分析和纠正措施系统（FRACAS）。该系统按规定的程序进行，使可靠性信息管理形成闭环，能够及时报告产品的故障，分析故障原因，制订和实施有效的纠正措施，以防止故障再现，提升产品可靠性水平。FRACAS 的主要任务就是对可靠性信息系统的建立和运行的管理，其主要工作内容包括制订必要的规章制度和有关规定、进行信息工作技术的基础建设、进行信息需求的分析、实施信息的闭环管理、信息员的技术培训、考核和评定信息系统的有效性等。

1.2.2.2 可靠性技术工作

可靠性技术工作包括可靠性论证、分析、设计、试验、评价，生产过程的可靠性控制，以及使用和维护阶段的可靠性数据收集、处理和评估等技术工作。在不同寿命周期阶段，装备研制所要开展的可靠性技术工作各有侧重。

论证立项阶段，通过开展立项综合论证和研制总要求论证，初步确定可靠性定性、定量要求，将其作为装备技术指标的一部分；同时给出可靠性工作项目要求，作为可靠性工作大纲的重要组成部分，明确装备研制后续需要开展的各项可靠性工作。

工程研制阶段，一方面需进行系统可靠性指标的分配，并制订初步的可靠性设计准则及优选元器件清单（PPL），指导系统设计；另一方面建立可靠性模型，开展可靠性预计，故障模式、影响分析（FMEA），故障树分析（FTA）等可靠性设计分析工作，发现设计的薄弱环节，改进设计，并判断设计方案是否满足系统可靠性要求，完成装备方案设计。然后进一步开展可靠性建模、分配、预计、FMEA、FTA等可靠性设计分析工作，判断工程设计方案是否满足系统的可靠性指标要求，发现并改进设计的薄弱环节，并贯彻可靠性设计准则，进行可靠性设计准则符合性检查和 PPL 符合性检查等工作。另外，还应充分开展可靠性研制试验等工作，暴露设计缺陷并及时加以纠正。

列装定型阶段，按照规定的可靠性要求，制订装备的可靠性试验大纲，按要求开展可靠性鉴定等试验工作，发现产品设计、工艺等缺陷，并确认产品的可靠性水平是否符合规定的可靠性要求。

生产阶段，通过开展环境应力筛选和可靠性验收等试验，剔除产品制造过程中引入的各种潜在缺陷，剔除早期故障，并验证产品的可靠性是否符合合同要求。

使用阶段，通过收集可靠性信息，主要开展使用可靠性评估和使用可靠性改进工作，进而摸清现役装备的可靠性水平，找出薄弱环节，改进现役装备的可靠性。全寿命周期可靠性技术工作如图 1-3 所示。

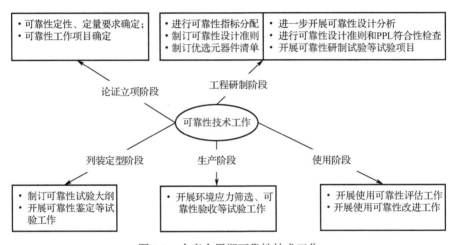

图 1-3　全寿命周期可靠性技术工作

1.3　可靠性工程的发展历程

翻开可靠性工程的发展史，不难看出，可靠性的发展历程与产品故障密切相关。可靠性概念由故障而催生，并在与故障的斗争中不断发展和演进。这是一个从对故障机理一无所知到探索出规律准确预测，从对故障的被动处理到主动预防的漫长发展过程。可靠性概念自问世以来，经历了概念形成、建立、全面发展、趋于成熟、深入发展和新技术革命 6 个阶段，如图 1-4 所示。

1.3.1　概念形成阶段

这一阶段大致发生在 20 世纪 40 年代。在这一阶段，欧美等国开始注意到产品的故障，萌发并逐步形成可靠性方面的观念，英国和美国是可靠性思想的重要发源地。

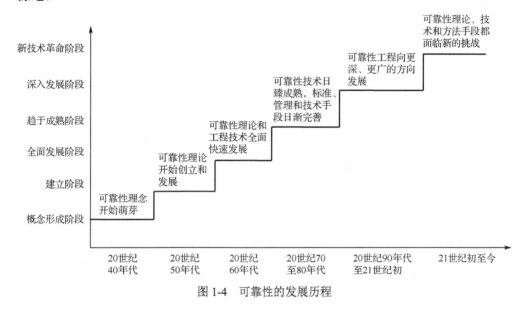

图 1-4 可靠性的发展历程

可靠性概念的萌芽可追溯到 20 世纪 30 年代末 40 年代初。英国航空委员会协同有关部门在 1938 年开始对飞机的故障和飞机结构件的故障情况进行调查与统计分析，随后在其飞机适航性研究报告中首次用概率来描述飞机的可靠性和安全问题，这可以看成可靠性观念的最早萌芽。

20 世纪 40 年代初，电台、雷达等各种复杂电子设备的发明和应用，大大提高了战场通信和侦测预警能力，但这些设备故障连连，严重影响其正常效能的发挥。统计数据表明，该时段美国超过一半的机载电子设备运到远东后不能使用，一半左右的电子设备在贮存期间出现故障。经过分析，发现这些电子设备故障的主要原因是电子管的可靠性太差。因此，1943 年美国成立了真空管发展部，随后在国防部下设置了电子设备可靠性专门工作组、电子管顾问组、电子元件顾问组和导弹可靠性专门委员会。美国电子工业协会内设置了电子设备质量鉴定过程研究协会。1949 年，美国"无线电工程师学会"成立了第一个可靠性与质量控制专业组织——可靠性技术组。

第二次世界大战期间，在 V-1 火箭的研制过程中，科学家提出了串联系统可靠性的概念——串联系统可靠性等于其各组成部分可靠性之积。

苏联于 1946 年开始关注和研究可靠性问题。苏联的可靠性技术研究首先在航天领域和武器研制方面展开，并逐步推广应用到一般民用设备。

1.3.2　建立阶段

这一阶段大致发生在 20 世纪 50 年代。欧美各国纷纷成立可靠性方面的组织机构，并创立可靠性方面的理论，开始探索实践。我国也开始从国外引进可靠性方面的理论和技术，建立相应的环境试验机构，开展电子产品环境试验方面的探索性实践。

20 世纪 50 年代初，通信装备频繁发生故障，装备系统的效能得不到良好发挥，加上高昂的维护费用，这些一直困扰着美国部队指挥部门和后勤保障部门，也对美国国内装备研制厂商形成了巨大的压力。为此，美国军方和装备研制厂商开始了空前的可靠性研究，美国的学术界也参与进来，纷纷成立与可靠性相关的组织机构，开展相应的研究和实践。

1950 年年底，美国成立了"电子设备可靠性专门委员会"。1952 年 8 月，美国国防部成立了一个由军方、工业部门及学术界组成的"电子设备可靠性咨询组"（AGREE），其任务是提出改善军用电子设备可靠性的措施，推动可靠性工程的发展。该组织于 1955 年制订了一项可靠性发展计划，包括从设计、研制、试验、生产、交货、贮存及使用等各阶段的可靠性研究。AGREE 在 1957 年 6 月发表了研究报告《军用电子设备可靠性》。报告阐述了可靠性设计、试验等的方法和程序，确定了美国可靠性工程发展的方向，成为美国可靠性工程发展的奠基性文件。自报告发表以来，美国各研究和标准化机构制定了许多有关可靠性与环境试验方面的标准。

美国国防部于 1958 年成立了"导弹可靠性特设委员会"（ACGMR），专门研究可靠性管理问题，为美国空军系统司令部起草设计、研制及生产可靠性管理大纲。1959 年 1 月，美国空军导弹系统分部出版了 AFMM-58-10《弹道导弹及航天系统的可靠性大纲》，后来成为空军采用的主要可靠性管理规范。1959 年 3 月，美国国防部颁布了 MIL-R-25717C《电子设备可靠性大纲》，规定了试产及批产电子设备可靠性保障的一般要求。

苏联在 20 世纪 50 年代后期已认识到发展现代化设备不仅需要质量控制及质量检验，还需要可靠性工程，并开始可靠性研究及寿命试验工作。1958 年，日本科学技术联盟成立了"可靠性研究委员会"，介绍可靠性文献和开展可靠性普及活动，并从美国引进了可靠性技术。但是，苏联、日本等国的可靠性工程是在 20 世纪 60 年代以后才得以快速发展的。

20 世纪 50 年代，我国在广州筹建了亚热带环境适应性试验基地，1955 年 12 月成立中国亚热带电信器材研究所，专门从事电子产品环境试验和亚热带防护措施研究。随后又在海南岛、上海、舟山、西北等地区设立了试验站，并开始了人工模拟试验工作。从电子产品对环境的适应性试验入手逐步引入电子产品可靠性概念，并展开初步的探索实践。

1.3.3 全面发展阶段

20 世纪 60 年代可靠性理论和工程技术得到快速、全面发展，欧美等发达国家从标准化、设计分析和试验评价等方面展开卓有成效的研究与实践，并取得了重要进展。我国也开始建立相应的可靠性机构，开拓性地开展可靠性方面的研究和实践。

20 世纪 60 年代，美国武器研制系统开始全面制订和贯彻落实可靠性大纲要求。美国军事工业，特别是航空及航天工业发展迅速，研制、发展了如"阿波罗"号、"水星"号等各种航天器，F-111、F-15 战斗机，M1 坦克，"民兵"导弹等。这些系统的研制，为可靠性工程的发展提出现实的需求，起到了很好的促进和推动作用。在这期间，AGREE 提出并逐步完善的可靠性设计及试验方法被美国航空航天局（NASA）及美国国防部（DOD）接受，在上述系统中，特别是在电子系统研制中得到广泛应用。

这一时期，美国已充分认识到可靠性管理的重要性，军方已从可靠性工程的角度着手制订统一的可靠性大纲和要求，并有计划地在武器系统的研制开发中强制实施。美国空军于 1961 年颁布《系统、分系统及设备的可靠性大纲》，1965 年美国国防部颁布了 MIL-STD-785《系统与设备的可靠性大纲要求》，1980 年颁布了其修订版本 MIL-STD-785B，明确了武器系统和设备寿命周期中各阶段的可靠性要求和实施要点。

同时，美国"罗姆航空发展中心"（RADC）在 1963 年组建了"可靠性分析中心"（RAC），以加强武器系统和设备可靠性方面的专业研究，包括可靠性预测、可靠性试验、可靠性分析、数据应用等。

在这一时期，美国军方在可靠性试验、预测和分析方面也得到全方位的发展。在技术标准方面，1963 年美国国防部颁布了可靠性试验标准 MIL-STD-781《可靠性试验》，并在几年内陆续颁布了其修订版 MIL-STD-781A 和 MIL-STD-781B，规定了可靠性试验的程序和方法。20 世纪 60 年代初期，RADC 的可靠性分析中心提出了加速寿命试验和筛选试验方法；在可靠性预测方面，美国国防部基于收集的大量现场和试验的失效数据，发布了可靠性军用手册 MIL-HDBK-217《电子设备可靠性预计》，并在几年后发布其第一个修订版 MIL-HDBK-217A，该手册提供了大量的电子元器件可靠性数据及分析方法，作为电子设备及系统可靠性预计的基础，在世界各国得到了广泛应用，也被我国所采用。RADC 在 20 世纪 60 年代初率先开展故障物理研究，研究各种电子元器件的故障机理及故障模式，建立其故障物理模型。1962 年召开了"美国第一届电子设备故障物理年会"。NASA 在 20 世纪 60 年代初率先在航天器中开展了故障模式、影响分析（FMEA），"贝尔电话实验室"于 1961 年提出了故障树分析（FTA）方法，利用演绎方法分析"民兵"导弹的可靠性和安全性，取得了良好的效果。随后 FMEA 和 FTA 技术在其他工业领域也得到广泛应用。到现在，这两种方法仍然是主要的可靠性分析方法。

这一时期，苏联制订了一系列措施来推动可靠性工程技术的发展。随后，开始注重可靠性理论研究和实用的可靠性工程方法探索，在 K-S 统计检验法及马尔可夫过程等方面取得成就，并在可靠性设计的裕度技术、降额技术、系统综合等方面取得实践成果。

日本引进美国的可靠性工程经验和技术后，开始注意把可靠性、经济性和全面质量控制（TQC）紧密结合，并在 20 世纪 60 年代中期建立了覆盖可靠性及质量领域的质量保证体系，把质量保证与可靠性作为 TQC 的重要内容。

英国在 1961 年成立了"可靠性与质量全国委员会"，1966 年成立了"质量与可靠性协会"，并开展了全国性的可靠性与质量活动。20 世纪 60 年代中期，英国标准局成立了电子设备可靠性委员会，出台了一系列可靠性标准。

法国的可靠性研究工作始于 1962 年。设立了专门的可靠性试验机构和数据机构，负责可靠性数据收集处理和可靠性试验方法研究。从 20 世纪 60 年代中期起，在法国军用电子设备合同中开始提出了可靠性要求，相关的可靠性机构制定了各种可靠性标准和规范，以统一规范军用设备可靠性要求，以及可靠性预计、试验和分析的程序与方法。

我国于 20 世纪 60 年代初开始引入可靠性理论和技术，并在电子行业率先开展全国性的宣传和推广应用。在 20 世纪 60 年代，我国在雷达、通信机、电子计算机等方面由于故障频频出现，引发了对可靠性问题的重视，并开展了元器件的寿命试验工作，分别对雷达、通信机、电子计算机等整机进行了初步探索，举办了一系列可靠性知识培训班。由第三机械工业部第十六研究所等单位牵头开展研究和实践，其他一些厂所也开始建立可靠性试验小组，着手采取有效的可靠性设计措施。

1.3.4 趋于成熟阶段

这一阶段大致从 20 世纪 70 年代初到 80 年代末。可靠性工程经过了 20 世纪 60 年代的全面快速发展后，在这一阶段，已日臻成熟，主要表现在成立全国性的可靠性管理机构和数据交换网、可靠性管理和技术手段日益丰富完善、可靠性标准体系基本确立等方面。

首先是全国性的可靠性管理和技术机构的形成。美国国防部于 1975 年成立了直属美国三军联合后勤司令部的"电子系统可靠性联合技术协调组"；后面该协调组改名为"可靠性、可用性及维修性联合技术协调组"，其管理职能扩展到非电子设备，负责编写美国国防部范围内有关可靠性、维修性的政策及指导性文件；组织并协调国防部军用标准、手册的制定和修改，以及重大的可靠性与维修性研究课题的实施。

为加强政府机构与工业部门之间的数据交换，美国于 1970 年 9 月正式成立全国性的数据交换网——政府机构与工业部门数据交换网（GIDEP），并设立常设机构，制定交换网的章程。1974 年欧洲电子元器件性能验证试验数据交换网与 GIDEP 建立电子元器件试验数据交换关系。到 1980 年，已有 220 个政府机构及 404 个工业部门加入了该网。到目前为止，GIDEP 仍然是国际公认的权威性的数据交换网，其主要职能是收集、贮存、检索和分配有关材料、元件、部件、设备、系统的可靠性试验和使用数据、试验设备数据、标准试验方法与有关计量数据，以及设备研制、试验及外场使用获得的可靠性数据。

中国于 1979 年成立了可靠性与质量管理学会；1980 年组织建立了中国电子产品质量与可靠性信息交换网；1981 年 4 月成立了中国电子元器件质量认证委员会；1982 年国家标准总局召开并成立了全国电工电子可靠性与维修性标准化技术委员会。

同时在可靠性设计技术方面，采用成熟技术、简化设计、降额设计等可靠性设计准则被总结出来，并得到更加严格的要求和强化实施。在可靠性试验方面，综合环境应力试验、环境应力筛选和可靠性增长试验等技术得到很好应用，相应的标准也相继颁布。比如，美国颁布的可靠性试验标准 MIL-STD-781C、美国海军颁布的标准 NAVMATP-9492，美国国防部颁布的标准 MIL-STD-1635；中国建立的"七专"质量控制实验线。在可靠性相关的法令和标准方面，美国逐渐从提高部队作战能力的角度出发来发展可靠性并发布对应的法令和标准。美国国防部于 1980 年 7 月颁布了可靠性及维修性指令 DODD 5000.40《可靠性及维修性》，规定国防部发展各种武器系统的可靠性和维修性政策，以及武器系统采购中可靠性和维修性活动应达到的目标等。1982 年 2 月美国国防部颁布指令 DOD 3235.1《系统可靠性、可用性和维修性试验与评价》，对系统可靠性、可用性和维修性试验与评价提出明确要求。美国空军也于 1984 年着手制订 2000 年的可靠性及维修性行动计划，提出通过提高可靠性及维修性来提高部队战斗力、增强生存力、减少部署运输量、节省人力和降低费用五项目标，并制订了一系列的实施办法。我国在军、民领域逐步制定了一系列标准，比如，GB 3187—82《可靠性基本名词术语及定义》、GB/T 1772—79《电子元器件失效率试验方法》、GB 2689.1—81《恒定应力寿命试验和加速寿命试验方法总则》、GJB/Z 299B—98《电子设备可靠性预计手册》、GJB 899A—2009《可靠性鉴定和验收试验》、GJB 450—88《装备研制与生产的可靠性通用大纲》等。同时，机械产品、计算机软件的故障和维修保障问题，在这一时期得到了重视，研究提出了大量的机械零部件的可靠性预计模型、分析方法和验证试验方案及非电子产品数据手册。

1.3.5 深入发展阶段

20 世纪 90 年代至 21 世纪初，可靠性进入深入发展阶段。海湾战争后，美军推行采办改革，废止了部分可靠性标准，弱化了可靠性工作。在其后续新装备的研发过程中，可靠性相关问题频出，美国经过深刻反思，颁布相关的采办改革法，重新强调可靠性的重要性，将可靠性作为装备性能的关键要素，探索面向综合化、系统化和智能化装备特点的可靠性技术，借助集成化的软件工具开展可靠性工作，出现了 PTC 等集成化的软件工具，并在航空、航天、船舶等各领域得到广泛应用。

我国于 20 世纪 90 年代后深入开展可靠性技术和管理工作，组织制定和完善了可靠性及维修性的基础标准，逐步形成比较完善的可靠性及维修性标准体系，并成立了中国电子学会电子产品可靠性与质量管理专业委员会（中国电子学会可靠性分会）、全国军事技术装备可靠性标准化技术委员会等专业技术组织；进入 21 世纪后，国内对于可靠性工作的投入持续升温，大量开展装备定寿延寿试验技术、失效物理技术、通用质量特性综合应用技术、软件可靠性技术、网络系统可靠性技术等研究和实践；可靠性软件也从最初的预计分析工具逐步发展成为涵盖指标论证、方案优选、设计与分析、试验与评价的集成化、自动化、综合化的平台。

1.3.6 新技术革命阶段

21 世纪初至今，可靠性进入新技术革命阶段。随着工业技术、信息技术等的不断发展和进步，新一代装备向集成化、体系化、智能化、模型化演进，可靠性工程技术也快速向前发展，同时也面临着新的要求和挑战。复杂系统科学是近年来人们关注的一个热点，特别是美国桑塔菲研究所的创始人乔治·考温（George Cowan）把这个问题提升到"21 世纪的科学"的高度以来，人们对复杂系统科学的研究兴趣更是与日俱增，复杂系统可靠性逐渐成为可靠性工程需要解决的首要问题。2007年，系统工程国际委员会在其举办的国际研讨会上给出基于模型的系统工程（Model Based System Engineering，MBSE）的定义，从此，MBSE 引起学术界和工业界的广泛关注，也推动着装备研制模式从传统的基于文本的系统工程向基于模型的系统工程转变，也促使可靠性工程技术向协同化、自动化甚至智能化方向发展。

第2章

装备可靠性要求论证

2.1 装备可靠性要求

可靠性要求分为定量要求、定性要求和工作项目要求。定量要求规定产品的可靠性参数、指标和相应的验证方法。通常，用量化的方法进行可靠性设计分析，用增长或验证方法进行可靠性验证，从而保证产品的可靠性。定性要求用一种非量化的形式进行产品设计和评价，从而保证产品的可靠性。工作项目要求是为了落实定量要求和定性要求而采取的一系列可靠性管理、设计与分析及验证评价活动。可靠性的定性要求和定量要求应该是相辅相成的。定量要求是必需的，是验证的依据；定性要求是达到定量要求的必要条件和补充，是可靠性要求不可或缺的部分。

2.1.1 可靠性定量要求

可靠性定量要求确定产品的可靠性参数、指标以及验证时机和验证方法，以便在设计、生产、试验验证、使用过程中用量化的方法评价或验证产品的可靠性水平。GJB 450B 将可靠性定量要求分为 4 类，如表 2-1 所示。其中，基本可靠性要求和任务可靠性要求又可分为反映使用要求的可靠性使用要求（用使用参数和使用指标描述），以及用于产品设计和质量监控的可靠性合同要求（用合同参数和合同指标描述）。

表 2-1　可靠性定量要求分类

定量要求分类	定量要求示例
基本可靠性	平均维修间隔时间（MTBM）（使用要求）
	平均故障间隔时间（MTBF）（合同要求）

定量要求分类	定量要求示例
任务可靠性	平均严重故障间隔时间（MTBCF） 任务可靠度［$R(t)$］（使用要求或合同要求）
贮存可靠性	贮存可靠度
寿命（耐久性）	首翻期、翻修间隔期限、使用寿命、贮存寿命

装备的可靠性定量要求首先是订购方根据使用要求提出的可靠性使用要求，即在实际使用保障条件下要求装备达到的可靠性水平，可靠性使用要求中有些因素是不能直接用于产品设计的，必须剔除那些非设计和制造因素，并将其转换为合同要求，这就是通常所说的，需要把可靠性使用要求转换为可靠性合同要求。

（1）用户的使用要求是导出可靠性使用要求的依据

装备系统战备完好性、任务成功性、维修人力费用和保障资源费用等是与可靠性密切相关的用户使用要求。要根据这些使用要求导出装备的可靠性使用要求，或者说装备可靠性要求与相关特性要求应能满足用户的上述使用要求。对于基本可靠性要求，理想的情况是建立某种使用要求与可靠性的关系式，以便导出可靠性要求。例如将使用要求表示为使用可用度（A_0），则可利用下式

$$A_0 = \frac{\text{MTBM}}{\text{MTBM} + \text{MDT}} \times 100\%$$

式中：A_0——使用可用度；

　　　MTBM——平均维修间隔时间（可靠性使用参数）；

　　　MDT——平均不能工作时间。

可以利用任务可靠性与任务成功性的如下关系式导出任务可靠性要求

$$D = R_M + (1 - R_M)M_O$$

式中：D——任务成功性参数；

　　　R_M——给定任务剖面下的任务可靠度；

　　　M_O——给定任务剖面下的修复概率。

当给定 M_O 时，即可根据要求的任务成功性 D 导出任务可靠度，当任务期间不能维修时（M_O=0），任务成功性等于任务可靠度。另外，一些可靠性参数可从装备的使用要求直接得出。

（2）使用可靠性要求转换为设计（合同）可靠性要求

将可靠性使用要求转换为可靠性设计要求的目的是为生产方规定通过设计和生产可以控制的可靠性要求，达到了可靠性设计要求，意味着可靠性使用要求也就"自动"满足了，因此，这种"转换"就显得非常重要，如果转换不适当，"设计要求"达到了，而"使用要求"却不能满足，或者说"设计要求"过高了，增加了研

制的成本。总之，在确定可靠性要求的过程中，"转换"是个很关键的问题。"转换"通常可通过两种途径来实现：一是建立使用可靠性和设计可靠性之间的关系模型，确定影响转换的各种因素，然后通过收集使用、维修和设计数据，验证这些模型；二是根据工程经验采用简单的"K系数"，建立使用可靠性与设计可靠性的关系。此外，使用参数指标转换为合同参数指标有两种情形：一种是同名参数的转换；另一种是异名参数的转换。同名参数的转换只是转换了指标要求的量值，异名参数的转换不仅改变了指标要求的量值，也改变了指标的含义。

不论是哪种情形的转换，一般都可用线性转换模型和非线性转换模型。

$$Y = a + bX$$
$$Y = bX^a$$

式中：Y——合同指标；

X——使用指标；

a、b——系统的复杂性、使用环境、保障条件和指挥管理水平等因素的转换系数。

（3）可靠性使用要求和可靠性合同要求的量值

可靠性使用参数是直接反映订购方对产品/系统使用需求的可靠性参数，其量值称为可靠性使用指标，可分为目标值和门限值；可靠性合同参数是在合同中描述订购方对系统的可靠性要求的参数，也是承包商在研制与生产过程中必须控制的参数，其量值称为可靠性合同指标，可分为规定值和最低可接受值。可靠性指标类型见表2-2。

表 2-2　可靠性指标类型

指 标 类 型	指 标 描 述
目标值	期望系统达到的使用指标，它既能满足使用需求，又可使系统达到最佳效费比，是确定规定值的依据
门限值	系统必须达到的使用指标，它能满足系统的使用要求，是确定最低可接受值的依据
规定值	合同中规定的期望系统达到的合同指标，它是承包商进行可靠性设计的依据
最低可接受值	合同中规定的、系统必须达到的合同指标，它是进行考核或验证的依据

在产品研制、生产和使用过程中，由于产品不断暴露和发现故障，不断采取改进措施完善设计、工艺和制造，从而使产品的可靠性不断得到提高。因此，产品的可靠性量值在不同的阶段是不一样的，且存在一定的时序关系。产品研制各阶段可靠性参数之间的时序关系如图2-1所示。

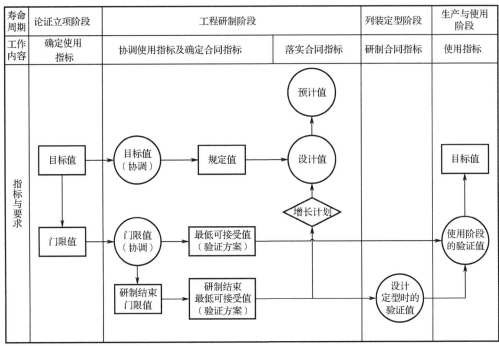

图 2-1　产品研制各阶段可靠性参数之间的时序关系

2.1.2　可靠性定性要求

　　可靠性定性要求是订购方从产品的使用效能和使用适应性出发，为了保证产品的可靠性对产品的设计提出的技术要求和具体的设计原则，以便通过设计、分析工作，保证产品的可靠性。例如采用成熟技术、简化设计、冗余设计和模块化设计等，主要的可靠性定性要求见表 2-3。可靠性定性要求主要是对产品设计、工艺、软件等方面的非量化要求，并无确切的数值要求，在缺乏大量数据支持的情况下，提出定性要求并加以实现就显得尤为重要。对一个具体装备的可靠性定性要求应该是上述原则性定性要求的具体化。

表 2-3　主要的可靠性定性要求

序号	要 求 类 别	目 的
1	制订可靠性设计准则	将可靠性要求及使用中的约束条件转换为设计条件，给设计人员规定了专门的技术要求和设计细则，以提高产品可靠性
2	简化设计	降低产品的复杂度，以提高其基本可靠性
3	冗余设计	通过两种或两种以上技术途径实现规定的功能，提高产品的任务可靠性和安全性

序号	要 求 类 别	目 的
4	降额设计	降低元器件、零部件的故障率，提高基本可靠性、任务可靠性和安全性
5	元器件、零部件的选择与控制	对电子元器件、机械零部件进行正确的选择与控制，提高产品可靠性，降低保障费用
6	确定关键件和重要件	把有限的资源用于提高关键产品的可靠性
7	环境防护设计	使用能减轻环境作用（或影响）的设计方案和材料，或提出能改变环境的方案，或把环境应力控制在可接受的范围内
8	热设计	通过元器件的选择、电路设计、结构布局设计，减少温度对产品可靠性的影响，使产品能在较宽的温度范围内可靠工作
9	包装、装卸、运输、贮存设计等	通过对产品在包装、装卸、运输、贮存期间性能变化情况的分析，确定应采取的保护措施，从而提高其可靠性

注意，产品可靠性定性要求应考虑如下方面：

① 不宜用定量指标来描述的可靠性要求，如紧固件锁紧时应牢固、可靠等要求；

② 有关使用操作方面的可靠性要求，如操作件与人的因素有关的要求；

③ 对危及或可能危及产品安全的故障提出的保护或预防措施等要求；

④ 软件可靠性要求一般应高于所嵌入硬件的可靠性要求。

2.1.3 可靠性工作项目要求

实施可靠性工作的目的是实现装备规定的可靠性定量和定性要求。根据 GJB 450B 的规定，可靠性工作项目分为可靠性要求及其工作项目要求确定、可靠性管理、可靠性设计与分析、可靠性试验与评价、使用可靠性评估与改进等五个类别，具体工作项目见表 2-4。

表 2-4 GJB 450B 中规定的可靠性工作项目

编号	工作项目类别	工作项目名称	论证立项阶段	工程研制阶段	列装定型阶段	生产与使用阶段
1	可靠性要求及其工作项目要求确定	确定可靠性要求	√	√	×	×
2		确定可靠性工作项目要求	√	√	×	×
3	可靠性管理	制订可靠性计划*	√	√	△	△
4		制订可靠性工作计划*	△	√	△	△
5		对承制方、转承制方、供应方的监督和控制*	△	√	√	√
6		可靠性评审*	√	√	√	√

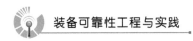
编号	工作项目类别	工作项目名称	论证立项阶段	工程研制阶段	列装定型阶段	生产与使用阶段
7	可靠性管理	建立故障报告、分析和纠正措施系统*	×	√	√	√
8		建立故障审查组织*	×	△	√	√
9		可靠性增长管理*	×	√	√	○
10		可靠性设计核查*	×	√	√	○
11	可靠性设计与分析	建立可靠性模型	△	√	√	○
12		可靠性分配	△	√	√	○
13		可靠性预计	△	√	√	○
14		故障模式、影响及危害性分析	△	√	√	△
15		故障树分析	×	√	√	△
16		潜在分析	×	√	√	○
17		电路容差分析	×	√	√	○
18		可靠性设计准则的制订和符合性检查	△	√	√	○
19		元器件、标准件和原材料的选择与控制	×	√	√	√
20		确定可靠性关键产品	×	√	√	○
21		确定功能测试、包装、贮存、装卸、运输和维修对产品可靠性的影响	×	√	√	○
22		振动仿真分析	×	√	√	○
23		温度仿真分析	×	√	√	○
24		电应力仿真分析	×	√	√	○
25		耐久性分析	×	√	√	○
26		软件可靠性需求分析与设计	△	√	√	○
27		可靠性关键产品工艺分析与控制	△	√	√	√
28	可靠性试验与评价	环境应力筛选	×	√	√	√
29		可靠性研制试验	×	√	√	○
30		可靠性鉴定试验	×	×	√	○

编号	工作项目类别	工作项目名称	论证立项阶段	工程研制阶段	列装定型阶段	生产与使用阶段
31	可靠性试验与评价	可靠性验收试验	×	×	△	√
32		可靠性分析评价	×	×	√	√
33		寿命试验	×	×	√	√
34		软件可靠性测试	×	△	√	○
35	使用可靠性评估与改进	使用可靠性信息收集	×	×	×	√
36		使用可靠性评估	×	×	×	√
37		使用可靠性改进	×	×	×	√

符号说明："√"表示适用；"△"表示可选用；"○"表示仅设计更改时适用；"×"表示不适用

备注：可靠性工作项目名称中带"＊"者，本身属于可靠性管理子项目

可靠性工作项目的选取应依据要求的装备可靠性水平、装备的复杂程度和关键性、装备的新技术含量、装备类型和特点、所处阶段以及费用、进度、现役相似装备的经验教训等因素进行。对具体的装备，必须根据上述因素选择若干适用的可靠性工作项目。订购方应提出工作项目的要求，并在合同工作说明中明确对每个工作项目要求的细节。

2.2 可靠性定量要求论证

可靠性定量要求的确定包括参数的选择、参数的量化和权衡分析。可靠性定量要求的量化和权衡分析的依据是装备顶层使用要求的数学模型（如可用度数学模型）、寿命周期费用的数学模型、相似装备的可靠性水平和国内的设计水平约束。

可靠性定量要求贯穿于立项论证阶段和方案设计阶段，随论证工作的深入不断细化和完善。立项论证阶段论证提出的可靠性使用要求，应当通过装备作战、使用、保障、训练、研制等部门代表组成的专家队伍的评审，评审后的使用要求作为后续方案设计阶段论证的依据。方案设计阶段论证提出的可靠性合同要求，应当是经权衡分析的可靠性要求，是通过了由装备作战、使用、保障、训练、研制等部门代表组成的专家队伍的评审的要求。评审后的可靠性定量要求应当纳入最终要求文件与合同，作为承研单位开展装备可靠性设计、分析、试验、管理工作的依据。

（1）立项论证阶段

本阶段的主要工作是生产方（通常为承研单位）配合订购方进行战术技术指

标、初步总体技术方案的论证，以及研制经费、保障条件、研制周期的预测，初步确定装备使用与环境要求，权衡研究装备战术技术性能、可靠性等通用质量特性与费用，形成立项综合论证报告。其主要可靠性定量要求确定工作内容包括：

① 确定可靠性定量要求的依据，所选可靠性参数的适用性，寿命剖面、任务剖面的确认和故障判据，维修、保障的约束条件等。

② 国内外同类装备现有可靠性水平的分析。

③ 考虑装备研制的特点、系统和设备构造特点，根据装备战备完好性及任务成功性要求经综合权衡后确定初步的可靠性定量要求。

④ 根据装备的可靠性定量要求、类型和特点、采用的新技术，初步确定采取的可靠性措施。

⑤ 根据可靠性定量要求等概算所需的经费和估算进度。

⑥ 组织对可靠性及战术技术指标的专题评审。

（2）方案设计阶段

本阶段的主要工作是开展系统方案设计，进行关键技术攻关，根据装备的特点和需要进行原理样机或模型样机（电子样机、物理样机）的研制与试验。在关键技术已解决、研制方案切实可行、保障条件已基本落实的基础上，配合订购方制订装备研制总要求。

该阶段在功能基线正式确认后进行硬件要求分析和软件需求分析。其主要可靠性定量要求确定工作内容包括：

① 在装备方案论证时，生产力应进行可靠性定量要求论证，与订购方商定装备可靠性指标、寿命任务剖面、使用保障约束条件、实现要求的技术途径和保证措施等。

② 生产力根据装备可靠性定量要求进行指标分配，并提出装备各分系统的可靠性定量要求。

③ 根据装备研制情况，建立装备可靠性或通用质量特性工作系统，确定装备可靠性工作组织机构和管理办法。

2.2.1 可靠性定量要求论证方法

可靠性定量要求论证的常用方法主要包括：类比法、解析法、仿真分析法、综合权衡法等，各方法都有相应的适用范围。

2.2.2.1 类比法

类比法是按同类事物或相似事物的发展规律相一致的原则，对预测目标事物加以对比分析，来推断预测目标事物未来发展趋势与可能的水平的一种预测方法。在这里，类比法就是参照同类或相似的旧型装备的各项可靠性要求，提出新研装备的可靠性要求。

（1）适用范围

有同类或相似的旧型装备可供参考，几乎可以应用于所有的可靠性定性要求和定量要求。

（2）类比流程

① 选择一个或多个已有的相似装备作为基准比较系统。

② 分析并确定装备可靠性定性要求和定量要求的主要影响因素。主要影响因素包括：

- 新装备的作战使用要求（适用范围、使用强度）；
- 新装备执行作战任务的时间；
- 新装备的复杂程度；
- 新装备的使用与维修要求；
- ……

③ 类比分析。对比新装备与相似装备之间的差异，对主要影响因素进行评价。例如利用专家评分法建立评分矩阵，对影响因素进行评价：

$$
\begin{array}{cccccc}
 & \text{较低} & \text{稍低} & \text{相同} & \text{稍高} & \text{较高} \\
\mu_1 & & & \bullet & & \\
\mu_2 & & \bullet & & & \\
\vdots & \vdots & \vdots & \vdots & \vdots & \vdots \\
\mu_m & & & & & \bullet
\end{array}
$$

其中：μ 为影响因素，共 m 个，评价等级可分为数等，以 5 等为例（如上），则分别对应 $(\delta_1, \delta_2, \delta_3, \delta_4, \delta_5)$ 分，分数 δ_i 的量值由人工确定，但必须满足 $\delta_1 > \delta_2 > \delta_3 > \delta_4 > \delta_5$，得到综合评分

$$
C = \sum_{i=1}^{m} \delta_i, \quad \delta_i = [\delta_1, \delta_2, \delta_3, \delta_4, \delta_5]
$$

④ 基于评价结果，确定可靠性定性要求或定量要求。对于已采用专家评分法完成主要影响因素评价的定量要求，可采用下式进行可靠性参数的确定

$$
Q_i = \frac{Q_0 C}{m \delta_3}
$$

其中：C 是参数的综合评分；δ_3 是该参数评分矩阵中对应"相同"栏的分数值；Q_0 是相似装备对应参数的数值；m 是影响因素的总数。

2.2.2.2 解析法

解析法是通过建立可靠性数学模型来计算获得所需参数值的一种方法。

（1）适用范围

适用于可靠性定量要求，且定量要求的参数指标可以被解析为较为简单的数学模型。

（2）解析流程

① 装备典型任务剖面和作战使用要求分析。

② 装备可靠性定量要求参数影响因素分析及量化。

③ 简化约束条件，建立可靠性定量要求参数的数学模型。

④ 通过数学模型以及相应的参数值，计算获得可靠性定量要求。

以飞机出动架次率（SGR）为例，该参数受到作战任务、可靠性、维修性、再次出动准备、战伤修理、战时保障等多种因素的复杂影响，与战时要求直接相关，对平时训练没有意义。通过简化约束条件，对 SGR 进行解析，建立数学模型，其详细计算公式如下

$$SGR = \frac{T_{FL}}{T_{DU} + T_{GM} + T_{TA} + T_{CM} + T_{PM} + T_{AB} + T_{SM}}$$

式中：T_{FL} ——飞机每天能飞行的小时数（h）；

T_{DU} ——飞机平均每次飞行的小时数（h）；

T_{GM} ——飞机地面滑行时间（h）；

T_{TA} ——飞机再次出动准备时间（h）；

T_{CM} ——飞机每出动架次的平均修复性维修时间（h）；

T_{PM} ——飞机每出动架次的平均预防性维修时间（h）；

T_{AB} ——飞机每出动架次的平均战斗损伤修理时间（h）；

T_{SM} ——飞机每出动架次的平均补给时间（h）。

影响因素分析和简化说明：

① 作战任务的影响：不同的任务决定了不同的任务时间和再次出动准备时间，所以在进行分析时需明确执行哪种任务或哪几种任务的组合，另外由于发生致命性故障、指挥等，可能造成本次飞行任务时间改变而给分析带来困难，因此计算时可以假定每次出动执行任务时间都是按预定计划完成的。

② 飞机地面滑行时间可以根据经验简单估计。

③ 飞机再次出动架次准备时间：不同作战任务会导致不同的再次出动准备时间。此外单机、双机、四机、八机同时再次出动准备时，时间会变化，因而分析时仅考虑单机的再次出动准备。

④ 飞机每出动架次的平均修复性维修时间：由于战时和平时的维修条件与修复要求不一致，该值与飞机平时外场级的 MTTR 不同。

⑤ 飞机每出动架次的平均预防性维修时间：考虑到更换有寿件、定检、换季

等预防性维修工作已在战争准备阶段完成，因此计算时仅考虑飞行前准备和飞行后准备时间。

⑥ 飞机每出动架次的平均战斗损伤修理时间：涉及战伤修理，分析时对该时间可不予考虑。

⑦ 飞机每出动架次的平均补给时间：由于缺乏战时保障统计数据，目前尚无法给出该时间，分析时暂不计该时间。

2.2.2.3 仿真分析法

仿真分析法是建立能复现实际系统本质过程的仿真模型，并通过系统模型的仿真试验来进行研究和分析的方法，可分为两大类：连续系统的仿真方法和离散事件系统的仿真方法。对于可靠性要求，一般采用离散事件系统的仿真方法。

（1）适用范围

适用于几乎所有的可靠性定量要求，特别适用于那些影响因素众多且复杂、难以解析或影响因素难以量化的可靠性定量要求参数。

（2）仿真分析流程

① 装备典型任务剖面和作战使用要求分析；

② 装备可靠性定量要求参数影响因素分析；

③ 可靠性定量要求参数仿真计算模型建立；

④ 仿真模型输入，运行仿真；

⑤ 仿真结果分析及输出。

同样以飞机出动架次率为例，由上可知 SGR 的影响因素众多而且较为复杂，简化约束条件后按前述公式计算仍然存在一定困难，因此利用简单的仿真模型进行估算也是一种有效的分析方法。SGR 仿真模型如图 2-2 所示。

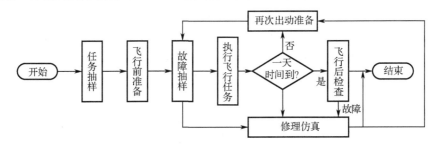

图 2-2　SGR 仿真模型

仿真模型中的输入包括：一天可用飞行的小时数、任务剖面及其比例、不同任务剖面对应的飞行前准备时间、再次出动准备时间、飞行后检查、飞机各系统的基本情况、飞机地面滑行时间等。仿真输出的是 SGR 的平均值。

2.2.2.4 综合权衡

综合权衡是指按所建立的相关模型，对装备不同设计方案的 RMS（可靠性、维修性、保障性）指标、作战性能指标、费用指标进行计算或评估，按确定的权衡准则进行权衡分析，从而选出优化的 RMS 指标方案。

（1）权衡准则

由于装备可靠性参数与维修性、保障性参数之间存在着非常密切的联系，所以在确定装备的可靠性参数指标时，必须要考虑它们之间的协调性，包括：RMS 要求与技术性能及费用的协调，RM（可靠性、维修性）要求与 S（保障性）要求之间、可靠性与安全性要求之间、基本可靠性与任务可靠性之间、修复性维修与预防性维修之间的协调。

① RMS 要求与技术性能及费用的协调。RMS 要求是影响装备的性能及寿命周期费用的重要影响因素，因此必须考虑它们之间的协调性，一般通过效能与费用分析、备选方案分析以及寿命周期费用分析等工具实现。

② RM 要求与 S 要求之间的协调。在确定 RM 的指标时，应根据战备完好性指标（如使用可靠度 A_0），采用保障性分析来导出 RM 的指标，或者通过建模与仿真方法对 RMS 指标进行权衡。如先由 A_0 导出固有可靠性并与平均修复时间（MTTR）进行权衡，同时，进一步根据 MTBF、MTTR 和 A_0 通过反复权衡最终得出协调的 RMS 指标。

③ 可靠性与安全性要求之间的协调。对于装备或某些安全关键系统来说，规定了装备或系统的损失概率或安全可靠度指标，为了保证达到这些安全性指标，通常需要采用冗余、容错、隔离、监控、告警、逃逸等安全性设计技术。这将降低这些装备或系统的可靠性水平，因此在规定安全性要求时，应进行权衡分析，来协调安全性与可靠性要求。

④ 基本可靠性与任务可靠性之间的协调。根据装备执行任务的要求以及保障费用的约束，在规定任务成功概率或平均致命性故障间隔时间（MTBCF）的要求时，应通过权衡分析来协调 MTBF 与 MTBCF 的要求。为了提高系统的任务可靠性，必须采用冗余技术，增加系统的零部件数目，这些措施降低了系统的基本可靠性 MTBF，增加了备件数目和维修工作量，即提高了保障费用。通常应根据系统对完成任务的关键程度，在规定的保障费用约束下（规定的 MTBF）来选择优化的 MTBCF，或者在规定的 MTBCF 下来选择优化 MTBF。

⑤ 修复性维修与预防性维修之间的协调。在规定装备的维修性要求时，应通过以可靠性为中心的维修分析（RCMA）并根据装备上机内测试系统的故障诊断能力，对修复性维修与预防性维修进行权衡。

（2）综合权衡流程

装备质量特性（包括 RMS 指标、效能、费用等）综合权衡的基本程序如图 2-3 所示。

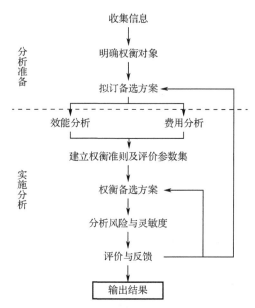

图 2-3 装备质量特性综合权衡的基本程序

① 收集信息

分析之前应收集一切与分析有关的信息，包括现时各方面存在的和提出的问题（任务的、技术的、经济的）、任务需求，现有类似装备、效能信息等统计数据。

② 明确权衡对象

通过分析任务需求明确权衡的对象。明确是单个装备还是装备的一个基本作战单元。其次应确定权衡对象的层次。一般应考虑进行权衡分析的层次包括：装备系统、装备以及装备中的关键系统、关键设备。因为对于不同层次的产品，由于其 RMS 指标参数之间存在制约关系，因此有必要对其进行权衡；同一层次产品，其 RMS 指标参数之间应如何分配，同样存在制约关系，也有必要对其进行权衡。故在实际进行权衡之前应指明权衡的对象层次。

③ 拟订备选方案

备选方案主要是针对装备的顶层战技指标、所选 RMS 指标参数、费用约束、效能约束等所做出的不同决策。供选择的方案可以是预先确定的，也可以是为分析而专门制订的。各个备选方案中主要包含以下内容：

● 战备完好性指标（目标值）；

● 任务成功性指标（目标值）；

- 装备 RMS 指标;
- 假设及约束条件。

④ 效能分析

效能分析是指对备选方案的效能进行量化研究,以便权衡比较。根据系统的特点和分析的目的,分析效能的主要因素,确定合理的效能度量,选用或建立合适的效能模型,并运用模型计算各备选方案的效能。效能分析过程中所需的一些参数值可以由仿真得到。

⑤ 费用分析

费用分析首先要根据装备的特点和分析目的,将装备应发生的费用的各组成部分逐层分解至所需要细化的层次,建立各费用单元的估算关系式,以便估算出各备选方案的费用。在此基础上,还可分析主要费用单元及其影响因素等。应注意估算出的费用并不一定是备选系统将发生的全部费用的数值,根据分析的目的,可以只估算各备选方案有差别的费用值,得出的是相对费用。费用分析过程中所需的一些参数值也可以由仿真结果得到。

⑥ 建立权衡准则及评价参数集

在效能分析及费用分析结束后,需要对各方案进行权衡,以选取最优方案。那么首先应明确权衡的评价准则及评价参数集。

综合权衡评价准则是确定方案优劣的标准或尺度。在综合权衡中常用的决策准则是:

- 等费用准则。在满足给定费用约束的条件下,获得最大的效能;
- 等效能准则。在满足给定效能约束的条件下,所需费用最少;
- 效费比准则。使方案的效能与费用之比最大。

建立典型装备系统 RMS 要求论证相关的作战效果参数集,这些参数应该能够直接反映装备作战性能水平和任务持续能力,可分为两类:

第一类:与作战效果直接相关的参数(如导弹发射后的击毁概率等);

第二类:装备及系统的战备完好性参数(如飞机出动架次率)和任务成功性参数(如导弹的武器系统战斗工作可靠度)。

⑦ 权衡备选方案

权衡备选方案实际上就是根据效能模型、费用模型和进度模型,对各个备选方案进行计算,按照确定的决策准则对备选方案进行判断,比较各方案的优劣。如果各方案的差别很大,权衡分析是不困难的;如果各方案的差别不大,则应进一步补充信息、数据,甚至方案,在进行了灵敏度分析之后,再确定最优的方案。

⑧ 分析风险与灵敏度

进行风险分析是为了发现方案实现过程中是否存在不确定性和风险较大的技术难点,确保得到的方案在实现上具有较低风险。进行灵敏度分析是为了检验权衡的结果，以便向决策者提供合理的决策依据。特别是在各个备选方案的效费比值比较接近时，任何一个方案的效能、费用或进度估计稍有变化，就有可能改变方案间的效费比值的优选顺序，从而影响决策。因此，必须对初选的方案进行灵敏度分析，指出被评估方案的性能、可用性、任务成功性在一定范围内变动时对效能、费用、效费比的影响。此外，通过权衡得出的初步中选方案是在一定的约束条件下做出的，当这些条件发生变化时，选中的方案就未必是最优的。灵敏度分析就是检查权衡结果在约束条件发生变化时的敏感性。如果在约束条件的全部可能变化范围内，发现中选方案并非最优，则应采取必要的措施，包括制订应急措施以便在约束条件发生变化时采用。

⑨ 评价与反馈

通过分析进行评价，并对评价分析的结果进行信息反馈。反馈的信息包括：修改已有方案或拟订新的备选方案、修正模型和参数。通过不断地进行分析和信息反馈，从而确保费用-效能分析目标的实现。

⑩ 输出结果

综合权衡的结果和建议应以报告的形式提供。报告内容包括：备选方案的描述，其 RMS 指标和参数、费用、效能及方案选优的顺序；分析风险及不确定性的结果；综合权衡的基本过程、所采用的效能模型、费用模型、决策准则等。

2.2.2　可靠性定量要求论证流程

通过对立项阶段和方案设计阶段各项论证工作之间数据依赖关系的分析，综合考虑定量要求论证工作，形成可靠性定量要求确定工作流程。

主要流程包括：

① 明确装备对象使用需求和初步技术方案；

② 依据装备任务需求和订购方案，确定装备初步顶层通用质量特性指标要求；

③ 对装备初步通用质量特性指标要求进行分解分配，通过仿真/权衡分析，获得装备的目标值和门限值及细化的定性要求；

④ 对装备通用质量特性指标要求的技术可行性进行分析；

⑤ 将综合权衡分析后确定的装备通用质量特性指标的使用要求转化为合同要求。

2.2.3　可靠性定量要求确定的论证要点

可靠性定量要求确定的论证要点包括：

① 可靠性定量要求与装备战术技术指标要求一样重要，在确定装备战术技术指标时应同步确定可靠性定量要求；

② 可靠性定量要求确定应根据装备满足订购方要求的能力开展；

③ 可靠性定量要求确定应通过权衡分析实现与其他通用质量特性定量要求之间的相互协调；

④ 可靠性定量要求确定应自上而下，从总体/宏观到具体/详细，而且随着装备研制的进展，不断明确要求和细化要求；

⑤ 确定的可靠性定量要求应通过评审，并作为装备立项报告和可行性研究报告的一部分；

⑥ 确定可靠性定量要求时应同时明确寿命剖面、任务剖面、故障判别准则、使用和保障方案等。

2.2.4 某型飞机可靠性定量要求论证示例

以某型飞机的顶层 RMS 参数——使用可用度为输入，分解确定该型装备的可靠性定量要求。

（1）相似装备确定

选择相似装备，确定相似装备的顶层参数及指标。本处选取国外某型装备作为相似装备进行参考，其使用可用度为 0.86，其余相关特性指标见表 2-5。

表 2-5　国外相似装备的 RMS 指标

装备型号	参　　数	指　　标	说　　明
国外相似装备	平均故障间隔飞行小时 T_{MFHBF}	3.1h	现场统计值
	每飞行小时的维修工时 L_{DMF}	9.9mh（人工时）	
	能执行任务率 r_{MC}	0.86	
	平均故障间隔飞行小时 T_{MFHBF}	3.5h	成熟期目标值
	每飞行小时的维修工时 L_{DMF}	11.3mh	
	能执行任务率 r_{MC}	0.8	

（2）顶层参数及指标确定

据相似装备数据分析，采用相似装备对比法和专家评分法，确定该型装备的使用可用度要求，该型装备和国外相似装备的评分结果示例见表 2-6。

表 2-6　该型装备和国外相似装备的评分结果示例

专　　家	装备型号	使用可用度影响因素及权重			
		利　用　率	可　靠　性	维　修　性	保　障　性
1	国外相似装备	9	6	5	4
	该型装备	6	7	8	6

专　家	装备型号	使用可用度影响因素及权重			
		利　用　率	可　靠　性	维　修　性	保　障　性
2	国外相似装备	9.5	6.5	6.5	4
	该型装备	4.5	8	7.5	6.5
3	国外相似装备	9	7	6	4.5
	该型装备	5	8	7	7
4	国外相似装备	10	6	6.5	5
	该型装备	5	8	7	6.5

综合各影响因素及其评分，可计算得到该型装备的使用可用度要求，约为0.9。

（3）使用可用度分解

采用数值计算的方法进行 A_0 的分解，做如下假定：

① 分解目标 $A_0 = 0.9$。

② 该型装备年度训练 250 天，每天 24h，则总使用时间 $T_T = 6000h$。

③ 单个装备年工作小时为 180h，运行比 $K_2 = 1.2$，则工作时间 $T_O = 216h$。

④ 修复性维修次数与总维修次数的比率 $k_d = 0.36$。

⑤ 平均保障资源延误时间 $T_{MLD} = 2.5h$。

⑥ 分解用中间参数平均维修间隔时间 MTBM（T_{BM}）的变化范围为（0，10），计算步长为 0.1。

⑦ 分解用中间参数平均维修时间 MMT（T_M）的变化范围为（2.4，5），MMT 计算步长取 0.15。可得到满足 $A_0 = 0.9$ 的下列 27 个组合：（1.2313，2.4）、（1.2685，2.5）、…、（2.1613，4.9）、（2.1985，5）。

假设暂定（1.82，4）组合为初步分解结果，取 $T_{BM} = 1.82h$，$T_M = 4h$，并以此作为目标值，进行门限值的确定及转换等工作。若发现该组合不理想则应在上述分解结果中重新选择一组。

⑧ 将 MTBM 转化为 MFHBF，MFHBF 的计算公式为

$$T_{MFHBF} = \frac{T_{BM}}{(1 - T_{BM} f_p) K_2 K_e}$$

其中：f_p ——预防性维修频率；

　　　K_2 ——运行比；

　　　K_e ——环境因子。

已知 $T_{BM} = 1.82h$，假设预防性维修频率取 $0.3h^{-1}$，K_2 取 1.2，K_e 取 1，可得 $T_{MFHBF} = 3.3h$，暂取 3.3h。

（4）使用指标转换为合同指标

基于该型装备的使用指标进行进一步转换，形成该型装备的合同指标。该型装备可靠性使用参数有平均故障间隔飞行小时 MFHBF、任务可靠度 R_M 等，合同参数有平均故障间隔时间 MTBF（T_{BF}）、平均严重故障间隔时间 MTBCF（T_{BCF}）等，维修性使用参数有平均维修时间 MMT，而平均修复时间 MTTR 既可作为使用参数又可作为合同参数。

① MTBF（T_{BF}）与 MFHBF（T_{MFHBF}）转换

MTBF（T_{BF}）与 MFHBF（T_{MFHBF}）之间的转换模型为

$$T_{BF} = K_2 K_e T_{MFHBF}$$

运行比 K_2 取 1.2，环境因子 K_e 取 1，可得 $T_{BF} = 3.96h$，暂取 4h。

② R_M 与 MTBCF（T_{BCF}）转换

则 R_M 与 MTBCF（T_{BCF}）之间的转换模型为

$$T_{BCF} = -\frac{T}{\ln R_M}$$

已知 $R_M=0.95$，任务时间 T 为 2h，可得 $T_{BCF}=39h$，暂取 39h。

（5）指标的技术可行性分析

可靠性、维修性指标是由战备完好性指标使用可用度 $A_0=0.9$ 分解而来的，只要可靠性、维修性指标技术可行，那么战备完好性指标使用可用度 A_0 也是可行的。即只要满足平均故障时间 $T_{BF}=4h$、平均修复时间 $T_{CT}=2h$，就能保证 $A_0=0.9$ 实现。

该型装备执行 2h 任务的 R_M 确定为 0.95，对应的 T_{BCF} 为 39h，低于大多数国外现役类似装备统计数据，技术上应该是可行的。国外相似装备的 $T_{MFHBF}=3.5h$，该型装备的 $T_{MFHBF}=3.3h$ 的指标是可以达到的。

该型装备的 $T_{CT}=2h$，与国内外类似装备数据相当，T_{CT} 指标应该是可行的。

其他指标是根据相似装备或统计数据分析确定的，因此在技术上也是可行的。

（6）可靠性定量要求确定结果

某型装备可靠性定量要求确定结果见表 2-7。

表 2-7　某型装备可靠性定量要求确定结果

综 合 指 标	某型装备可靠性定量要求
$A_0=0.9$ $T_{MLD}=2.5h$	$R_M=0.95$（任务时间2h）
	$T_{MFHBF}=3.3h$
	$T_{CT}=2h$
	$T_{FHO}=2000$飞行小时/10年
	$T_{TOL}=6000$飞行小时/30年

2.3 可靠性定性要求论证

可靠性定性要求确定主要从使用角度提出不易用定量指标描述的要求，定性要求应尽可能具体和量化，同时应给出上述要求提出的理由或依据。

2.3.1 可靠性定性要求的确定

（1）相关要素

可靠性定性要求是装备高可靠要求的具体化，尤其是一些无法定量描述的可靠性要求，必须通过非量化的形式提出，以便通过设计、分析工作，保证产品的可靠性。在装备立项论证阶段就要提出初步的定性要求，并且随装备研制工作的进展不断细化。

可靠性定性要求：包括采用成熟技术、简化设计、冗余设计、模块化设计、降额设计、环境适应性、人机与环境工程等。

（2）确定原则

可靠性定性要求应根据装备的各种使用需求文件（包括装备订购方案、维修方案、保障方案等）中关于装备的作战使命和任务需求，以及使用、维修、保障等方面的要求，结合装备总体技术方案论证，综合分析后确定。确定可靠性定性要求的一般原则是：

① 应根据装备的类型、技术复杂程度、使用要求、维修方案、保障方案等提出；

② 应反映装备战备完好性、任务成功性、维修人力费用和保障费用四个方面的目标；

③ 装备可靠性定性要求应明确、具体、可设计；

④ 如有可能，应尽可能将定性要求定量化，保证在设计中能够更好地落实。

2.3.2 可靠性定性要求论证流程

立项论证和方案设计阶段，可靠性定性要求的确定需要综合权衡、反复迭代。确定可靠性定性要求的基本流程如图 2-4 所示。依据基准比较系统即相似装备的可靠性定性要求，结合装备使用与保障要素，确定当前装备系统的可靠性定性要求。

主要流程包括：

① 分析为满足可靠性目标和订购方面的定性要求；

② 收集分析现役装备存在的主要问题；

③ 分析相似装备的定性要求，吸取相似装备在研制过程中的经验教训；

④ 形成定性要求的具体条款供装备系统和设备在研制过程中应用。

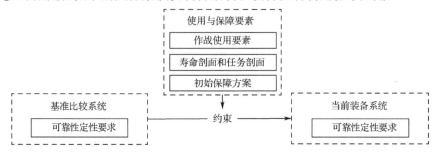

图 2-4　确定可靠性定性要求的基本流程

2.3.3　可靠性定性要求确定的论证要点

可靠性定性要求确定的论证要点包括：

① 可靠性定性要求主要包括：采用成熟技术、简化设计、冗余设计和模块化等设计要求，有关采用元器件、原材料、降额、热设计和健壮设计等方面要求。

② 可靠性定性要求与定量要求是相辅相成的，是可靠性要求中不可或缺的部分。

③ 可靠性定性要求需要与其他相关的特性要求协调确定，是一个不断协调的、由初定到确定的过程。

④ 可靠性定性要求应以最清晰、最恰当的术语来描述，不能模糊不清、自相矛盾，以保证生产单位必须能正确理解这些要求。

2.3.4　某型电子设备可靠性定性要求论证示例

以某型电子设备为例，给出其与电子元器件热安装相关的可靠性设计准则，主要包括：

① 热敏元器件应该在设备的冷区（如底部），不可直接放在发热元器件之上。

② 元器件的布置应按其允许温度进行分类，允许温度较高的元器件应放在允许温度较低的元器件之上。

③ 发热量大的元器件应尽可能靠近温度最低的表面（如金属外壳的内表面、金属底座及金属支架）安装，并应与表面之间有良好的接触热传导。

④ 应尽可能减少安装界面及传热路径的热阻。

⑤ 带引线的电子元器件应尽量利用引线导热。热安装时应防止产生热应力，要有消除热应力的结构措施。

⑥ 电子元器件热安装的方位应符合气流的流动特性，并能加深气流紊流程度。为了提高散热效果，在适当位置可以加装紊流器。

2.4 可靠性工作项目要求论证

可靠性工作项目要求的确定主要是为了保证装备定性要求的有效落实和定量要求的实现，根据装备的特点，确定各阶段需要开展的通用质量特性设计分析工作。

可靠性工作项目规定了装备论证、方案设计、工程研制、生产和使用阶段的工作内容，表 2-8 列出了全寿命周期装备可靠性工作项目，装备可靠性工作项目要求论证过程根据装备工作需求确定适用的工作项目。

为确保装备达到规定的可靠性要求，须根据装备的使用特点和经费、进度等约束条件，按照《装备通用质量特性管理工作规定》、GJB 450B 等文件和标准规定，在论证时要提出有效的可靠性工作项目要求，并经过技术经济可行性论证和评审，同时，需对整个实施过程进行监控。

表 2-8　全生命周期装备可靠性工作项目

工 作 项 目	编　号	工 作 项 目	编　号
确定可靠性要求	101	确定可靠性关键产品	310
确定可靠性工作项目要求	102	确定功能测试、包装、贮存、装卸、运输和维修对产品可靠性的影响	311
制订可靠性计划	201		
制订可靠性工作计划	202	振动仿真分析	312
对承制方、转承制方、供应方的监督和控制	203	温度仿真分析	313
可靠性评审	204	电应力仿真分析	314
建立故障报告、分析和纠正措施系统	205	耐久性分析	315
建立故障审查组织	206	软件可靠性需求分析与设计	316
可靠性增长管理	207	可靠性关键产品工艺分析与控制	317
可靠性设计核查	208	环境应力筛选	401
建立可靠性模型	301	可靠性研制试验	402
可靠性分配	302	可靠性鉴定试验	403
可靠性预计	303	可靠性验收试验	404
故障模式、影响及危害性分析	304	可靠性分析评价	405
故障树分析	305	寿命试验	406
潜在分析	306	软件可靠性测试	407
电路容差分析	307	使用可靠性信息收集	501
可靠性设计准则的制订和符合性检查	308	使用可靠性评估	502
元器件、标准件和原材料的选择与控制	309	使用可靠性改进	503

生产方应将规定的可靠性工作项目纳入其可靠性保证大纲和计划中，经技术经济可行性论证和评审后实施。

2.4.1 可靠性工作项目要求论证流程

确定可靠性工作项目要求的基本流程如图 2-5 所示。依据基准比较系统即相似装备的可靠性工作项目要求，结合装备使用与保障要素，确定当前装备系统的可靠性工作项目要求。

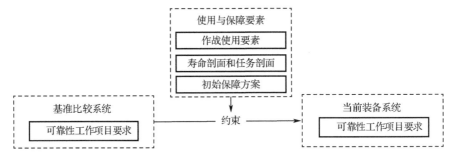

图 2-5 确定可靠性工作项目要求的基本流程

2.4.2 可靠性工作项目要求论证要点

可靠性工作项目要求的论证要点主要包括：
① 可靠性工作项目选择和确定工作应纳入可靠性计划；
② 对生产方的可靠性工作项目要求应纳入合同或相关文件；
③ 工作项目的选择应以确保达到可靠性定性要求与定量要求为主要目标；
④ 工作项目的费用效益是选择的基本依据；
⑤ 工作项目要求应与其他专业工程（如维修性、保障性、测试性、安全性等）协调一致，以避免工作项目的重复；
⑥ 可靠性工作项目的选择和剪裁、说明细节的补充、详细设计评审项目要求的制订等工作之间需要协调。

2.4.3 某型飞机可靠性工作项目要求论证示例

以某型飞机为例，根据该型装备的研制要求，结合相似装备系统的设计经验，在立项论证阶段确定其可靠性工作项目要求，见第 1 章图 1-2。

（1）"要求"类工作项目

"确定可靠性要求"（101）和"确定可靠性工作项目要求"（102）用于确定新研产品可靠性要求与开展可靠性工作的项目要求，是开展该型装备可靠性工作的前提，是必须选用的项目。

（2）"管理"类工作项目

工作项目 201 和工作项目 202 是有效实施各项可靠性工作的保障。工作项目203、204、205 和 206 这四个管理项目是实施有效管理，确保实现该型装备可靠性要求的重要手段。这些管理项目所需的人力、经费和资源相对较少，应选用。

（3）"设计与分析"类工作项目

① 工作项目 301、302、303、304、308、309 和 310 是最基本的可靠性工作项目，该型装备研制时应选用。

② 工作项目 305、306、307 和 317 适用于任务和安全关键产品，该型装备包含的"飞行控制系统"属于该类产品，因此应选用。

③ 工作项目 312、313、314 和 315 适用于有可靠性和耐久性要求的关键产品，该型装备包含的"起落架系统"属于该类产品，因此应选用。

④ 工作项目 316 适用于软件产品，该型装备中的"飞行控制系统"中包含较多的软件产品，因此应选用。

（4）"试验与评价"类工作项目

① 工作项目 401 主要适用于电子产品，对于该型装备中所含的电子产品，应选用；

② 工作项目 402 用于产品研制早期，以尽早暴露产品缺陷，适用于各种产品，应选用；

③ 工作项目 403、404 适用于有可靠性合同要求的产品，该型装备属于该类产品，应选用；

④ 工作项目 405 适用于复杂、小子样且高可靠的产品，该型装备属于该类产品，应选用；

⑤ 工作项目 406 适用于重要的有明确寿命要求的机械设备，该型装备包含的"起落架系统"属于该类产品，因此应选用；

⑥ 工作项目 407 适用于软件产品，该型装备中的"飞行控制系统"包含较多的软件产品，因此应选用。

（5）"评估与改进"类工作项目

500 系列工作是在使用中应开展的工作，对所有的产品，尤其是复杂装备都适用，因此应选用。

第**3**章

装备可靠性设计与分析

3.1 概述

产品的可靠性是设计出来的、生产出来的、管理出来的。国内外开展可靠性工作的经验表明，可靠性设计对产品的可靠性具有重要影响，要提高产品的可靠性，关键在于做好产品的可靠性设计与分析工作。装备可靠性设计是指为了满足装备可靠性定性要求和定量要求，根据可靠性理论与方法，结合以往装备的设计经验和教训，利用成熟的可靠性设计技术，使装备零部件以及整机的设计满足或达到可靠性要求的过程。可靠性分析是指应用逻辑、归纳、演绎的原理和方法研究装备薄弱环节产生的内因和外因，找出规律，给出改进措施及其对装备可靠性的影响。

可靠性设计与分析是可靠性工程的重点与核心工作，其主要作用在于挖掘与确定产品潜在的隐患和薄弱环节，并通过设计预防与改进，有效地消除隐患和薄弱环节，从而提高产品的可靠性水平，满足产品可靠性要求。可靠性设计与分析工作必须遵循预防为主、早期投入的方针，必须从产品方案设计阶段就开展可靠性设计与分析工作，尽可能把不可靠的因素消除在设计过程早期。在设计过程中，要努力认识故障发生规律，防止故障的发生及其影响的扩展，同时也要把发现和纠正可靠性设计方面的缺陷作为工作重点。通过采用成熟设计和行之有效的可靠性设计与分析技术，保证和提高产品的固有可靠性。

认真做好产品的可靠性设计与分析工作，是提高和保证产品可靠性的根本措施。根据产品类型和特点，可以采用不同的可靠性设计与分析方法。GJB 450B 中规定了可靠性设计与分析工作项目（见第 1 章图 1-2），可分为三大类。其中，设计计算类有：建立可靠性模型（工作项目 301）、可靠性分配（工作项目 302）和可靠性预计（工作项目 303）；分析类有：故障模式、影响及危害性分析（FMECA）（工作项目 304），故障树分析（FTA）（工作项目 305），潜在分析（SCA）（工作项目 306），电路容差分析（工作项目 307），确定功能测试、包装、贮存、装卸、运输和维修对产品可靠性的影响（工作项目 311），振动仿真分析（工作项目 312），温度仿真分析（工作项目 313），电应力仿真分析（工作项目 314），耐久性分析（工作项目 315），软件可靠性需求分析与设计（工作项目 316），可靠性关键产品工艺分析与控制（工作项目 317）；设计准则类有：可靠性设计准则的制订和符合性检查（工作项目 308），元器件、标准件和原材料的选择与控制（工作项目 309）以及确定可靠性关键产品（工作项目 310）。

3.2 可靠性建模

可靠性模型从对系统故障规律认知的角度，对系统及其组成部件进行建模，反映系统的主要故障特征，用于预计或估算产品的可靠性。可靠性建模是开展可靠性设计与分析的基础，也是进行系统维修性和保证设计与分析的前提。

可靠性模型是系统（或单元）故障特征规律的数学描述，包括可靠性框图和相应的可靠性数学模型两部分内容。可靠性框图表示产品各单元的故障如何导致产品故障的逻辑关系；可靠性数学模型是与可靠性框图相对应的数学表达式。典型的可靠性模型有串联模型、并联模型、n 中取 k 模型（表决模型）和旁联模型等。

装备承研单位在产品设计初期就应建立产品可靠性模型，以便于设计评审，并为产品的可靠性分配、预计和拟定纠正措施的优先顺序提供依据。当产品设计、环境要求、应力数据、故障率数据或寿命剖面发生重大变化时，装备承研单位应及时修改可靠性模型。

3.2.1 可靠性模型分类

建立可靠性模型的前提是对可靠性定义的理解，此时需要对基本可靠性和任务可靠性进行区分，以进行后续可靠性建模工作。基本可靠性与任务可靠性的对比见表 3-1。

表 3-1　基本可靠性与任务可靠性的对比

比 较 项 目	基本可靠性	任务可靠性
定义	产品在规定的条件下，无故障的持续时间或概率	产品在规定的任务剖面中完成规定功能的能力

比 较 项 目	基 本 可 靠 性	任 务 可 靠 性
影响	装备的使用适用性 装备的使用维修和人力费用	装备的作战效能
来源	由战备完好性要求导出	由任务成功性要求导出或根据任务需求参考类似装备提出
故障判据	考虑所有需要修理的故障，包括影响任务完成的故障	仅考虑任务期间影响任务完成的故障
计算模型	串联模型	串、并联等模型
提高途径	简化设计、降额设计等	冗余设计、消除任务故障、提高元器件质量等级等
量值比较	通常低于任务可靠性	通常高于基本可靠性

因此，在建立可靠性模型时，根据建模目的不同可分为基本可靠性模型和任务可靠性模型。基本可靠性模型是用以估计产品及其组成单元故障维修及保障要求的可靠性模型，为全串联模型，即使存在冗余单元，也都按串联处理；任务可靠性模型是用以估计产品在执行任务过程中完成规定功能的程度，描述完成任务过程中产品各单元的预定作用，用以度量工作有效性的一种可靠性模型。

为正确建立系统的基本可靠性模型和任务可靠性模型，必须对系统的构成、原理、功能、接口等各方面进行深入理解。具体包括：通过系统的任务、功能、工作模式完成系统功能分析；通过性能参数及范围、物理界限与功能接口、故障判据完成系统故障定义；通过寿命剖面及任务剖面进行时间及条件分析。在此基础上，完成可靠性框图模型和可靠性数学模型的建立。

3.2.2　可靠性建模方法

可靠性模型包括可靠性框图和相应的可靠性数学模型两部分内容。

可靠性框图应以产品功能框图、原理图、工程图为依据并相互协调。可靠性框图的基本信息主要来自功能框图。功能框图表示产品各单元之间的功能关系，可靠性框图表示产品各单元的故障如何导致产品故障的逻辑关系。可靠性框图能简明扼要并直观地表示产品完成任务的各种串－并联方框组合。可靠性框图的编制应能反映出产品完成任务时，产品组成单元故障与产品故障之间的关系图。可靠性数学模型是与可靠性框图相对应的数学表达式。

几种典型的可靠性模型有串联模型、并联模型、表决模型和旁联模型。为了简化数学模型，假设：产品及其单元只具有正常和故障两种状态；产品所包含的各单元的寿命服从指数分布；产品所包含的各单元的故障是独立的。

（1）串联模型

组成产品的所有单元中任意单元发生故障就会导致产品故障的模型称为串联模型，其可靠性框图如图 3-1 所示。

图 3-1 串联模型可靠性框图

数学模型：

$$\lambda_S = \sum_{i=1}^{n} \lambda_i$$

$$\mathrm{MTBF}_S = \frac{1}{\lambda_S}$$

$$R_S(t) = \mathrm{e}^{-\lambda_S t}$$

$$R_S(t) = \prod_{i=1}^{n} R_i(t)$$

式中：λ_S ——产品的故障率；

λ_i ——第 i 个单元的故障率；

MTBF_S ——产品的平均故障间隔时间；

$R_S(t)$ ——产品的可靠度；

$R_i(t)$ ——第 i 个单元的可靠度；

n ——产品所包含的单元数。

（2）并联模型

组成产品的单元都发生故障时产品才出故障的模型，为并联模型，其可靠性框图如图 3-2 所示。

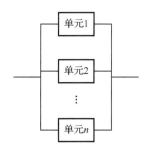

数学模型：

$$R_S(t) = 1 - \prod_{i=1}^{n} [1 - R_i(t)]$$

$$\mathrm{MTBF}_S = \int_0^{\infty} R_S(t)\mathrm{d}t$$

式中：$R_S(t)$ ——产品的可靠度；

$R_i(t)$ ——第 i 个单元的可靠度；

MTBF_S ——产品的平均故障间隔时间；

n ——产品所包含的单元数。

图 3-2 并联模型可靠性框图

（3）表决模型

表决模型又称 n 中取 k 模型或 k/n 模型。组成产品的 n 个单元中，至少有 k 个正常，产品才能正常工作的模型，为表决模型，其可靠性框图如图 3-3 所示。

数学模型：

若各个单元都相同，且 k/n 表决模型的可靠度为 1，则

$$R_S(t) = \sum_{i=k}^{n} C_n^i R(t)_i [1 - R(t)_i]^{n-i}$$

若各单元失效分布为指数分布，则

$$\text{MTBF}_S = \frac{1}{n\lambda} + \frac{1}{(n-1)\lambda} + \frac{1}{(n-2)\lambda} + \cdots + \frac{1}{k\lambda}$$

式中：$R_S(t)$ ——产品的可靠度；

$\quad\quad R_i(t)$ ——第 i 个单元的可靠度；

$\quad\quad \text{MTBF}_S$ ——产品的平均故障间隔时间；

$\quad\quad n$ ——产品所包含的单元数；

$\quad\quad k$ ——使产品正常工作所必须的最少单元数；

$\quad\quad \lambda$ ——单元的故障率。

（4）旁联模型

组成产品的 n 个单元中只有一个单元工作，当工作单元有故障时通过故障检测及转换装置接到另一个单元进行工作的模型，为旁联模型，其可靠性框图如图 3-4 所示。

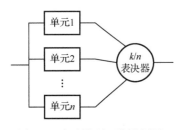

图 3-3 表决模型可靠性框图

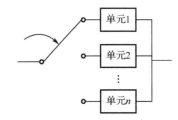

图 3-4 旁联模型可靠性框图

数学模型：

若组成产品的 n 个单元都相同，寿命服从指数分布，故障率均为 λ，监测和转换装置可靠度为 1，则

$$R_S(t) = e^{-\lambda t}\left[1 + \lambda t + \frac{(\lambda t)^2}{2!} + \cdots + \frac{(\lambda t)^{n-1}}{(n-1)!}\right]$$

$$\text{MTBF}_S = \frac{n}{\lambda}$$

式中：$R_S(t)$ ——产品的可靠度；

　　　MTBF_S ——产品的平均故障间隔时间；

　　　λ ——各单元的故障率；

　　　t ——产品的工作时间；

　　　n ——产品所包含的单元数。

3.2.3　可靠性建模流程

可靠性建模流程如图 3-5 所示。

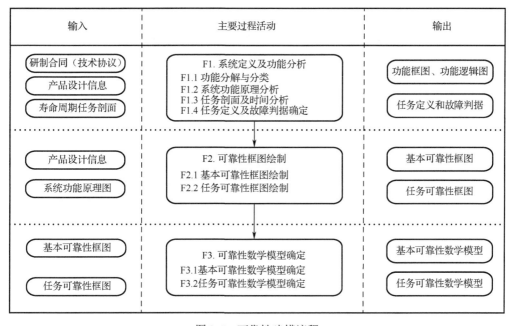

图 3-5　可靠性建模流程

（1）系统定义及功能分析

输入：研制合同（技术协议）、产品设计信息，及寿命周期任务剖面。

输出：功能框图、功能逻辑图，任务定义和故障判据。

① 功能分解与分类

根据所分析对象的系统任务功能需求，对系统任务功能进行逐层分解细分，直至可以获得明确的技术要求的最低层次（如部件）。在系统功能分解的基础上，可按照给定的任务对系统的功能进行整理与分类，以整理出产品的基本功能和必要功能，为后续的功能分析奠定基础。系统的功能分类见表 3-2。

表 3-2　系统的功能分类表

分　类		定　义
按重要程度分	基本功能	a）起主要的必不可少的作用； b）担任主要的任务，实现其工作目的； c）它的作用会使功能产生整体性的变化
	辅助功能	选定了某种特定的构思而必需的功能，或辅助实现基本功能而需要的功能。它相对于基本功能是次要的或从属的
按用户要求分	必要功能	对于用户的任务需求而言，该功能是必要的和不可缺少的
	不必要功能	对于用户的任务需求而言，该功能并非不可缺少

② 系统功能原理分析

根据产品各层次功能之间的接口和关联逻辑关系，利用功能框图或功能流程图加以描述。功能框图在对系统各层次功能进行静态分组的基础上，描述系统的功能和各子功能之间的相互关系；功能流程图是系统功能实现过程的动态描述，主要用于表明系统各功能之间的时序相关性。功能框图和功能逻辑图是绘制系统可靠性框图的基础。

③ 任务剖面及时间分析

根据产品的任务剖面及各阶段任务的功能需求进行任务剖面与时间分析，主要用于确定系统任务执行过程中各功能的执行时间及功能间的切换时间。此外，产品的各功能在执行任务过程中不会时刻处于工作状态，因此在建立可靠性模型前必须加以修正，通常用占空比进行修正。

④ 任务定义及故障判据确定

根据产品的任务需求、使用环境及系统设计进行任务定义和故障判据的确定，主要用于确定系统任务执行过程中产品具体的故障判别标准。需要注意的是，基本可靠性和任务可靠性下的任务定义及故障判据不同，需加以区分。

（2）可靠性框图绘制

根据系统的结构组成及功能框图，利用典型的可靠性模型进行可靠性框图绘制，典型的可靠性模型包括：串联模型、并联模型、表决模型、旁联模型等。后续应根据可靠性设计与分析工作的需要分别绘制基本可靠性框图和任务可靠性框图。

输入：产品设计信息、系统功能原理图。

输出：基本可靠性框图、任务可靠性框图。

（3）可靠性数学模型确定

根据基本可靠性框图和任务可靠性框图的逻辑结构以及典型的可靠性数学模型对产品的可靠性数学模型进行分析确定。

输入：基本可靠性框图、任务可靠性框图。

输出：基本可靠性数学模型、任务可靠性数学模型。

3.2.4 可靠性建模要点

可靠性建模要点如下：

① 可靠性建模是进行可靠性分配和预计的基础，因此应在初步设计阶段建立产品的可靠性模型。同时随着产品设计工作的进展，可靠性框图应依据产品环境条件、设计结构、应力水平等信息不断修改、完善和细化。

② 应根据需要分别建立产品的基本可靠性模型和任务可靠性模型。基本可靠性模型是一个全串联模型，不管是采取冗余还是采取可替换的不同工作模式，其所有组成单元都应按串联结构处理；而在任务可靠性模型中，产品采取的冗余或可替代的不同工作模式可采用并联、表决、旁联等结构进行表示。只有在系统既没有冗余，又没有替代工作模式的情况下，基本可靠性模型和任务可靠性模型才是一致的。

③ 对于多任务的系统，应根据不同的任务剖面建立不同的任务可靠性模型，不同模型中应包括在不同任务剖面中工作的所有组成单元。

④ 建立任务可靠性模型时需注意单元工作时间与系统工作时间的一致性，若两者工作时间不一致，则在计算系统任务可靠性时应按比例进行修正。

3.2.5 某型综合处理计算机可靠性建模示例

某型综合处理计算机采用双裕度设计实现，由两套计算机子系统组成。每套计算机子系统的配置完全相同，包括比较输入模块、CPU 模块、输出接口模块和电源模块 4 个单元。

（1）功能分析

某综合处理计算机的功能是实现对重要提示信息的排序、分类处理和告警，引起操作人员注意，从而采取恰当处理措施。两套计算机子系统中，只要一套能正常工作，该综合处理计算机就可以实现上述规定功能。

（2）功能原理分析

该综合处理计算机的功能框图如图 3-6 所示。

（3）任务时间分析

根据系统的任务剖面，处理计算机的所有单元在系统任务剖面的各个阶段一直工作。

（4）故障判据确定

根据综合处理计算机的任务要求，确定基本可靠性和任务可靠性的故障判据。

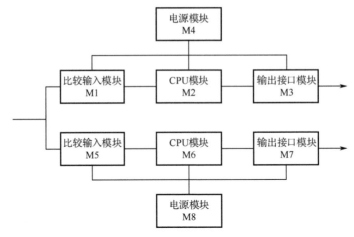

图 3-6　综合处理计算机的功能框图

基本可靠性的故障判据为：由于设计、制造缺陷造成综合处理计算机的任何单元故障，都需要必要的维修和保障工作，都会影响设备的基本可靠性，都算作关联故障。

任务可靠性的故障判据为：由于设计、制造缺陷造成综合处理计算机在任务期间不能够实现提示信息的排序、分类处理和告警的关联故障。

（5）可靠性框图绘制

根据综合处理计算机的功能框图及故障判据，绘制基本可靠性框图和任务可靠性框图，分别如图 3-7 和图 3-8 所示。

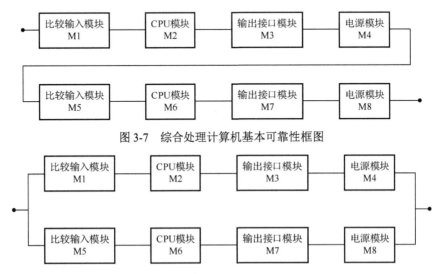

图 3-7　综合处理计算机基本可靠性框图

图 3-8　综合处理计算机任务可靠性框图

（6）可靠性数学模型确定

根据综合处理计算机的可靠性框图和典型可靠性数学模型，确定综合处理计算机的基本可靠性数学模型和任务可靠性数学模型。

综合处理计算机的基本可靠性数学模型如下

$$\lambda_S = \sum_{i=1}^{8} \lambda_{M_i}$$

式中：λ_S——综合处理计算机的故障率（1/h）；

λ_{M_i}——综合处理器第 i 个单元的故障率（1/h）。

综合处理计算机的任务可靠性数学模型如下

$$R_S(t) = \left\{ 1 - \left[1 - \prod_{i=1}^{4} R_{M_i}(t) \right] \left[1 - \prod_{i=5}^{8} R_{M_i}(t) \right] \right\}$$

式中：$R_S(t)$——综合处理计算机的任务可靠度；

$R_{M_i}(t)$——综合处理计算机第 i 个单元的任务可靠度，$R_{M_i}(t) = \mathrm{e}^{-\lambda_{M_i}t}$；

t——处理计算机的任务时间（h）。

3.3 可靠性分配

可靠性分配就是将使用方提出的，在产品研制任务书（或合同）中规定的总体可靠性指标，自顶向底，由上到下，从整体到局部，逐步分解、分配到各系统、分系统及设备，并使整体和部分的可靠性定量要求协调一致。

可靠性分配，可以暴露系统设计中的薄弱环节及关键单元和部位，为指标监控和改进措施提供依据，为管理提供所需的人力、时间和资源等信息。因此，可靠性分配是可靠性设计中不可缺少的工作项目，也是可靠性工程的决策点。

3.3.1 可靠性分配参数

可靠性分配可将可靠性定量指标分摊到系统的各个组成部分，为各部件、各设备或各分系统的可靠性设计和元器件、原材料的选择以及产品验收提供重要依据，并据此来估计所需的人力、时间和资源。与此同时，也将责任落实到相应层次产品的设计人员上。

系统可靠性分配的参数分为基本可靠性和任务可靠性两类，同时各类型装备描述系统可靠性的参数也不完全相同。常用的可靠性分配参数如表 3-3 所示。

表 3-3　常用的可靠性分配参数

	基本可靠性	任务可靠性
通用参数	故障率 λ 平均故障间隔时间 MTBF	任务可靠度 R_m 平均致命故障间隔时间 MTBCF
专用参数	军用飞机：平均故障间隔飞行小时 MFHBF ……	自行火炮：平均使用任务中断间隔里程 MMBOMA ……

第一类是描述系统基本可靠性的参数，常用参数包括故障率 λ、平均故障间隔时间 MTBF 等；第二类是描述系统任务可靠性的参数，常用参数有任务可靠度 R_m、平均致命故障间隔时间 MTBCF 等。不同类型的型号描述系统可靠性的参数也不完全相同，例如，对于军用飞机，可用"平均故障间隔飞行小时（MFHBF）"描述基本可靠性指标；对于自行火炮，可用"平均使用任务中断间隔里程（MMBOMA）"描述任务可靠性指标，因此在进行可靠性分配时需注意参数的选取。

此外，可靠性分配的指标可以是规定值，作为可靠性设计的依据；也可以是最低可接受值，作为论证的依据。在分配之前应根据实际情况给分配指标增加一定的余量。因此，可靠性分配应在工程研制的方案设计阶段和初步设计阶段进行，且应尽可能早地实施。

3.3.2　可靠性分配方法

可靠性分配问题实际上是最优化问题，因此，在分配可靠性指标时，必须明确目标函数与约束条件，基本上可分为三类：一类是以可靠性指标为约束条件，目标函数是在满足可靠性下限的条件下，使成本、质量、体积最小且研制周期尽量短；另一类是以成本为约束条件，要求可靠性尽量高；第三类是以周期为约束条件，要求成本尽量低，可靠性尽量高。不管在什么情况下，都必须考虑现有技术水平能否达到所需的可靠性。

考虑到产品可靠性的特点，为提高分配结果的合理性和可行性，可靠性分配应按照一定的准则进行。一般应遵循的准则如下：

- 对于复杂度高的分系统、设备等，应分配较低的可靠性指标；
- 对于重要度高的产品，应分配较高的可靠性指标，因为关键件一旦出现故障，将使整个系统的功能受到影响，影响人身安全及重要任务的完成；
- 对于在恶劣环境条件下工作的分系统或部件，应分配较低的可靠性指标，因为恶劣环境会增加产品的故障率；
- 对于工作时间长的产品，由于产品的可靠性会随工作时间的加长而降低，应分配较低的可靠性指标；

● 对于不得不采用技术成熟程度差（包括采用新技术、新研制的元器件、部组件和采用非标准件）的产品，应分配较低的可靠性指标，因为高可靠性要求会延长研制时间，增加研制费用；

● 对于维修困难或不便于更换的分系统或部件，应分配较高的可靠性指标。

针对可靠性分配的指标参数及相应的约束条件，工程中常用的可靠性分配方法如表 3-4 所示，下面重点介绍：等分配法、加权分配法、AGREE 分配法、比例组合法、评分分配法、花费最小分配法等。

（1）等分配法

等分配法是把系统总的可靠性指标平均分摊给各分系统的一种分配方法。对于由 n 个分系统串联组成的系统，该方法所使用的模型是

$$R_S = \prod_{i=1}^{n} R_i$$

当 $R_1 = R_2 = R_i = \cdots = R_n$ 时

$$R_i = R_S^{\frac{1}{n}}$$

式中：$i = 1, 2, \cdots, n$；

R_S——系统要求的可靠性指标；

R_i——分配给第 i 个分系统的可靠性指标。

对于由 n 个分系统并联组成的系统，所使用的模型是

$$R_S = 1 - (1 - R_i)^n$$

或

$$R_i = 1 - (1 - R_S)^{\frac{1}{n}}$$

等分配法不是根据达到这些指标的难易程度来进行分配的，它要求普遍提高产品的可靠性。这种方法对一般系统来说是不合理的，而且在技术上、时间上和费用上也不大容易实现，但对于系统简单、应用条件要求不高、在方案论证的最初阶段及只做粗略分配时可以采用。

（2）加权分配法

加权分配法又称 ARINC 分配法，这种分配法按故障率大小的比例来进行分配，适用于故障率恒定的串联分系统，各分系统的任务时间和系统任务时间相等。这种分配方法要求用故障率表示可靠性指标，分配步骤如下。

① 按下式选择 λ_i^*：

$$\sum_{i=1}^{n} \lambda_i^* \leq \lambda_S$$

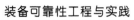

表 3-4 工程中常用的可靠性分配方法

类别	方 法	适用范围	研制阶段	前提条件	简要说明
无约束	等分配法	基本可靠性 任务可靠性	方案设计阶段	产品无继承性，产品定义不清晰	不考虑各个单元（或元件）的重要程度，将系统总的可靠度评价分配给各个单元（或元件）
	加权分配法	基本可靠性	方案设计阶段 初步设计阶段	故障率恒定的串联系统，且各分系统的任务时间与系统任务时间相同	按产品各部分的故障率大小的比例进行分配
	AGREE分配法	基本可靠性 任务可靠性	方案设计阶段 初步设计阶段	产品由各系统串联组成，而系统由分系统（设备并串联，并联等组成混合模型，并且已知其系统故障统计信息和组成部件数量	根据产品中各单元的复杂度（如元器件、零部件数量）及重要度（该单元故障对产品的影响）进行分配
	比例组合法	基本可靠性 任务可靠性（串联模型）	初步设计阶段	新设计的产品与旧产品非常相似，包括结构、材料、工艺、使用环境等，且已有旧产品的故障统计数据	根据老产品中各单元的故障率，按新产品可靠性的要求，给新产品的各单元进行分配
	评分分配法	基本可靠性 任务可靠性（串联模型）	方案设计阶段 初步设计阶段	产品可靠性数据非常缺乏	专家根据经验，按几种因素（如复杂度、环境、技术水平等）对各单元进行评分，按单元的可靠性相对比值进行分配
	可靠度再分配法	基本可靠性 任务可靠性（串联模型）	方案设计阶段 初步设计阶段	所设计的产品不能满足规定的可靠性指标要求，需要改进原设计以提高其可靠度，通过预计已知其组成系统、分系统的可靠度	将原来可靠度较低的系统的可靠度都提高到某个值，而对于原来可靠度较高的可靠度仍保持不变，以满足规定的可靠度指标
	花费最小分配法	基本可靠性	初步设计阶段	产品为串联系统，并且已完成各组成部分的可靠性预计工作	按照花费最小的原则调整各组成部分的可靠性指标
有约束	拉格朗日乘数法	任务可靠性	初步设计阶段	系统仅有单一的约束条件，如重、费用等	利用拉格朗日乘数法，在单一约束条件下，求组成产品各单元的最佳配置数
	直接寻查法	任务可靠性	方案设计阶段 初步设计阶段	已知各单元可靠性指标或约束条件，如费用、重量、体积、消耗功率等	在约束条件允许范围内，通过一系列试验，将分配给各单元的可靠性综合后使产品可靠性最高

式中：$i=1,2,\cdots,n$ ；

λ_i^* ——分配给第 i 个分系统的故障率；

λ_s ——要求的系统故障率。

② 根据以往积累的数据，求出各分系统预计的故障率 λ_i 。

③ 按下式确定各分系统的加权因子

$$W_i = \frac{\lambda_i}{\displaystyle\sum_{i=1}^{n} \lambda_i}$$

④ 按下式提出分配给各分系统的故障率

$$\lambda_i^* = W_i \lambda_s$$

这种方法可用于方案论证阶段和初步设计阶段。

（3）AGREE 分配法

AGREE（电子设备可靠性咨询者）分配法，既考虑每个分系统的复杂度，也考虑其重要度，适用于可靠性服从指数分布的电子设备。设系统由 k 个分系统串联而成，则第 i 个分系统的平均故障间隔时间为

$$\mathrm{MTBF}_i = \frac{N w_i t_i}{n_i [-\ln R_s(t)]}$$

相应的第 i 个分系统的可靠性为

$$R_i(t_i) = \exp\left(\frac{-t_i}{\mathrm{MTBF}_i}\right)$$

式中：$i=1,2,\cdots,k$ ；

t_i ——规定的第 i 个分系统的任务时间；

w_i ——第 i 个分系统的重要因子，它表示第 i 个分系统发生故障将会导致系统发生故障的概率；

n_i ——第 i 个分系统中组装件的数目；

N ——系统中组装件的总数，$N=\displaystyle\sum_{i=1}^{k} n_i$ ；

$R_s(t)$ ——在系统任务时间内要求的系统可靠性；

$R_i(t_i)$ ——分配给第 i 个分系统在其任务时间内的可靠性；

MTBF_i ——分配给第 i 个分系统的平均故障间隔时间。

（4）比例组合法

如果新设计的系统与老的系统很相似，只是对新系统提出了新的可靠性要求，在这种情况下，可以采用比例组合法。根据老系统中各分系统的故障率，按照新的要求，给新系统的各分系统分配的故障率为

$$\lambda_{in} = \lambda_{io} \frac{\lambda_{sn}}{\lambda_{so}}$$

式中：λ_{in} ——分配给新系统中第 i 个分系统的故障率；

λ_{io} ——新系统要求的故障率指标；

λ_{sn} ——老系统的故障率；

λ_{so} ——老系统中第 i 个分系统的故障率。

有些型号产品研制的继承性很强，尤其是同一型号的改进型，这时新老产品的基本组成部分非常相似，因此比例组合法比较适用。

（5）评分分配法

评分分配法根据各分系统的复杂度、重要度、技术成熟水平、环境条件以及工作时间等各种因素，按评分等级值进行量化，综合计算进行分配。一般来讲，考虑的因素越多，越能反映真实情况，但在工程应用中由于条件限制不可能考虑更多因素。下面为几种常用的应考虑因素，使用时要根据实际情况进行选取。

① 复杂度

应考虑如下内容：

● 所使用的元器件、部件、组件的数量；

● 所使用的有源器件的数量；

● 所采用的加工工艺、组装的难易程度；

● 结构的复杂程度，如模块化程度、维修是否方便等因素。

② 重要度

应考虑如下内容：

● 发生故障时对系统可靠性影响程度的大小，如可使系统丧失主要功能、可使系统丧失部分次要功能、可引起参数超差但不影响系统工作等；

● 发生故障的概率大小等。

③ 技术成熟水平

应考虑如下内容：

● 所采用的技术、元器件、材料等是否采用过；

● 是否经过实际使用考验过；

● 是否经过充分试验验证过；

● 是否有预研成果做基础，并经过哪一级别鉴定；

● 是大量采用成熟标准件，还是采用非标准件或新研制的不成熟的零部件；

● 所采用的元器件、零部件的质量水平等。

④ 环境条件

应根据分系统的安装位置和将承受的环境应力来考虑对系统影响的程度。

⑤ 工作时间

应根据工作时间的长短来考虑对系统影响的大小。

评分等级的数值范围通常在 1～10 进行选取，分配故障率时按以下原则确定：

● 复杂程度越高等级取值越高；

● 重要程度越高等级取值越低；

● 技术成熟水平越高等级取值越低；

● 环境条件越恶劣等级取值越高；

● 工作时间越长等级取值越高等。

具体进行运算时，要把每一个分系统的几个等级数值相乘得出该分析图的总评分数值，然后再将这 c_i 个分系统的等级归一化，使它们的和等于 1。

有关的基本方程式如下

$$\lambda_i = c_i \lambda_S$$

或

$$R_i = R_S^{c_i}$$

级数展开的近似公式

$$R_i \approx 1 - (1 - R_S)c_i$$

按近似公式能保证

$$\prod_{i=1}^{n} R_i > R_S$$

式中：λ_i ——分配给每个分系统的故障率；

c_i ——第 i 个分系统的评分系数；

λ_S ——系统要求的故障率指标；

R_i ——分配给第 i 个分系统的可靠性指标；

R_S ——系统要求的可靠性指标。

$$c_i = \omega_i / \omega$$

式中：ω_i ——第 i 个分系统的总评分数值；

ω ——系统的总评分数值。

$$\omega_i = \prod_{j=1}^{5} r_{ij}, \ j = 1, 2, 3, 4, 5$$

式中：r_{ij} ——第 i 个分系统，第 j 个因素的评分数值。

其中，$j=1$ 代表复杂度；$j=2$ 代表重要度；$j=3$ 代表技术成熟水平；$j=4$ 代表环境条件；$j=5$ 代表工作时间。

$$\omega = \sum_{i=1}^{n} \omega_i$$

式中：$i = 1, 2, \cdots, n$，n 为分系统数目。

（6）花费最小分配法

花费最小分配法是建立在串联系统各组成部分可靠性预计基础上，按照花费最小的原则调整组成的可靠性指标，从而得到各组成部分的可靠性分配值。

设某系统的各分系统可靠性预计值已知，将它们由小到大排列为

$$R_{(1)} \leqslant R_{(2)} \leqslant \cdots \leqslant R_{(n)}$$

则系统的可靠性预计值为

$$R_S = \prod_{i=1}^{n} R_{(i)}$$

若给定系统可靠性指标为 R_S^*，而 $R_S < R_S^*$，则至少其中一个分系统的可靠性指标必须提高，这样必然要付出一定的花费，记作 $G(R_i, R_i^*)$，也就是为了第 i 个分系统的可靠性指标由 R_i 提高到 R_i^* 所需要的花费，如果不止一个分系统可靠性指标要提高，那么花费总量为 $\sum_{i=1}^{n} G(R_i, R_i^*)$。问题是如何在约束条件

$$\prod_{i=1}^{n} R_{(i)}^* \geqslant R_S^*$$

下使

$$\min \sum_{i=1}^{n} G(R_i, R_i^*)$$

这是一个优化问题，其唯一解为

$$R_i = \begin{cases} R_0, i \leqslant k \\ R_i, i > k \end{cases}$$

也就是使前 k 个分系统可靠性指标都提高到 R_0，而从第 $k+1$ 到第 n 个分系统可靠性指标保持预计值不变。这表明，要提高系统可靠性须从可靠性较低的环节开始。众所周知，可靠性低的环节改善较易；反之则较难。所谓"花费最小"即由此而来。问题归结为如何确定 k 与 R_0。

首先，k 就是满足下式的取最大值的 j

$$R_{(j)} < \left[\frac{R_S^*}{\prod\limits_{i=j+1}^{n+1} R_{(i)}} \right]^{\frac{1}{j}} \triangleq \Delta r_j$$

其中，$R_{(n+1)}$ 规定为 1。

其次，R_0 满足下式

$$R_0 < \left[\frac{R_S^*}{\prod\limits_{j=k+1}^{n+1} R_{(j)}} \right]^{\frac{1}{k}}$$

于是

$$R_0^k \prod\limits_{j=k+1}^{n} R_{(j)} = R_S^*$$

3.3.3　可靠性分配流程

可靠性分配流程如图 3-9 所示。

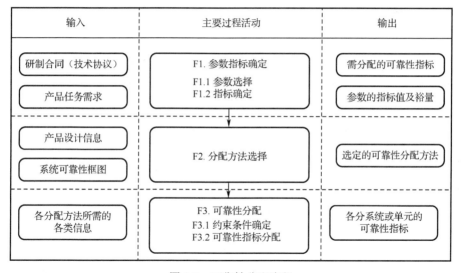

图 3-9　可靠性分配流程

（1）参数指标确定

输入：研制合同（技术协议）、产品任务需求。

输出：需分配的可靠性指标，参数的指标值及裕量。

① 参数选择

根据装备的研制合同以及系统的任务需求确定可靠性分配的参数指标。

② 指标确定

根据装备的研制合同中相应参数的指标值确定可靠性分配具体的指标值。可靠性分配的指标可以是规定值，作为可靠性设计的依据；也可以是最低可接受值，作为论证的依据。此外，在分配之前应根据实际情况给分配指标增加一定的裕量。

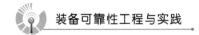

（2）分配方法选择

根据产品的设计信息以及可靠性框图选择合适的可靠性分配方法，应重点考虑产品当前所处的研制阶段、系统结构类型、可靠性数据以及需进行分配的可靠性参数类型等信息。可靠性分配方法的选取原则可参考表3-4。

输入：产品设计信息、系统可靠性框图。

输出：选定的可靠性分配方法。

（3）可靠性分配

根据选定的可靠性分配方法，收集所需的各类必要信息，对各分系统或单元的可靠性指标进行分配。

输入：各分配方法所需的各类信息。

输出：各分系统或单元的可靠性指标。

3.3.4　可靠性分配要点

① 可靠性分配应在研制阶段早期就开始进行，这样做的好处有：能使设计人员尽早明确设计要求，并研究实现这些要求的可能；为外购件及外协件可靠性指标的提出提供初步依据；根据所分配的可靠性要求估算所需人力和资源等管理信息。

② 可靠性分配应反复多次进行。在方案论证和初步设计工作中，分配是较粗略的，仅粗略分配后，应与经验数据进行比较、权衡；也可和不依赖于初步分配的可靠性预测结果相比较，确定分配的合理性，并根据需要重新分配。随着设计工作的不断深入，可靠性模型逐步细化，可靠性预计工作也需随之反复进行。

③ 为了尽可能减少可靠性分配的次数，在规定可靠性指标的基础上，可考虑留出一定的裕量。这种做法为在设计过程中增加新功能元件留下了考虑的余地，因此可以避免为适应附加的设计而必须反复分配。

④ 可靠性分配的主要目的是使各级设计人员明确其可靠性设计目标，因此，必须按成熟期规定值（或目标值）进行分配。

3.3.5　某型飞机可靠性分配示例

某型飞机由机体结构、起落架系统、动力装置（发动机、辅助动力装置）、液压系统、燃油系统、环控系统和乘员舱、飞行控制、航空电子、武器以及其他系统等部分组成，其可靠性框图如图3-10所示。

该型飞机的可靠性框图是一个串联模型，说明机上任意组成部分发生故障都会导致不能完成规定任务。

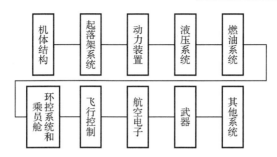

图 3-10　某型飞机的可靠性框图

（1）参数选择

根据该飞机的使用保障需求，要求降低维修人力和保障费用，这就需要降低其故障间隔时间。可选择基本可靠性参数平均故障间隔时间 T_{BF} 进行可靠性分配。

（2）指标确定

合同中的参数及指标见表 3-5。此处基于平均故障间隔时间 T_{BF}，对该飞机各分系统的故障率进行分配，分配时均将单位转换为飞行小时（h）。

表 3-5　合同中的参数及指标

参数项目	规定值	目标值	最低可接受值	门限值	研制结束最低可接受值
平均故障间隔时间 T_{BF}	4.29	/	3.43	/	2.74

为保证该型飞机执行任务时具有更高的可用性，此处选取平均故障间隔时间的规定值进行分配，即 $T_{BF}=4.29\text{h}$。为考虑后续的附加设计，分配时留一定的裕量，按 $T_{BF}=5.0\text{h}$ 进行分配。

（3）分配方法的选择及可靠性分配

① 方案设计阶段可靠性分配

在方案设计阶段初期，只有系统划分，因此采用等分配法进行粗略的可靠性分配。按 $T_{BF}=5.0\text{h}$ 进行分配，其结果如下

$$\lambda_S^* = 1/T_{BF}^* = 1.0/5.0 = 0.20(1/\text{h})$$

该型飞机由 10 个分系统组成，应用等分配法得

$$\lambda_i^* = \lambda_S^*/10 = 0.2/10 = 0.02(1/\text{h}), \quad i=1,2,\cdots,10$$

其分配结果如表 3-6 所示。

表 3-6　某型飞机方案设计阶段的可靠性分配结果

序　号	单 元 名 称	分配的故障率×10⁻⁶/h
1	机体结构	2000.0
2	起落架系统	2000.0

序 号	单 元 名 称	分配的故障率×10⁻⁶/h
3	动力装置（发动机、辅助动力装置）	2000.0
4	液压系统	2000.0
5	燃油系统	2000.0
6	环控系统和乘员舱	2000.0
7	飞行控制	2000.0
8	航空电子	2000.0
9	武器	2000.0
10	其他系统	2000.0
	合计	20000.0

② 初步设计阶段可靠性分配

在初步设计阶段，飞机的具体组成基本已知，但缺乏相关的可靠性数据。因此可采用评分分配法进行可靠性分配，按 $T_{BF} = 5.0h$ 进行分配，其结果如下

$$\lambda_S^* = 1/T_{BF}^* = 1.0/5.0 = 0.20(1/h)$$

选定复杂度、技术水平、工作时间和环境条件作为评分因素，请专家对各系统进行评分，其结果如表 3-7 的第 3～6 列所示。各系统的评分数和评分系数如表 3-7 第 7～8 列所示。

利用评分分配法的分配公式计算各系统的可靠性指标，如表 3-7 所示。

$$\lambda_i = \lambda_S^* \cdot c_i$$

表 3-7 该型飞机初步设计阶段的可靠性分配值

序号	单元名称	复杂程度 r_{i1}	技术水平 r_{i2}	工作时间 r_{i3}	环境条件 r_{i4}	各单元评分数 ω_i	各单元评分系数 $c_i = \omega_i/\omega$	分配的故障率×10⁻⁶/h $\lambda_i = \lambda_S^* \cdot c_i$
1	机体结构	5	3	5	5	375	0.0248	4955.7
2	起落架系统	5	3	1	9	135	0.0089	1783.8
3	动力装置（发动机、辅助动力装置）	7	6	10	6	2520	0.1665	33298.2
4	液压系统	6	5	10	5	1500	0.0991	19820.3
5	燃油系统	7	5	10	5	1750	0.1156	23123.7
6	环控系统和乘员舱	8	8	10	3	1920	0.1269	25370
7	飞行控制	9	9	10	4	3240	0.2141	42817.5
8	航空电子	6	7	10	5	2100	0.1388	27748.5
9	武器	7	8	3	8	1344	0.0888	17759.0

续表

序号	单元名称	复杂程度 r_{I1}	技术水平 r_{I2}	工作时间 r_{I3}	环境条件 r_{I4}	各单元评分数 ω_I	各单元评分系数 $c_i = \omega_I/\omega$	分配的故障率×10^{-6}/h $\lambda_I = \lambda_S^* \cdot c_i$
10	其他系统	2	5	5	5	250	0.0165	3303.4
总计						15134	1.0	199980.1

 ## 3.4 可靠性预计

可靠性预计是指为了估计产品在给定工作条件下的可靠性而进行的工作，主要是基于系统的可靠性模型和使用环境，用标准手册提供的或在以往试验和现场使用中所获得的元器件数据，来预测产品在规定的使用条件下可能达到的可靠性，评价所提出的设计方案是否能满足规定的可靠性定量要求。

系统的可靠性预计的实质是在系统的设计阶段根据组成系统的元件等，在规定的工作条件下利用可靠性指标、系统的结构、系统的功能以及工作方式来推测系统的可靠性，这是一个自下而上、从局部到整体、由小到大的一种系统综合过程。而可靠性分配是从系统整体到最低单元的由上而下的分配过程。可靠性分配结果是可靠性预计的目标，可靠性预计的相对结果是可靠性分配与指标调整的基础，二者往往交互进行。

可靠性预计本身并不能提高产品的可靠性，但可靠性预计值提供了产品中各功能单元之间的可靠性相对量度。它可用作设计决策的依据。

可靠性预计主要应用于产品的工程研制阶段，以便及时发现设计中存在的可靠性方面的问题并及时修改，确保在费用和时间等资源限制下达到要求的指标。为了达到可靠性预计利用及时性要求，在设计的不同阶段及系统的不同层次上可采用不同的预计方法，由粗到细，随着研制工作的深入而不断细化。

3.4.1 可靠性预计方法

可靠性预计的程序是首先确定元器件的可靠性，进而预计出部件的可靠性，按功能级从下而上逐级进行预计，最后综合出产品的可靠性。根据研制合同中可靠性的定量要求，可靠性预计分为基本可靠性预计和任务可靠性预计。其中，任务可靠性预计与产品的任务剖面、工作时间及产品功能特性等相关。进行可靠性预计时，除非特殊说明，寿命分布一般假设为指数分布，且故障之间是相互独立的。

在工程上可靠性预计常用的方法有：相似产品法、元器件计数法、应力分析法、故障率预计法、专家评分法、可靠性框图法、失效物理预计法等。可靠性设计方法及其适用条件如表 3-8 所示。

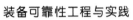

表3-8　可靠性预计方法及其适用条件

预计方法	方法描述	需求信息	预计结果	适用对象	适用阶段
相似产品法	将新设计的产品和已知可靠性的相似产品进行比较，从而简单地估计可靠性水平，或将新产品设计到的可靠性作为相似产品的相对复杂度的函数加以估计	产品系统的总体情况、功能要求和结构设想，以及相似产品的可靠性信息	基本可靠性 任务可靠性	所有产品	方案设计阶段
元器件计数法	把产品的可靠性作为产品内所包含的各类元器件数目的函数进行估计。具体做法是统计每一类元器件的数目，用该类元器件的通用失效率乘以元器件的数目，然后把各类元器件的乘积加起来，从而得到产品（或分系统）的故障率	所采用元器件的种类、数量、质量等级以及工作环境	基本可靠性	电子产品	方案设计阶段 初步设计阶段
应力分析法	以每一类型元器件的质量水平、工作应力及环境应力等因素以及每一类型元器件的基本失效率为基础，确定给定条件下的元器件失效率	所采用元器件的种类、数量、质量等级、工作环境以及工作应力	基本可靠性	电子产品	详细设计阶段
故障率预计法	与电子元器件的应力分析法基本相同，以在实验室常温条件下测得的故障率为基础，确定给定条件下的元器件失效率	零件类型、数量、环境、使用应力以及常温条件下的故障率	基本可靠性	所有产品	详细设计阶段
专家评分法	在可靠性数据非常缺乏的情况下，通过有经验的设计专家对影响可靠性的几种因素评分，对评分进行综合分析而后取各组成单元之间的可靠性数据的单元为基准，预计产品中所有单元的可靠性	单元故障率数据、评分考虑因素	基本可靠性 任务可靠性	所有产品	初步设计阶段
可靠性框图法	在产品各单元的可靠性预计值已知的情况下，利用产品的可靠性框图，对产品的基本可靠性和任务可靠性进行预计	产品的可靠性框图和各单元可靠性预计值	任务可靠性	所有产品	方案设计阶段 其他设计阶段
失效物理预计法	利用计算机数字建模等手段，有效容积等数值计算手段，分析产品预期承受的工作环境应力引起的响应，通过单应力损伤分析确定失效机理发生的时间，再结合竞争失效理论，利用损失累积计算产品的寿命	结构、材料、元器件、电路原理设计、功能要求、用法要求和环境要求等	基本可靠性	电子产品	详细设计阶段

（1）相似产品法

相似产品法适用于机械、电子、机电类产品等具有相似可靠性数据的新产品在方案论证阶段及初步设计阶段的可靠性预计。它适用于初始构思、规划新产品方案的总体论证阶段。该方法的适用条件对于新产品与老产品是相似的，且老产品的可靠性水平是已知的。相似产品法的预计精度取决于现有产品（老产品）可靠性数据的可信程度，以及现有产品和新产品的相似程度。

相似产品法考虑的相似因素主要有：

● 产品结构、性能的相似性；

● 设计的相似性；

● 材料和制造工艺的相似性；

● 使用剖面（保障、使用和环境条件）的相似性。

相似产品法的预计程序为

① 确定相似产品。考虑前述的相似因素，选择确定与新产品最为相似，且有可靠性数据的产品。

② 分析相似因素对可靠性的影响。分析所考虑的各种因素对产品可靠性的影响程度，分析新产品与老产品的设计差异以及这些差异对可靠性的影响。

③ 新产品可靠性预计。确定新产品与老产品的可靠度比值，当然，这些比值应由有经验的专家评定。最终，根据比值预计出新产品的可靠度。

（2）元器件计数法

元器件计数法把产品的可靠性作为产品内所包含的各类元器件数目的函数进行估算。其优点是可以快速进行可靠性预计，判断设计方案是否可行。它不要求了解每个元器件的详细应力和设计数据，因此它适用于方案论证阶段和早期设计阶段。

元器件计数法的具体做法是统计每一类元器件的数目，用该类元件的通用失效率乘以元器件的数目，然后把各类元件的乘积加起来，从而得到产品（或分系统）的故障率，这种方法的数学表达式是

$$\lambda_S = \sum_{i=1}^{n} N_i \lambda_{G_i} \pi_{Q_i}$$

式中：λ_S——产品故障率；

λ_{G_i}——第 i 种元器件的通用失效率；

π_{Q_i}——第 i 种元器件的通用质量系数；

N_i——第 i 种元器件的数量；

$i = 1, 2, \cdots, n$，n 为元器件种类数。

若产品的各个单元在同一环境条件下工作，则可直接使用上式；如果一个产品的几个单元在不同的环境条件下工作，则该式就应分别用于不同环境的各单元，然

后再把故障率相加，导出产品总的故障率。上述表达式也表明了应用该方法所需要的信息，即

- 所采用的元器件的种类和数量；
- 元器件的质量等级；
- 设备工作环境。

国内外各类元器件在不同环境条件下的通用失效率和质量系数，可从 GJB/Z 299C—2006《电子设备可靠性预计手册》、MIL-HDBK-217F《Reliability Prediction of Electronic Equipment》等标准中查到。

（3）应力分析法

当设计基本完成，元器件的工作应力、质量系数、环境条件都已确定后，可采取应力分析法，这时元器件的失效率模型考虑得更加细致。应力分析法用于产品详细设计阶段的电子元器件故障率预计。应力分析法中，不同类别的元器件有不同的工作故障率计算模型，如半导体器件的失效率模型表示为

$$\lambda_p = \lambda_b(\pi_E \pi_A \pi_{S_2} \pi_C \pi_Q)$$

式中：λ_p ——工作失效率；

λ_b ——基本失效率，主要考虑电应力和温度应力对器件的影响；

π_E ——环境系数；

π_Q ——质量系数；

π_A ——应用系数（指电路方面的应用影响）

π_{S_2} ——电压应力系数（指外加电压对模型的调整系数）；

π_C ——复杂度系数（指一个封装内有多个器件的影响）。

式中所有的 π 系数均是对基本失效率进行的修正。π_Q 和 π_E 在所有各类元器件的模型中都采用，其余的 π 系数则根据不同类型元器件的需要而取舍（各种类型元器件的 π 系数在 GJB/Z 299C—2006（简写为 GJB/Z 299C）和 MIL-HDBK-217F 等标准中均有详细说明）。

应力分析法所需要的信息有：

- 元器件的种类；
- 元器件的数量；
- 元器件的质量等级；
- 产品的环境条件；
- 元器件的工作应力。

计算步骤可归纳如下：

① 确定每个元器件的基本失效率 λ_b；

② 确定各种 π 系数，即质量系数 π_Q、环境系数 π_E 以及其他 π 系数；

③ 计算每个元器件的工作失效率 λ_{p}；

④ 求产品故障率为

$$\lambda_{产品}=\sum_{i=1}^{n}\lambda_{p_i}$$

⑤ 求 MTBF 为

$$\mathrm{MTBF}=\frac{1}{\lambda_{产品}}$$

（4）故障率预计法

故障率预计法主要用于非电子产品的可靠性预计，其原理与电子元器件的应力分析法基本相同，而且对基本故障率的修正更简单。

当系统研制进入详细设计阶段时，已有了产品的详细设计图，选定了零件且已知它们的类型、数量、环境及使用应力。在这种情况下，如果已经获得了在实验室常温条件下测得的故障率数据，就可以采用故障率预计法来进行分析。这种方法对电子产品和非电子产品均适用。

在实验室常温条件下测得的故障率为"基本故障率 λ_{b}"，实际故障率为"工作故障率 λ_{p}"。对于非电子产品可考虑降额因子 D 和环境因子 K 对 λ_{b} 的影响，D 和 K 的取值由工程经验确定。非电子产品的工作故障率为

$$\lambda_{\mathrm{p}}=\lambda_{\mathrm{b}}\cdot K\cdot D$$

因为目前尚无正式可供查阅的数据手册，其中环境因子 K 可暂参考《电子设备可靠性预计手册》中所列的各种环境系数 π_{E}。

（5）专家评分法

专家评分法是在可靠性数据非常缺乏的情况下（可以得到个别产品可靠性数据），通过有经验的设计人员或专家对影响可靠性的几种因素评分，对评分进行综合分析而获得各单元产品之间的可靠性相对比值，再以某一个已知可靠性数据的产品为基准，预计其他产品的可靠性。该方法适用于机械、机电类产品。

评分考虑的因素可按产品特点而定，通常考虑的因素有以下 4 种，每种因素的分数为 1～10 分。

- 复杂度。根据组成分系统的元、部件数量，以及它们组装的难易程度来评定，最简单的评 1 分，最复杂的评 10 分。
- 技术成熟水平。根据分系统目前的技术水平和成熟性来评定，水平最低的评 10 分，水平最高的评 1 分。
- 工作时间。根据分系统工作时间来评定，系统工作时，分系统一直工作的评 10 分，工作时间最短的评 1 分。

- 环境条件。根据分系统所处的环境来评定，分系统工作过程中会经受极其恶劣和严酷的环境条件的评 10 分，环境条件最好的评 1 分。

基于各项因素的评分结果，开展评分法可靠性预计。已知某一分系统的故障率为 λ^*，则其他分系统故障率为

$$\lambda_i = \lambda^* \cdot C_i$$

式中：i ——分系统数，$i = 1, 2, \cdots, n$；

C_i ——第 i 个分系统的评分系数：

$$C_i = \omega_i / \omega^*$$

$$\omega_i = \prod_{j=1}^{4} r_{ij}, \quad \omega^* = \sum_{i=1}^{m} \omega_i$$

其中：r_{ij} 表示第 i 个分系统、第 j 个因素的评分数，$j=1$ 时表示复杂度；$j=2$ 时表示技术水平；$j=3$ 时表示工作时间；$j=4$ 时表示环境条件。

（6）可靠性框图法

可靠性框图法以系统组成单元的预计值为基础，依据建立的任务可靠性框图及数学模型计算得到系统的任务可靠度。可靠性框图法的预计步骤如下。

① 根据任务剖面建立系统任务可靠性框图；

② 应用相似产品法、元器件计数法、应力分析法等方法预计单元的故障率或 MTBCF；

③ 确定单元的工作时间；

④ 根据任务可靠性框图计算系统的任务可靠度。

（7）失效物理预计法

失效物理预计法将失效物理方法与建模仿真技术相结合，利用计算机数字建模与有限元、有效容积等数值计算手段，分析产品预期承受的工作环境应力引起的响应，通过单应力损伤分析确定失效机理发生的时间，再结合竞争失效理论，利用累积损伤计算产品的寿命。

① 数据采集

输入数据主要包括环境条件与工作载荷，由产品研制方提供的设计信息和研制试验信息，以及数据库中的基础材料和元器件信息，具体包括结构、材料、元器件、电路设计、功能要求、用法要求和环境要求等。

② 故障机理与故障关系分析

利用 FMMEA 方法，分析在给定环境条件和工作载荷下，产品可能发生的故障机理以及故障机理之间的累积损伤与竞争关系。

③ 环境条件与工作载荷分析

分析寿命周期内的温度、振动等环境条件以及电载荷剖面，确定量值，为后续

步骤提供前提条件。

④ 建立产品的数学样机

模型主要包括 CAD 模型、CFD 模型、FEM 模型、EDA 模型，分别描述了产品的结构几何特性、热特性、振动特性、电特性。

⑤ 应力分析

即在数字样机上施加产品预期的工作和环境条件，分析其响应和应力分布，主要包括电应力分析、振动分析、热分析等。

⑥ 单应力损伤分析

单应力损失分析以设计模型和设计分析结果作为输入，选择和应用合适的故障物理模型，分析产品在预设环境下由于单应力造成的故障情况。其输出可以包括潜在故障点（设计薄弱环节）、主要部位、故障机理、故障模式、造成故障的应力、故障时间等。部分电子产品失效机理模型如表 3-9 所示。

表 3-9　部分电子产品失效机理模型

故 障 机 理	机 理 模 型	故障分析模型	说　明
热疲劳	Coffin-Mason	$\dfrac{1}{2}\left(\dfrac{\Delta\gamma_p}{2\varepsilon_f}\right)^{\frac{1}{c}}$	c 为疲劳延展性指数； ε_f 为疲劳延展性系数； $\Delta\gamma_p$ 为弹塑性应变情况
振动疲劳	随机振动 疲劳模型	$c\left[\dfrac{Z_1}{Z_2\sin(\pi x)\sin(\pi y)}\right]^{\frac{1}{b}}$	c 为随机振动模型系数； $Z_1=\dfrac{0.00022B}{ct\sqrt{L}}$； $Z_2=\dfrac{36.85\sqrt{PSD_{max}}}{f_n^{1.25}}$
电迁移	Black 模型	$\dfrac{w\cdot t}{c}\cdot J^{-2}\cdot\exp\left(\dfrac{E_a}{kT}\right)$	w 为芯片金属化层的宽度（cm）； t 为芯片金属化层的厚度（cm）； c 为 Black 模型系数； J 为金属化层的电流密度（A/cm^2）； E_a 为激活能（eV）； T 为芯片工作时的温度（K）； k 为玻耳兹曼常数

⑦ 多应力累积损伤分析

以单应力损伤分析以及 FMMEA 结果为输入，选择和应用合适的累积损伤模型，分析产品在多应力环节下造成的产品故障情况。其输出可以包括主故障机理、产品寿命等。

目前来说，累积损伤模型主要有线性累积损伤、非线性累积损伤、双线性累积损伤 3 种。线性损伤模型中的典型代表是 Miner 累积损伤模型，其公式为

$$\mathrm{CDI} = \sum_{i=1}^{n} \frac{n_i}{N_i}$$

式中： CDI ——累积损伤指数；

    n_i ——第 i 个载荷所施加的循环次数；

    N_i ——第 i 个载荷所施加的失效周期次数。

CDI 通常在 0 到 1 之间变化，0 代表未发生损伤的状态，而 1 代表完全失效的状态。

3.4.2 可靠性预计流程

可靠性预计流程如图 3-11 所示。

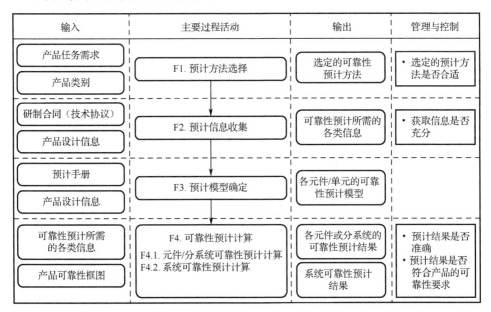

图 3-11 可靠性预计流程

（1）预计方法选择

根据合同中产品的类别及其任务需求选择合适的预计方法，可靠性预计方法的选取原则可参考前文。

输入：产品任务需求、产品类别。

输出：选定的可靠性预计方法。

（2）预计信息收集

根据可靠性预计工作的需求收集相关信息，主要信息包括：元件清单（种类和数量）、元件的质量等级、产品所处环境、元件的工作应力等。这些信息主要来源于：产品的研制合同（技术协议）、产品设计信息等。

输入：研制合同（技术协议）、产品设计信息。

输出：可靠性预计所需的各类信息，包括元件清单（种类和数量）、元件的质量等级、产品所处环境、元件的工作应力等预计所需信息。

（3）预计模型确定

根据产品中各类元件的基本信息，参考相关预计标准/手册各元件的可靠性预计模型。

输入：预计手册、产品设计信息。

输出：各元件/单元的可靠性预计模型。

（4）可靠性预计计算

① 元件/分系统可靠性预计计算

元件的可靠性预计工作主要根据元件的质量等级、所处环境、工作应力结合其可靠性预计模型进行可靠性指标的预计计算；分系统的可靠性预计工作根据其所含元件数量进行累积计算。

输入：可靠性预计所需的各类信息。

输出：各元件或分系统的可靠性预计结果。

② 系统可靠性预计计算

系统可靠性预计主要是根据分系统的预计结果，结合系统的可靠性框图计算系统的可靠性预计结果，不同的可靠性框图可输出不同的系统可靠性预计结果，包括：基本可靠性和任务可靠性。

输入：产品可靠性框图。

输出：系统可靠性预计结果。

3.4.3　可靠性预计要点

① 可靠性预计应与产品设计同步进行，并与其可靠性模型保持一致，在研制各阶段反复进行；

② 应根据需要分别按不同模型对基本可靠性和任务可靠性进行预计，复杂系统的任务可靠性预计结果通常与基本可靠性预计结果不同，前者高于后者；

③ 可靠性预计值应大于产品研制总要求或合同中确定的要求值，否则必须采取设计改进措施，直至满足要求为止；

④ 由于可靠性信息缺乏或数据不准确等，可靠性预计结果与实际值之间会有较大误差（通常预计值偏保守），可靠性预计结果的相对比较值比其绝对值更有用，它可以作为不同设计方案优选和调整的重要依据；

⑤ 订购方应在合同说明中明确的信息有：产品的寿命剖面和任务剖面；确认的预计方法；失效率数据的来源；由订购方指定的产品，应提供其可靠性水平，以及相关使用与环境信息；需提交的资源项目等内容，以保证可靠性预计的合理性和准确性。

3.4.4 某型电源管理设备可靠性预计示例

某型电源管理设备由两台并联工作的电源管理计算机和一个控制协调单元组成。每台电源管理计算机的配置完全相同，包括：CPU 模块、数字 I/O 模块、通信模块、电源模块。两台计算机通过共同的控制协调模块实现对外的控制。其任务可靠性框图如图 3-12 所示。

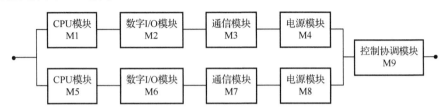

图 3-12　某型电源管理设备的任务可靠性框图

（1）预计方法选择

根据该型电源设备的任务需求，订购方比较关注该设备在实际任务条件下能达到的可靠性水平，因此采用应力分析法结合可靠性框图法进行系统可靠性预计计算。工作应力法用于该型电源设备内各元件的可靠性预计；可靠性框图法用于预计整个设备的任务可靠性。

（2）预计信息收集

根据该型电源设备可靠性预计的需求，收集元器件清单、元器件的质量等级、产品所处环境、元器件的工作应力等信息。该型电源设备元器件清单及相关信息（部分）如表 3-10 所示。

表 3-10　该型电源设备元器件清单及相关信息（部分）

环境条件：A_{IF}　　　　　　　　　　　　　　　　　　　　　　　　　　　　　　环境温度：80℃

编　号	元器件类别（型号规格）	数量 N	质 量 等 级	应力比 S
1	聚丙烯电容器 CBB23-250(22nF/250V)	2	B_2	0.5
2	2 类瓷介电容器 CT4L-2-50(0.22μF/50v)	1	A_2	0.7
3	1 类瓷介电容器 CC4-100(100pF/100V)	1	A_2	0.7
4	金属膜电阻 RJ15-1/2(10Ω/0.5W)	1	A_2	0.6

编　号	元器件类别（型号规格）	数量 N	质量等级	应力比 S
5	开关二极管 2CK4148	2	A$_4$	0.4
6	电感线圈	2	B$_1$	/
…	…	…	…	…

（3）预计模型确定

根据电源设备内各元器件的类别，通过查找可靠性预计标准/手册（如 GJB/Z 299C），确定其应力分析法下的可靠性预计模型。以金属膜电阻 RJ15-1/2(10Ω/0.5W) 为例，查得 GJB/Z 299C 中该类电阻的可靠性预计模型为

$$\lambda_P = \lambda_b \pi_E \pi_Q \pi_R$$

式中：λ_b——基本失效率；

$\quad\quad\pi_E$——环境系数；

$\quad\quad\pi_Q$——质量系数；

$\quad\quad\pi_R$——阻值系数。

（4）元器件/分系统可靠性预计计算

根据各元器件的可靠性预计模型及相关预计信息和参数，计算电源设备内所有元器件的工作失效率。以金属膜电阻 RJ15-1/2（10Ω/0.5W）为例，其工作失效率计算过程如下。

第一步：根据 T=80℃，应力比 S=0.6，查 GJB 299C 的表 5.5.3-1，得到 $\lambda_b = 0.0036$；

第二步：根据环境条件 A_{IF}，查 GJB/Z 299C 中的表 5.5.3-3，得到 $\pi_E = 5$；

第三步：根据质量等级 A_2，查 GJB/Z 299C 中的表 5.5.3-4，得到 $\pi_Q = 0.3$；

第四步：根据阻值为 10Ω，查 GJB/Z 299C 中的表 5.5.3-5，得到 $\pi_R = 1$；

第五步：计算工作失效率，$\lambda_P = 0.0036 \times 5 \times 0.3 \times 1 = 0.0054$。

各元器件工作失效率计算结果如表 3-11 所示。

表 3-11　各元器件工作失效率计算结果

环境条件：A_{IF}　　　　　　　　　　　　　　　　　　　　　　　　　　　　　　　环境温度：80℃

编号	元器件类别（型号规格）	各 π 系数	λ_b/(10^{-6}/h)	工作失效率/(10^{-6}/h)	
				λ_P	$N\lambda_P$
1	聚丙烯电容器 CBB23-250(22nF/250V)	$\pi_E = 8$　$\pi_Q = 1$　$\pi_{CV} = 1$　$\pi_K = 1$	0.0133	0.1064	0.2128
2	2 类瓷介电容器 CT4L-2-50(0.22μF/50v)	$\pi_E = 7.7$　$\pi_Q = 0.3$　$\pi_{CV} = 1.6$	0.0432	0.1597	0.1597

续表

编号	元器件类别 （型号规格）	各 π 系数	λ_b/(10⁻⁶/h)	工作失效率/(10^{-6}/h)	
				λ_P	$N\lambda_P$
3	1 类瓷介电容器 CC4-100(100pF/100V)	$\pi_E = 6.7$ $\pi_Q = 0.3$ $\pi_{CV} = 1$	0.1355	0.2724	0.2724
4	金属膜电阻 RJ15-1/2(10Ω/0.5W)	$\pi_E = 5$ $\pi_Q = 0.3$ $\pi_R = 1$	0.0036	0.0054	0.0054
5	开关二极管 2CK4148	$\pi_E = 13$ $\pi_Q = 0.2$ $\pi_R = 1$ $\pi_A = 0.6$ $\pi_{S2} = 0.2$ $\pi_C = 1$	0.107	0.0334	0.0668
6	电感线圈	$\pi_E = 8$ $\pi_Q = 0.7$ $\pi_K = 1$ $\pi_C = 1$	0.025	0.14	0.28
…	…	…	…	…	

基于上表，根据电源设备各模块中的元器件种类和数量，累积计算各模块的工作失效率，如表 3-12 所示（各模块的详细预计过程略）。

表 3-12 各模块工作失效率计算结果

序 号	模 块 名 称	工作失效率预计值λ/(10⁻⁶/h)	可靠度 R_{Mi}
1	CPU 模块 M1	41.2	0.9998352
2	数字 I/O 模块 M2	20.4	0.9999184
3	通信模块 M3	38.5	0.9998460
4	电源模块 M4	24.2	0.9999032
5	CPU 模块 M5	41.2	0.9998352
6	数字 I/O 模块 M6	20.4	0.9999184
7	通信模块 M7	38.5	0.9998460
8	电源模块 M8	24.2	0.9999032
9	控制协调模块 M9	70.8	0.9997168

（5）系统可靠性预计计算

根据该型电源设备的任务可靠性框图，确定其任务可靠性模型，并代入表 3-12 中各模块的可靠度，可得电源设备的任务可靠度为：

$$R_S(t) = R_{M9}(t)\left\{1 - \left[1 - \prod_{i=1}^{4} R_{Mi}(t)\right]\left[1 - \prod_{i=5}^{8} R_{Mi}(t)\right]\right\} = 0.9997166$$

3.5 故障模式、影响及危害性分析

故障模式、影响及危害性分析（Failure Mode Effects and Criticality Analysis,

FMECA）是装备研制单位根据相似装备故障模式及本装备功能、故障判据、试验、威胁机理、工艺等相关信息，分析确定装备各层级所有可能的故障模式及其可能产生的影响，并按每个故障模式产生影响的严重程度及其发生概率予以分类的一种归纳分析方法，是属于单因素的分析方法。

装备研制单位根据订购方、研制进度、状态的变化，采用不同的 FMECA 分析方法，分析确定电子和非电子装备系统、分系统、LRU/LRM、SRU 等各层级的故障模式，并对其可能产生的影响和危害性进行分析。FMECA 的目的是分析研究装备功能、硬件、软件、生存性与易损性、生产工艺的缺陷和薄弱环节，为装备设计方案的权衡分析、功能设计、硬件设计、软件设计、生存性与易损性设计及生产工艺的改进提供依据。

FMECA 可在装备论证立项、工程研制、列装定型和生产、使用阶段开展。在论证立项阶段，主要是支持设计方案优选；在工程研制阶段，主要是识别设计薄弱环节，支持改进设计；在列装定型和生产阶段，主要是为了控制故障；在使用阶段，主要是为了便于维修、保障。

3.5.1 FMECA 分析类型

FMECA 主要从装备故障的角度出发进行可靠性分析，找出设计中潜在的薄弱环节，以便采取有效措施，提高装备可靠性。FMECA 可分为设计 FMECA 和过程 FMECA。其中，设计 FMECA 又可分为功能 FMECA、硬件 FMECA、软件 FMECA、损坏模式及影响分析（DMEA）；过程 FMECA 可分为生产加工过程 FMECA、维修过程 FMECA、使用操作过程 FMECA 等。目前应用较多和比较成熟的过程 FMECA 是产品加工过程的工艺 FMECA。FMECA 类型、特点及适用条件如表 3-13 所示。

表 3-13 FMECA 类型、特点及适用条件

序　　号	FMECA 类型	特　　点	适 用 条 件
1	功能 FMECA	分析对象是所有产品功能，关注产品功能的失效而不是个别设备的故障，一般从产品初始约定层次（如飞机、舰船等）由上而下分析，可分析确定 I、II 类功能故障模式清单、关键功能项目清单	适用于产品的硬件组成尚不确定或不完全确定的情况，主要在方案设计阶段、初步设计阶段开展
2	硬件 FMECA	分析对象是所有产品硬件，关注的是产品中所有硬件设备的故障，一般从元器件（或要求的其他层次）自下而上分析直至装备层级，可分析确定 I、II 类单点故障模式清单和可靠性关键重要产品清单	适用于产品设计图纸及其他工程设计资料已确定的情况，主要是在详细设计阶段、列装定型阶段、生产阶段和使用阶段开展

序　号	FMECA 类型	特　　点	适 用 条 件
3	软件 FMECA	分析对象是所有软件配置项、软件部件、软件单位，关注危害软件功能、性能实现的软件缺陷，一般从软件单元自下而上分析直至装备层级，可分析找出关键调用路径下的关键软件缺陷	适用于软件需求分析、概要设计阶段、详细设计阶段
4	DMEA	分析对象主要是重要部件（包括功能和硬件），关注的是典型战场环境下可能存在的各种威胁机理所引起的损伤，一般自下而上分析直至装备层级，可分析找出需要改进的损伤模式，并给出改进措施，不影响产品可靠性，可改善产品的生存力和易损性	适用于工程研制阶段、列装定型阶段、生产阶段和使用阶段，需要完成功能 FMEA 或硬件 FMEA 之后才可开展 DMEA
5	工艺 FMECA	分析对象是产品生产过程，关注的是不能满足产品加工、装配过程要求和/或设计意图的工艺缺陷，一般按照生产、装配的工艺流程进行分析，每一道工序都要分析其对装备的影响，从零部件到系统都需要进行工艺 FMECA 分析	适用于产品试制生产过程的工艺分析

此外，FMECA 又分为 FMEA 与 CA 两部分，CA 是 FMEA 在故障危害程度分析方面的补充或扩展，因此 CA 需在 FMEA 的基础上进行，并且需要获得产品/功能故障相关数据信息。如果分析对象有较高的安全要求，或需要进行风险分析时，才需进行危害性分析；若仅分析潜在的故障模式和影响，则只需完成 FMEA。

3.5.2　FMECA 分析方法

FMECA 可由上而下或是自下而上开展，确定各层次的故障模式，分析故障原因、故障影响和危害性，并制订对应的设计改进或使用补偿措施，分析的结果可支撑装备设计方案优选、设计改进、故障控制和维修保障工作的开展。

3.5.2.1　FMECA 准备

进行 FMECA 时，首先需要定义系统、确定 FMECA 类型（方法）和分析层次、定义严酷度类别、制订编码体系，并收集相似装备故障模式，还有本装备任务、功能、故障判据、试验、威胁机理、工艺等相关信息。

（1）FMECA 分析类型选取

根据产品寿命周期不同阶段的需求，按照表 3-14 的内容选用不同的 FMECA 分析类型，并针对被分析对象的技术状态、信息量等情况，选取一种或多种 FMECA 进行分析。

表 3-14　在产品寿命周期各阶段的 FMECA 类型

阶　　段	FMECA 类型	目　　的
论证立项阶段	功能 FMECA	分析研究产品功能设计的缺陷与薄弱环节，为产品功能设计的改进和方案的权衡提供依据
工程研制阶段	● 功能 FMECA ● 硬件 FMECA ● 软件 FMECA ● 损坏模式及影响分析（DMEA） ● 过程 FMECA	分析研究产品硬件、软件、生产工艺和生存性与易损性设计的缺陷与薄弱环节，为产品的硬件、软件、生产工艺和生存性与易损性设计的改进提供依据
列装定型阶段	● 硬件 FMECA ● 软件 FMECA ● 损坏模式及影响分析（DMEA） ● 过程 FMECA	分析确定产品硬件、软件、生产工艺和生存性与易损性的设计水平，为转入生产阶段提供依据
生产阶段	过程 FMECA	分析研究产品的生产工艺的缺陷和薄弱环节，为产品生产工艺的改进提供依据
使用阶段	● 硬件 FMECA ● 软件 FMECA ● 损坏模式及影响分析（DMEA） ● 过程 FMECA	分析研究产品使用过程中可能或实际发生的故障、原因及其影响，为提高产品使用可靠性，进行产品的改进、改型或新产品的研制以及使用维修决策等提供依据

在论证立项阶段、工程研制阶段的早期主要考虑产品的功能组成，对产品进行功能 FMECA；在工程研制阶段、列装定型阶段，主要是采用硬件（含 DMEA）、软件的 FMECA。随着产品设计状态的变化，应不断更新 FMECA，以及时发现设计中的薄弱环节并加以改进。

过程 FMECA 是指在产品生产工艺中运用 FMECA 方法的分析工作，它应与工艺设计同步进行，以及时发现工艺实施过程中可能存在的薄弱环节并加以改进。

在产品使用阶段，利用使用中的故障信息进行 FMECA，以及时发现使用中的薄弱环节并加以改进。

（2）FMECA 表格格式

根据表 3-13 的内容选用不同的 FMECA 分析类型，FMECA 表格格式：产品"功能及硬件故障模式及影响分析（FMEA）表""危害性分析（CA）表"，分别选用表 3-15 和表 3-16；"软件故障模式及影响分析（FMEA）表"选用表 3-17；"损坏模式及影响分析（DMEA）表"选用表 3-18；"工艺 FMECA 表"选用表 3-19。值得注意的是，FMECA 表格可按被分析对象实际情况进行综合、选取、增删，如FMEA 表和 CA 表可合并为 FMECA 分析表（表 3-20）。

初始约定层次　　　　　　　　　　任务　　　　　　　　　审核　　　　　　　　　第　页，共　页

约定层次　　　　　　　　　　　　分析人员　　　　　　　批准　　　　　　　　　填表日期

表 3-15　功能及硬件故障模式及影响分析（FMEA）表

代码	产品或功能标志	功能	故障模式	故障原因	任务阶段与工作方式	故障影响			严酷度类别	故障检测方法	设计改进措施	使用补偿措施	备注
						局部影响	高一层次影响	最终影响					
对每个产品采用一种编码体系进行标识	记录被分析产品或功能的名称与标志	简要描述产品所具有的主要功能	根据故障模式分析结果，依次填写每个产品的所有故障模式	根据故障原因分析结果，依次填写每个故障模式的故障原因	根据任务剖面依次填写发生故障时的任务阶段与该阶段内产品的工作方式	根据故障影响分析的结果，依次填写每一个故障模式的局部、高一层次和最终影响，分别填入对应栏			根据最终影响分析结果，按每个故障模式确定其严酷度类别	根据产品故障模式原因、影响等分析结果，依次填写故障检测方法	根据故障影响、故障检测等分析结果依次填写与改进补偿措施		简要记录对其他栏的注释和补充说明

初始约定层次　　　　　　　　　　任务　　　　　　　　　审核　　　　　　　　　第　页，共　页

约定层次　　　　　　　　　　　　分析人员　　　　　　　批准　　　　　　　　　填表日期

表 3-16　危害性分析（CA）表

代码	产品或功能标志	功能	故障模式	故障原因	任务阶段与工作方式	严酷度类别	故障模式概率等级或故障数据源	故障率 λ_p(1/h)	故障模式频数比 α_j	故障影响概率 β_j	工作时间 t(h)	故障模式危害度 C_{mj}	产品危害度 C_r	备注
(1)	(2)	(3)	(4)	(5)	(6)	(7)	(8)	(9)	(10)	(11)	(12)	(13)	(14)	(15)

注：第（1）～（7）栏的内容与 FMEA 表中内容相同；第（8）栏记录被分析产品的"故障模式概率等级"或故障数据源"的来源，当采用定性分析方法时此栏只记录故障模式概率等级，并取消第（9）～（14）栏；第（9）～（14）栏记录定量计算的相关数据及结果；第（15）栏记录对其他栏的注释及补充

表 3-17　软件故障模式及影响分析（FMEA）表

初始约定层次　　　　　　　　　　　任　务　　　　　　　　　　　第　页，共　页

约定层次　　　　　　　　　　　　　分析人员　　　　　　　　　　填表日期

审核　　　　　批准

代码	单元	功能	故障模式	故障原因	故障影响			严酷度类别	危害性分析				改进措施	备注
					局部影响	高一层次影响	最终影响		软件严酷度等级SESR	软件发生概率等级SOPR	软件被测难度等级SDDR	软件风险优先数SRPN		
	在CSCI、CSC或CSU的软件单元名	单元执行的主要功能	与功能、性能有关的所有故障模式	导致故障模式发生的可能的原因	根据故障影响分析结果，依次填写软件故障模式的局部影响、高一层次影响和最终影响			按故障最终影响严重程度确定	分别按相应的标准进行取值			前三项的数值相乘	根据影响严酷度等级和SRPN简要描述改进措施	主要记录对其他栏的注释和补充说明

注：若只进行软件FMEA，则取消表中"危害性分析"栏

表 3-18　损坏模式及影响分析（DMEA）表

初始约定层次　　　　　　　　　　　任　务　　　　　　　　　　　第　页，共　页

约定层次　　　　　　　　　　　　　分析人员　　　　　　　　　　填表日期

审核　　　　　批准

代码	产品或功能标志	功能	任务阶段与工作方式	损坏模式	损坏影响			改进措施	备注
					局部影响	高一层次影响	最终影响		
(1)	(2)	(3)	(4)	(5)	(6)	(7)	(8)	(9)	(10)

注：(1)～(4)栏的内容与FMEA表中内容相同；第(5)栏根据威胁机理的因素，分析每一个重要部件在特定损坏条件下可能产生的损坏模式；第(6)～(8)栏记录每个损坏模式对产品的使用、功能或状态所导致的后果；第(9)栏是指针对各种损坏影响所采取的有效改进措施；第(10)栏记录有关条款的注释、说明

表 3-19　工艺 FMECA 表

产品名称（标识）　　　　　　　生产过程　　　　　　　　　　　　　　　　　第　　页，共　　页
所属装备名/型号　　　　　　　分析人员　　　　　　　　　　　　　　　　　填表日期
　　　　　　　　　　　　　　　审核
　　　　　　　　　　　　　　　批准

工序名称	工序功能要求	故障模式	故障原因	故障影响			改进前的风险优先数（RPN）				改进措施	责任部门	改进措施执行情况	改进措施执行后的风险优先数（RPN）				备注
				局部影响	高一层次影响	最终影响	严酷度等级 S	发生概率等级 O	被检测难度等级 D	RPN				严酷度等级 S	发生概率等级 O	被检测难度等级 D	RPN	
是指被分析生产过程的产品加工、并记录被分析装配过程的步骤名称	是指被分析的工序或工艺的功能，并记录产品相关的工艺/工序编号	与工艺有关的所有故障模式	导致故障模式发生的可能的原因	根据故障影响分析的结果，依次填写软件的局部影响、高一层次影响和最终影响			分别按相应的标准进行取值			前三项的数值相乘	根据 RPN 简要描述改进措施	是指负责改进措施实施的部门和个人，以及预计完成的日期	是指实施改进措施后，简要记录执行情况	在改进措施执行后，分别按相应的标准进行取值			前三项的数值相乘	主要记录对其他栏的注释和补充说明

表 3-20　FMECA 分析表

初始约定层次　　　　　　　　　　　　　　　　　　　　　　　　　　第　　页，共　　页
约定层次　　　　　　　任务　　　　　　　　　　　　　　　　　　　填表日期
　　　　　　　　　　　分析人员
　　　　　　　　　　　审核
　　　　　　　　　　　批准

代码	产品或功能标志	功能	故障模式		故障原因	任务阶段与工作方式	故障影响			严酷度类别	故障检测方法	故障模式概率等级	设计改进措施	备注
			识别号	模式			局部影响	高一层次影响	最终影响					

（3）约定层次定义

在对产品实施设计 FMECA 时，应明确分析对象，即明确约定层次的定义；过程 FMECA，可采用产品工艺流程各个环节作为分析对象，考虑各工艺中可能发生的缺陷对下一道工序、被加工产品或最终产品的影响。FMECA 中的约定层次，划分为：初始约定层次、约定层次以及最低约定层次。例如，某型飞机液压系统约定层次划分的示例如图 3-13 所示。

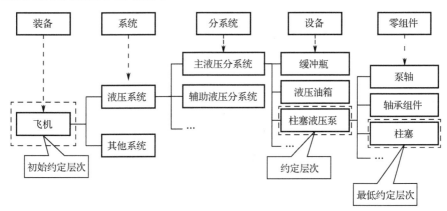

图 3-13   某型飞机液压系统约定层次划分的示例

① 初始约定层次——进行 FMECA 总的、完整的产品所在层次，它是约定的产品第一分析层次。一般将分析对象所在装备系统的最高层次定义为初始约定层次。

② 约定层次——根据分析的需要，按产品的功能关系或复杂程度划分的产品功能层次或结构层次。

③ 最低约定层次——约定层次中最低层的产品所在层次，它决定了 FMECA 工作深入、细致程度。一般选取分析对象的较低层次产品作为最低约定层次，最低约定层次可以是设备级、零部件级甚至器件与材料级。

（4）产品任务描述

在 FMECA 工作中应对产品完成任务的要求及其环境条件进行描述，这种描述一般用任务剖面来表示。任务剖面是指产品在完成规定任务时间内所经历的事件和环境的时序的描述。

若被分析的产品存在多个任务剖面，则应对每个任务剖面分别进行描述；若被分析的产品的每一个任务剖面又由多个任务阶段组成，且每一个任务阶段，又可能有不同的工作方式，则对此情况均需要进行说明或描述。

（5）故障判据定义

故障判据是判别产品故障的界限，它一般是根据产品的功能、性能指标、使用环境等允许极限进行确定的。故障判据的依据如下：

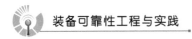

① 产品在规定的条件下和规定时间内，不能完成规定的功能；

② 产品在规定的条件下和规定时间内，某些性能指标不能保持在规定的范围内；

③ 产品在规定的条件下和规定时间内，对人员、环境、 能源和物资等方面的影响超出了允许范围；

④ 技术协议或其他文件规定的故障判据。

（6）严酷度类别划分

严酷度类别是根据故障模式最终可能出现的人员伤亡、任务失败、产品损坏（或经济损失）和环境损害等方面的影响程度进行确定的。常用的严酷度类别及定义见表3-21。

表3-21　常用的严酷度类别及定义

严酷度类别	严重程度定义
Ⅰ类（灾难的）	引起人员伤亡、产品损坏，造成重大环境损害
Ⅱ类（致命的）	引起人员的严重伤害或重大经济损失或导致任务失败、产品严重损坏及严重环境损害
Ⅲ类（中等的）	引起人员中等程度伤害、中等程度的经济损失或导致任务延误或降级、产品中等程度的损坏及中等程度环境损害
Ⅳ类（轻度的）	不足以导致人员伤害或轻度的经济损失或产品轻度的损坏及环境损害，但它会导致非计划性维护或修理

（7）所需信息收集

FMECA 信息收集是实施 FMECA 分析前的必要准备工作，需要全面而广泛地收集、分析、整理有关被分析对象的相关资料，以作为信息输入。FMECA 所需的主要信息及其来源见表3-22。

表3-22　FMECA 所需的主要信息及其来源

序号	信息来源	从信息来源中可获取 FMECA 所需的主要信息	所获信息的作用
1	技术规范与研制方案	a）从设计技术规范与研制方案中获取：产品的性能任务及任务阶段、环境条件、工作原理、结构组成、试验和使用要求等	a）可以确定 FMECA 工作的深度和广度； b）为设计 FMECA 工作提供支持
		b）从生产工艺技术规范中获取：生产过程流程、工序目的和要求等	为过程 FMECA 工作提供支持
2	设计图样及有关资料	a）从设计图样可获取初始约定层次产品直至最低约定层次产品的结构、接口关系等信息； b）从生产工艺设计资料中获得生产过程流程说明、过程特性矩阵以及相关工艺设计、工艺规程等信息	在设计初期的工作原理图可进行功能 FMECA；详细设计图样为硬件及软件 FMECA、DMEA 提供支持；生产工艺设计资料为进行过程 FMECA 提供支持

序号	信息来源	从信息来源中可获取 FMECA 所需的主要信息	所获信息的作用
3	可靠性设计分析及试验	a）从产品可靠性设计分析及试验资料中获取故障信息或数据；无试验数据时，可从某些标准、手册、资料（如《电子设备可靠性预计手册》）和软件测试中获取故障信息或数据	为设计 FMECA 的定性、定量分析提供支持
		b）从生产工艺，可获取包括生产过程中的故障模式、影响及风险结果	为过程 FMECA 的定性、定量分析提供支持
4	过去的经验、相似产品的信息	a）从产品在使用维修中获取：检测周期，预防维修工作要求，可能出现的硬件、软件故障模式（含损坏模式），设计改进或使用补偿措施等； b）从相似产品中获取有关的 FMECA 信息	为设计 FMECA、过程 FMECA 工作的开展提供支持

3.5.2.2　FMEA 分析

（1）故障模式分析

故障模式分析的目的就是找出所有可能出现的故障模式，其主要内容如下。

① 不同的 FMEA 方法的故障模式分析：当选用功能 FMEA 时，根据其系统定义中的功能描述、故障判据的要求，确定其所有可能的功能故障模式，进而对每个功能故障模式进行分析；当选用硬件 FMEA 时，根据被分析产品的硬件特征，确定其所有可能的硬件故障模式（如电阻的开路、短路和参数漂移等），进而对每个硬件故障模式进行分析。

② 故障模式的获取方法：在进行 FMEA 时，一般可以通过统计、试验、分析、预测等方法获取产品的故障模式。对采用的现有产品，可以该产品在过去的使用中所发生的故障模式为基础，再根据该产品使用环境条件的异同进行分析修正，进而得到该产品的故障模式；对采用的新产品，可根据该产品的功能原理和结构特点进行分析、预测，进而得到该产品的故障模式，或以与该产品具有相似功能和相似结构的产品所发生的故障模式作为基础，分析判断该产品的故障模式；对引进国外货架产品，应向外商索取其故障模式，或将相似功能和相似结构产品中发生的故障模式作为基础，分析判断其故障模式。

③ 常用元器件、零组件的故障模式：对常用的元器件可从国内外某些标准、手册中确定其故障模式。

④ 典型的故障模式：当②、③中的方法不能获得故障模式时，可参照表 3-23～表 3-27 所列典型故障模式确定被分析产品可能的故障模式。

（2）故障原因分析

故障原因分析是找出每一个故障模式产生的原因，进而采取针对性的有效改进措施，防止或减少故障模式发生的可能性。

故障原因分析的方法：一是从导致产品发生功能故障模式或潜在故障模式的那些物理、化学或生物变化过程等方面找出故障模式发生的直接原因；二是从外部因素（如其他产品的故障、使用、环境和人为因素等）方面找出产品发生故障模式的间接原因。故障原因分析可参照表 3-28 和表 3-29。

表 3-23　典型的故障模式（简略的）

序　号	故　障　模　式
1	提前工作
2	在规定的工作时间内不工作
3	在规定的非工作时间内工作
4	间歇工作或工作不稳的
5	工作中输出消失或故障（如性能下降）

表 3-24　典型的故障模式（较详细的）

序号	故障模式	序号	故障模式	序号	故障模式	序号	故障模式
1	结构故障（破损）	12	超出允差（下限）	23	滞后运行	34	折断
2	捆结或卡死	13	意外运行	24	输入过大	35	动作不到位
3	共振	14	间歇性工作	25	输入过小	36	动作过位
4	不能保持正常位置	15	漂移性工作	26	输出过大	37	不匹配
5	打不开	16	错误指示	27	输出过小	38	晃动
6	关不上	17	流动不畅	28	无输入	39	松动
7	误开	18	错误动作	29	无输出	40	脱落
8	误关	19	不能关机	30	（电的）短路	41	弯曲变形
9	内部漏泄	20	不能开机	31	（电的）开路	42	扭转变形
10	外部漏泄	21	不能切换	32	（电的）参数漂移	43	拉伸变形
11	超出允差（上限）	22	提前运行	33	裂纹	44	压缩变形

表 3-25　软件故障模式分类及其典型示例

序号	类别	软件故障模式示例
1	软件的通用故障模式	1）运行时不符合要求
		2）输入不符合要求
		3）输出不符合要求

续表

序号	类别	软件故障模式示例			
2	软件的详细故障模式	输入故障	1）未收到输入	输出故障	1）输出结果错误（如输出项缺损或多余等）
			2）收到错误输入		2）输出数据精度轻微超差
			3）收到数据轻微超差		3）输出数据精度中度超差
			4）收到数据中度超差		4）输出数据精度严重超差
			5）收到数据严重超差		5）输出参数不完全或遗漏
			6）收到参数不完全或遗漏		6）输出格式错误
			7）其他		7）输出打印字符不符合要求
		程序故障	1）程序无法启动		8）输出拼写错误/语法错误
			2）程序运行中非正常中断		9）其他
			3）程序运行不能终止	不能满足要求	1）未达到功能/性能的要求
			4）程序不能退出		2）不能满足用户对运行时间的要求
			5）程序运行陷入死循环		3）不能满足用户对数据处理量的要求
			6）程序运行对其他单元或环境产生有害影响		
			7）程序运行轻微超时		4）多用户系统不能满足用户数的要求
			8）程序运行明显超时		
			9）程序运行严重超时		5）其他
			10）其他		
		其他	1）程序运行改变了系统配置要求		6）人为操作错误
			2）程序运行改变了其他程序的数据		7）接口故障
			3）操作系统错误		8）I/O定时不准确导致数据丢失
			4）硬件错误		9）维护不合理/错误
			5）整个系统错误		10）其他

表 3-26 典型的损坏模型

序　号	损坏模式	序　号	损坏模式
1	穿透	9	碎片冲击
2	剥离	10	电击穿
3	裂缝	11	烧毁（敌方攻击起火引起）
4	断裂	12	毒气污染
5	卡住	13	细菌污染
6	变形	14	核污染
7	起火	15	局部过热
8	爆炸	16	其他

表 3-27 典型的工艺故障模式示例

序　号	故 障 模 式	序　号	故 障 模 式	序　号	故 障 模 式
1	弯曲	7	尺寸超差	13	表面太光滑
2	变形	8	位置超差	14	未贴标签
3	裂纹	9	形状超差	15	错贴标签
4	断裂	10	（电的）开路	16	搬运损坏
5	毛刺	11	（电的）短路	17	脏污
6	漏孔	12	表面太粗糙	18	遗留多余物
注：故障模式应采用物理的、专业性的术语，而不要采用所见的故障现象进行故障模式的描述					

表 3-28 软件故障原因按其缺陷分类及其典型示例

序　号	软件缺陷类型	详细的软件缺陷	备　注
1	需求缺陷	1）软件需求制订不合理或不正确； 2）需求不完全； 3）有逻辑错误； 4）需求分析文档有误	
2	功能和性能缺陷	1）功能和性能规定有误，或遗漏功能，或有冗余功能； 2）为用户提供信息有错或不确切； 3）对异常情况处理有误	属于最普遍、最值得重视的缺陷
3	软件结构缺陷	1）程序控制或控制顺序有误； 2）处理过程有误	同第 2 项
4	数据缺陷	1）数据定义或数据结构有误； 2）数据存取或操作有误； 3）变量缩放比率或单位不正确； 4）数据范围不正确； 5）数据错误或丢失	同第 2 项
5	软件实现和编码缺陷	1）编码或按键有误； 2）违背编码风格要求或标准； 3）语法错； 4）数据名错； 5）局部变量与全局变量混淆	
6	软/硬件接口缺陷	1）软件内部接口、外部接口有误； 2）软件各相关部分在时间配合或数据吞吐等方面不协调； 3）I/O 时序错误导致数据丢失	

表 3-29　典型的工艺故障原因示例

序　号	工艺故障原因	序　号	工艺故障原因
1	扭矩过大、过小	11	工具磨损
2	焊接电流、时间、电压不正确	12	零件漏装
3	虚焊	13	零件错装
4	铸造浇口/通气口不正确	14	安装不当
5	黏结不牢	15	定位器磨损
6	热处理时间、温度、介质不正确	16	定位器上有碎屑
7	量具不精确	17	破孔
8	润滑不当	18	机器设置不正确
9	工件内应力过大	19	程序设计不正确
10	无润滑	20	工装或夹具不正确

（3）故障影响分析

故障影响分析的目的是找出产品的每个可能的故障模式所产生的影响，并对其严重程度进行分析。每个故障模式的影响一般分为三级：局部影响、高一层次影响和最终影响。

- 局部影响，某产品的故障模式对该产品自身及所在约定层次产品的使用、功能或状态的影响；
- 高一层次影响，某产品的故障模式对该产品所在约定层次的紧邻上一层次产品的使用、功能或状态的影响；
- 最终影响，某产品的故障模式对初始约定层次产品的使用、功能或状态的影响。

（4）检测方法分析

检测方法分析的目的是为产品的维修性与测试性设计，以及维修工作分析等提供依据。

故障检测方法的主要内容一般包括：目视检查、原位检测、离位检测等，其手段有机内测试（BIT）、自动传感装置、传感仪器、音响报警装置、显示报警装置和遥测等。故障检测一般分为事前检测与事后检测两类，对于潜在故障模式，应尽可能在设计中采用事前检测的方法。

（5）设计改进和使用补偿措施分析

设计改进和使用补偿措施分析的目的是针对每一故障模式的影响在设计与使用方面采取一定的措施，以消除或减轻故障模式影响，进而提高产品的可靠性。

设计改进和使用补偿措施的主要内容：

① 设计改进措施：当产品发生故障时，应考虑是否具有能够继续工作的冗余设备；安全或保险装置（如监控及报警装置）；替换的工作方式（如备用或辅助设备）；可以消除或减轻故障影响的设计改进（如优选元器件、热设计、降额设计）等。

② 使用补偿措施：为了尽量避免或预防故障的发生，在使用和维护规程中规定的使用维护措施。一旦出现某故障模式后，操作人员应采取的最恰当的补救措施等。

3.5.2.3　CA 分析

常用的 CA 方法包括：风险优先数（RPN）方法、危害性矩阵分析方法，危害性矩阵分析方法又分为定量分析法和定性分析法。CA 方法应根据 FMECA 工作时故障模式相关数据信息的获取程度进行选用，选用原则见表 3-30。

表 3-30　常用 CA 方法选用原则

常用 CA 方法	类　型	适 用 范 围	特　　点	实　质
RPN 方法	定量	可确定故障发生概率等级 OPR 和影响严酷度等级 ESR 时	按每个故障模式的 RPN 值进行排序，并采取相应措施使 RPN 值达到可接受水平	利用风险大小进行排序
定性危害性矩阵分析法	定性	不能确定具体的产品故障模式及故障率数据时	将每个故障模式分成离散的级别，按对应的严酷度级别，在直角坐标系上危害性矩阵中的位置进行危害性分析	利用危害性矩阵图排序
定量危害性矩阵分析法	定量	产品有充分的故障率数据时	分别计算故障模式危害度和产品危害度，并按对应的严酷度级别，在直角坐标系中的位置进行危害性分析	利用危害性矩阵图排序

（1）RPN 方法

风险优先数方法是对产品每个故障模式的 RPN 值进行优先排序，并采取相应的措施，使 RPN 值达到可接受的最低水平。

产品某个故障模式的 RPN 等于该故障模式影响严酷度等级（ESR）和发生概率等级（OPR）的乘积，即

$$RPN = ESR \times OPR$$

式中：RPN 数越高，则其危害性越大，其中 OPR 和 ESR 评分准则参考表 3-31 和表 3-32。

表 3-31　影响严酷度等级（ESR）的评分准则

ESR 评分等级		故障影响的严重程度
1，2，3	轻度的	不足以导致人员伤害、产品轻度的损坏、轻度的财产损失及轻度环境损害，但它会导致非计划的维护或修理
4，5，6	中等的	导致人员中等程度伤害、产品中等程度损坏、任务延误或降级、中等程度财产损坏及中等程度环境损害
7，8	致命的	导致人员严重伤害、产品严重损坏、任务失败、严重财产损失及严重环境损害
9，10	灾难的	导致人员死亡、产品（如飞机、坦克、导弹及船舶等）毁坏、重大财产损失和重大环境损害
注：ESR 评分准则应综合所分析产品的实际情况尽可能详细规定		

表 3-32　故障模式发生概率等级（OPR）的评分准则

OPR 评分等级	故障模式发生的可能性	故障模式发生概率 P_m 参考范围
1	极低	$P_m \leq 10^{-6}$
2，3	较低	$1 \times 10^{-6} < P_m \leq 1 \times 10^{-4}$
4，5，6	中等	$1 \times 10^{-4} < P_m \leq 1 \times 10^{-2}$
7，8	高	$1 \times 10^{-2} < P_m \leq 1 \times 10^{-1}$
9，10	非常高	$P_m > 10^{-1}$
注：故障模式发生概率 P_m 参考范围在具体应用中应视情况定义		

（2）定性危害性矩阵分析法

定性危害性矩阵分析法是将每一个故障模式发生的可能性分成离散的级别，按所定义的等级对每一个故障模式进行评定。根据每一个故障模式出现概率的大小分为 A、B、C、D、E 五个不同的等级，见表 3-33。

表 3-33　故障模式发生概率的等级划分

等级	定义	故障模式发生概率的特征	故障模式发生概率（在产品使用时间内）
A	经常发生	高概率	某个故障模式发生概率大于产品总故障概率的 20%
B	有时发生	中等概率	某个故障模式发生概率大于产品总故障概率的 10%，小于 20%
C	偶然发生	不常发生	某个故障模式发生概率大于产品总故障概率的 1%，小于 10%
D	很少发生	不大可能发生	某个故障模式发生概率大于产品总故障概率的 0.1%，小于 1%
E	极少发生	近乎为零	某个故障模式发生概率小于产品总故障概率的 0.1%
注：各等级故障模式发生概率可结合实际情况进行修正			

故障模式概率等级评定之后，应用危害性矩阵图对每个故障模式进行危害性分析。绘制危害性矩阵图的方法：横坐标一般按等距离表示严酷度等级；纵坐标为产品危害度 C_r、故障模式危害度 C_{mj} 或故障模式发生概率等级。具体做法：首先按 C_r 或 C_{mj} 的值或故障模式概率等级在纵坐标上查到对应的点，再在横坐标上选取代表其严酷度类别的直线，并在直线上标注产品或故障模式的位置（可利用产品或故障模式代码标注），从而构成产品或故障模式的危害性矩阵图，即在图 3-14 上得到各产品或故障模式危害性的分布情况。

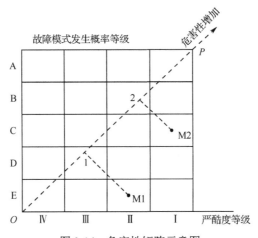

图 3-14　危害性矩阵示意图

从图 3-14 中所标记的故障模式分布点向对角线（图中虚线 OP）作垂线，以该垂线与对角线的交点到原点的距离作为度量故障模式（或产品）危害性的依据，距离越长，其危害性越大，越应尽快采取改进措施。在图 3-14 中，因 O_2 距离比 O_1 长，则故障模式 M2 比故障模式 M1 的危害性大。

（3）定量危害性矩阵分析法

定量危害性矩阵分析法主要是对每个故障模式危害度 C_{mj} 和产品危害度 C_r 求值，并对求得的不同的 C_{mj} 和 C_r 值分别进行排序，或应用危害性矩阵图对每个故障模式的 C_{mj}、产品的 C_r 进行危害性分析。

① 故障模式的危害度 C_{mj}

C_{mj} 是产品危害度的一部分。产品在工作时间 t 内，第 j 个故障模式发生的某严酷度等级下的危害度

$$C_{mj} = \alpha_j \cdot \beta_j \cdot \lambda_p \cdot t$$

式中：N——产品的故障模式总数，$j = 1, 2, \cdots, N$；

α_j——故障模式频数比，为产品故障模式发生数与产品所有可能的故障模式

数的比率。α_j 一般可以通过统计、试验、预测等方法获得，当产品的故障模式总数为 N 时，则 α_j（$j=1,2,\cdots,N$）之和为 1，即 $\sum\limits_{j=1}^{N}\alpha_j=1$；

β_j——故障模式影响概率，为产品在第 j 种故障模式发生的条件下，其最终影响导致"初始约定层次"出现某严酷度等级的条件概率，β 值的确定代表分析人员对产品故障模式、原因和影响等掌握的程度，通常 β 值的确定是按经验进行定量估计的，表 3-34 所列三种 β 值可供选择；

λ_p——被分析产品在其任务阶段内的故障率，单位为 1/小时（1/h）。

t——产品任务阶段的工作时间，单位为小时（h）。

表 3-34 故障影响概率 β 的推荐值

序　号	1		2		3	
方法来源	GJB/Z 1391A		国内某型飞机采用		GB 7826	
β 规定值	实际丧失	1	一定丧失	1	肯定损伤	1
	很可能丧失	0.1～1	很可能丧失	0.5～0.99	可能损伤	0.5
	有可能丧失	0～0.1	可能丧失	0.1～0.49	很少可能损伤	0.1
	无影响	0	可忽略	0.01～0.09	无影响	0
			无影响	0		

② 产品危害度 C_r

产品的危害度 C_r 是该产品在给定的严酷度类别和任务阶段下的各种故障模式危害度 C_{mj} 之和，计算公式如下

$$C_r=\sum_{j=1}^{N}C_{mj}=\sum_{j=1}^{N}\alpha_j\cdot\beta_j\cdot\lambda_p\cdot t$$

式中：N——产品的故障模式总数，$j=1,2,\cdots,N$。

③ 危害性矩阵图

此处的危害性矩阵图绘制和分析方法与图 3-14 类似，仅需要将纵轴的故障模式发生概率等级替换为故障模式危害度 C_{mj} 或产品危害度 C_r 即可。

3.5.3　FMECA 分析流程

FMECA 分析流程如图 3-15 所示。

输入	主要过程活动	输出

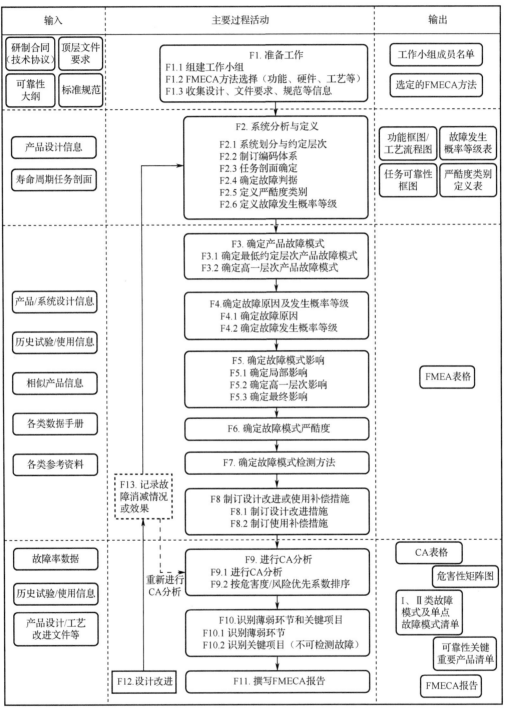

研制合同（技术协议） **顶层文件要求**

可靠性大纲 **标准规范**

F1. 准备工作
F1.1 组建工作小组
F1.2 FMECA方法选择（功能、硬件、工艺等）
F1.3 收集设计、文件要求、规范等信息

工作小组成员名单

选定的FMECA方法

产品设计信息

寿命周期任务剖面

F2. 系统分析与定义
F2.1 系统划分与约定层次
F2.2 制订编码体系
F2.3 任务剖面确定
F2.4 确定故障判据
F2.5 定义严酷度类别
F2.6 定义故障发生概率等级

功能框图/工艺流程图 | 故障发生概率等级表

任务可靠性框图 | 严酷度类别定义表

产品/系统设计信息

历史试验/使用信息

相似产品信息

各类数据手册

各类参考资料

F3. 确定产品故障模式
F3.1 确定最低约定层次产品故障模式
F3.2 确定高一层次产品故障模式

F4. 确定故障原因及发生概率等级
F4.1 确定故障原因
F4.2 确定故障发生概率等级

F5. 确定故障模式影响
F5.1 确定局部影响
F5.2 确定高一层次影响
F5.3 确定最终影响

F6. 确定故障模式严酷度

F7. 确定故障模式检测方法

F13. 记录故障消减情况或效果

F8 制订设计改进及使用补偿措施
F8.1 制订设计改进措施
F8.2 制订使用补偿措施

FMEA表格

故障率数据

历史试验/使用信息

产品设计/工艺改进文件等

重新进行CA分析

F9. 进行CA分析
F9.1 进行CA分析
F9.2 按危害度/风险优先系数排序

F10. 识别薄弱环节和关键项目
F10.1 识别薄弱环节
F10.2 识别关键项目（不可检测故障）

F12.设计改进 | **F11. 撰写FMECA报告**

CA表格

危害性矩阵图

I、Ⅱ类故障模式及单点故障模式清单

可靠性关键重要产品清单

FMECA报告

图 3-15　FMECA 分析流程

（1）准备工作

① FMECA 工作小组组建

FMECA 工作小组属于典型的跨职能小组，需由相关领导进行组建，小组成员应包括可靠性专业和传统设计专业相关人员。

② FMECA 方法选择

根据分析对象的类型及所处阶段选择合适的 FMECA 方法，可选的 FMECA 方法及选择依据参见表 3-14。在选择 FMECA 方法时，应根据装备所处研制阶段明确是否需要进行 CA 分析（是进行 FMEA 还是 FMECA），以及选择哪种方法进行 CA 分析。此后，应根据选定的 FMECA 方法和 CA 方法制订相应的 FMECA 表格，以指导后续 FMECA 工作的开展。

③ 收集设计、文件要求、规范等信息

输入：研制合同（技术协议），顶层文件，可靠性大纲，标准规范；

输出：工作小组成员名单，选定的 FMECA 方法。

（2）系统分析与定义

① 系统划分与约定层次

根据分析对象的产品设计信息进行系统划分，一般采用可靠性框图、功能框图等方法对系统结构进行描述。

根据产品对象信息、分析要求及整个装备系统的功能或结构层次进行约定层次定义，包括初始约定层次、约定层次以及最低约定层次。

② 编码体系制订

根据产品的功能及结构分解或所划分的约定层次进行编码体系制订，以对产品的每一故障模式进行统计、分析、跟踪和反馈。需要注意的是：编码体系应符合产品功能及结构层次的上、下级关系；能体现约定层次的上、下级关系，与产品的功能框图和可靠性框图相一致；符合或采用有关标准或文件的要求；产品各组成部分应具有唯一、简明和适用等特性；与产品的规模相一致，并具有一定的可追溯性。

③ 任务剖面确定

根据装备的寿命周期任务剖面进行任务剖面的确定与划分，并对装备在不同任务剖面下的主要功能、工作方式、工作阶段、工作时间、工作模式等进行描述和分析。

④ 确定故障判据

故障判据是判别产品故障的界限，应根据装备系统的功能和性能要求、相似产品信息及各类参考资料进行确定，FMECA 工作中所有涉及层次的故障判据都应有明确的定义，并尽可能量化，如"XX 无输出"，或"XX 输出超差 5%"。

⑤ 定义严酷度类别

严酷度类别是指故障模式对"初始约定层次"所产生后果（包括人员伤亡、任务失败、产品损坏、经济损失和环境损害等方面）的严重程度。装备的严酷度类别定义可参考表 3-21，在实际工作中，严酷度类别应根据实际情况进行划分或扩充，不能局限于该表给出的划分方法。

⑥ 定义故障发生概率等级

故障模式发生概率等级主要根据故障模式数据、历史经验数据、相似产品数据进行定义。与严酷度类别定义类似，实际型号工作时，发生概率等级也应根据实际需要进行划分或扩充。

输入：产品设计信息（如故障模式数据、历史经验数据、相似产品信息），寿命周期任务剖面；

输出：功能框图/工艺流程图，故障发生概率等级表，任务可靠性框图，严酷度类别定义表。

（3）确定产品故障模式

依据历史试验/使用信息、相似产品信息确定分析对象各层次的故障模式。

（4）确定故障原因及发生概率等级

根据历史试验使用信息、相似产品信息确定故障原因及发生概率等级。

（5）确定故障模式影响

分析产品的故障模式，并确定其对于产品各层次的影响，由可靠性专业设计师确定不同产品之间的接口故障模式，并在传统专业设计师的配合下确定接口故障模式对各产品的影响，包括：局部影响（对本层次的影响）、高一层次影响（对紧邻上一层次的影响）以及最终影响（对初始约定层次的影响）。

（6）确定故障模式严酷度

依据定义的严酷度类别，按照故障模式的影响程度对其进行严酷度划分。

（7）确定故障模式检测方法

针对各故障模式确定相应的故障检测方法，一般分为：目视检查、原位检测、离位检测等，主要的手段包括：机内检测（BIT）、自动检测设备（ATE）、音响警报装置、显示警报装置等。

（8）制订设计改进或使用补偿措施

针对各故障模式确定相应的设计改进或使用补偿措施，以消除或减轻故障影响。设计改进措施包括：冗余设计、安全或保险装置、备份设计、降额设计等；使用补偿措施主要指在使用和维护过程中规定的使用维护措施。

（9）进行 CA 分析

根据需要及选取的 CA 分析方法对 FMECA 表中的故障模式执行危害性分析，同时输出危害性分析结果。

（10）识别薄弱环节和关键项目

依据 FMECA 分析结果识别系统中存在的薄弱环节和关键项目（不可检测故障），同时输出相应的清单。

输入：产品/工艺设计信息、产品故障数据、相似产品信息、各类数据手册、各类参考资料（包括故障检测方法、设计改进措施、使用补偿措施等）；

输出：FMECA 表格（包括 FMEA 和 CA），危害性矩阵图，Ⅰ、Ⅱ类故障模式及单点故障模式清单，可靠性关键重要产品清单。

（11）撰写 FMECA 报告

根据 FMECA 的分析结果及相应的报告模板进行 FMECA 报告的撰写。FMECA 报告撰写完成后应逐级上报，依次获得相关领导的审批认可。

FMECA 报告的主要内容包括：

① 概述——实施 FMECA 的目的、产品所处的寿命周期阶段、分析任务的来源等基本情况；实施 FMECA 的前提条件和基本假设的有关说明；编码体系、故障判据、严酷度定义、FMECA 分析方法的选用说明；FMECA、CA 表格选用说明；分析中使用的数据来源说明；其他有关解释和说明等。

② 产品的功能原理——被分析产品的功能原理和工作说明，指明本次分析所涉及的系统、分系统及其相应的功能，并进一步划分出 FMECA 的约定层次。

③ 系统定义——被分析产品的功能分析、绘制功能框图和任务可靠性框图。

④ 填写的 FMEA、CA 表的汇总及说明。

⑤ 结论与建议——除阐述结论外，对无法消除的严酷度Ⅰ、Ⅱ类单点故障模式或严酷度为Ⅰ、Ⅱ类故障模式的必要说明，对其他可能的设计改进措施和使用补偿措施的建议，以及预计执行措施后的效果说明。

⑥ FMECA 清单——根据 FMECA 分析表的结果确定"严酷度Ⅰ、Ⅱ类故障模式清单""单点故障模式清单""可靠性关键重要产品清单"等内容。

⑦ 附件——FMEA、CA 表格；危害性矩阵图等。

（12）设计改进

FMECA 报告经过审批通过后，应按照 FMECA 的分析结果对分析对象中的薄弱环节实施设计改进。设计改进完成后，应重新开始新的一轮 FMECA 工作。

（13）记录故障消减情况或效果

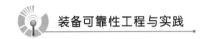

3.5.4 FMECA 分析要点

FMECA 作为故障分析的一种有力手段，在装备可靠性工作中发挥了重要作用。为了有效实施 FMECA 工作，应注意下述几个方面的问题。

① 要贯彻边设计、边分析、边改进和"谁设计，谁分析"的原则，由设计人员在进行装备功能设计、工艺设计过程中平行开展 FMECA，而不是由可靠性专职人员去做，或是在设计方案完成后再补做。

② 要加强 FMECA 的规范化工作，型号总体单位应明确与各转承制单位之间的职责与接口分工，统一规范、技术指导，并跟踪其效果，以保证 FMECA 分析结果的正确性、可比性。

③ FMECA 应尽早开展，最早可在方案设计阶段开展，而且在整个装备研制过程中应根据装备研制工作的细化多次迭代开展。

④ 装备的分析层次一定要明确，如最终影响、严酷度是对哪一层次装备而言的定义必须明确。最终影响一般是对初始约定层次产品（如某飞机、某舰船装备等）的影响；每一种故障模式都可以计算得到一个危害度，严酷度是指每一种故障模式对初始约定层次最终影响的严重程度。

⑤ 注意功能 FMECA 和硬件 FMECA 的故障模式的关注点与描述的差异，功能 FMECA 中关注的是功能相关的所有故障模式，硬件 FMECA 中关注的是所有硬件设备/部件相关的故障模式。如典型的功能故障模式可描述为：超前运行、规定的时间内未能启动、断续运行、不稳定运行等；典型的硬件故障模式可描述为：管子裂纹、密封圈破裂、螺纹磨损、卡死、污染、开路、短路、断路、参数漂移、漏电、触点黏合。

⑥ 高层级故障模式的确定应考虑低层级不同功能、硬件、软件之间的接口影响，而不能是低层级故障模式影响的简单汇总。

⑦ 注意不同层级之间的故障模式、故障原因及故障影响之间的传递关系，即低层次的故障模式是紧邻上一层次的故障原因，低层次的故障模式对高一层次的影响是紧邻上一层次的故障模式。不能将不同层级之间完全割裂开，特别是研制总体单位与分系统研制单位及配套单位之间。

⑧ 为了提高装备的固有可靠性，分析表格中的补偿措施必须是与设计、生产、工艺有关的，应从产品或工艺设计角度考虑消除故障发生原因或降低故障发生频度，而不是仅填写"修理""更换"等。

⑨ 故障检测方法应是装备运行或使用维修检查故障的方法，而不是研制试验

和可靠性试验活动中的故障检测方法。

⑩ FMECA 完成后，应列出关键件、重要件清单，单点故障模式清单及Ⅰ、Ⅱ类故障模式清单，以便各级主管能抓住重点解决问题。

⑪ 在危害性分析时，若能估计每个故障模式发生的概率等级，则可在分析表格中增加故障模式发生概率等级一栏，通过绘制危害性矩阵进行定性的危害性分析。

⑫ FMECA 分析往往需要建立在相似装备或过程的故障信息数据的基础上，因此，实施 FMECA 的过程也是积累经验、丰富信息的过程，应注重故障模式及相关信息数据库的建立，为有效开展 FMECA 工作积累信息、提供支持。

3.5.5 某型飞机升降舵操纵分系统硬件 FMECA 示例

（1）系统组成及功能

某型飞机的升降舵操纵分系统主要由安定面支承、轴承组件、扭力臂组件、操纵组件、配重组件和调整片所组成，如图 3-16 所示，其功能是保证飞机的纵向操纵性。

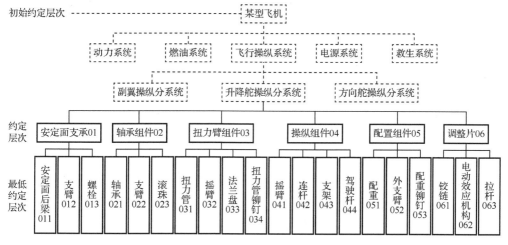

图 3-16　某型飞机升降舵操纵分系统的组成

（2）约定层次定义

根据升降舵操纵分系统的 FMECA 分析要求，定义"初始约定层次"为某型飞机；"初始约定层次""约定层次"和"最低约定层次"的划分见图 3-16。

（3）功能层次与结构层次对应图绘制

根据升降舵操纵分系统的结构组成与功能描述，绘制功能层次与结构层次对应图，如图3-17所示。

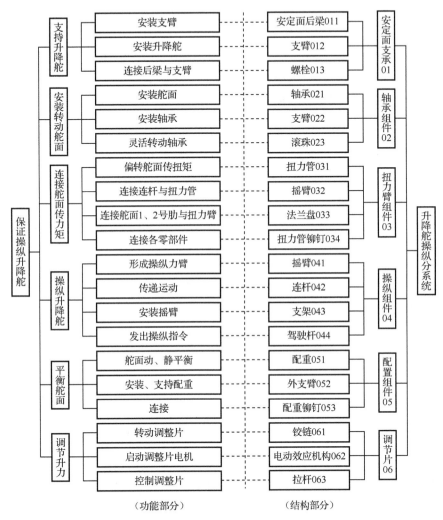

图3-17 某型飞机升降舵操纵分系统功能层次与结构层次对应图

（4）任务可靠性框图绘制

根据升降舵操纵分系统的构成、原理、功能、接口，绘制任务可靠性框图，如图3-18所示。

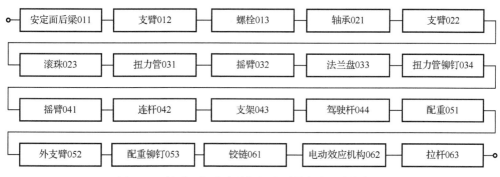

图 3-18　某型飞机升降舵操纵分系统任务可靠性框图

（5）严酷度类别定义

结合航空产品的特点，该型飞机严酷度类别的定义见表 3-35。

表 3-35　该型飞机严酷度类别的定义

严酷度类别	严重程度定义
Ⅰ类（灾难的）	危及人员或飞机安全（如一等、二等飞行事故及重大环境损害）
Ⅱ类（致命的）	人员损伤或飞机部分损坏（如三等飞行事故及严重环境损害）
Ⅲ类（中等的）	人员中等程度伤害或影响任务完成（如延误飞行、中断或取消飞行、降低飞行品质、增加着落困难、中等程度环境损害）
Ⅳ类（轻度的）	无影响或影响很小，增加非计划性维护或修理

（6）信息来源明确

FMECA 分析中的故障模式、原因、故障率等，基本上是根据对多个相似飞机的现场、厂内信息进行调研、整理、归纳和分析后获得的。

（7）FMECA 表格填写

根据本例的实际情况，将 FMEA 和 CA 表合并为 FMECA 表，其填写结果如表 3-36 所示。

（8）分析结论

通过 FMECA 找出该升降舵的薄弱环节，并采取有针对性的有效改进措施，进而提高该升降舵的可靠性。

表3-36　某型飞机升降舵操纵分系统 FMECA 表

初始约定层次：某型飞机　　　　　　　　　任务：飞行　　　　审核：XXX
约定层次：升降舵操纵分系统　　　　　　　分析人员：XXX　　批准：XXX

第　　页，共　　页
填表日期：XXXX 年 X 月 X 日

代码	产品	功能	故障模式	故障原因	任务阶段	故障影响 局部影响	故障影响 高一层次影响	故障影响 最终影响	严酷度类别	故障检测方法	设计改进措施	使用补偿措施	故障率来源	故障模式危害度 α	β	λ_p (10⁻⁶/h)	t(h)	C_m $\alpha\beta\lambda_p$ (10⁻⁶)	产品危害度 (10⁻⁶)
01	安定面支承	支承升降舵	安定面后梁变形过大	刚度不够	飞行	安定面后梁变形超过允许范围	升降舵转动卡滞	损伤飞机	II	无	增加结构抗弯刚度	功能检查	统计	0.02	0.8	15.6	0.33	0.0824	II类：0.0824；III类：0.252；IV类：0.0252
			支臂裂纹	疲劳	飞行	故障征候	故障征候	影响任务完成	III	目视检查或无损探测	增加抗疲劳强度	增加裂纹检查	统计	0.49	0.1	15.6	0.33	0.252	
			螺栓锈蚀	长期使用	飞行	故障征候	影响很小	无影响	IV	目视检查	改进表面处理	定期维修	统计	0.49	0.01	15.6	0.33	0.0252	
02	轴承组件	安装、转动舵面	轴承间隙过大	磨损	飞行	功能下降	功能下降	损伤飞机	II	无	调整尺寸公差	加强润滑	统计	0.89	0.8	79.91	0.33	18.776	I类：2.611；II类：18.776
			滚珠掉出	磨损	飞行	丧失功能	丧失功能	危及飞机安全	I	无	选高质量轴承	润滑更换	统计	0.11	0.9	15.22	0.33	2.611	
03	扭力臂组件	连接舵面传力矩	扭力管连接孔松动过大	舵面振动冲击载荷；长期使用	飞行	功能下降	舵面偏转不到位	损伤飞机	II	视情检查	提高扭转刚度	增加视情检查	统计	0.5	0.8	15.22	0.33	2.009	II类：2.009；III类：0.2512
			摇臂裂纹	疲劳	飞行	故障征候	故障征候	故障征候	III	目视、无损探伤	增加抗疲劳强度	增加视情检查	统计	0.25	0.1	15.22	0.33	0.1256	
			法兰盘裂纹	疲劳	飞行	故障征候	故障征候	故障征候	III	目视、无损探伤	增加抗疲劳强度	增加视情检查	统计	0.25	0.1	15.22	0.33	0.1256	

续表

产品代码	功能	故障模式	故障原因	任务阶段	故障影响 局部影响	故障影响 高一层次影响	故障影响 最终影响	严酷度类别	故障检测方法	设计改进措施	使用补偿措施	故障率来源	α	β	λ_p (10⁻⁶/h)	t(h)	$\alpha\beta\lambda_p$ (10⁻⁶)	产品危害度 (10⁻⁶)
04 操纵组件	偏转舵面	摇臂间隙过大	磨损	飞行	故障征候	故障征候	故障征候	III	目视检查	调整尺寸公差	润滑	统计	0.18	0.1	14.84	0.33	0.0881	II类: 1.724; III类: 0.2742
		连杆间隙过大	磨损	飞行	故障征候	故障征候	故障征候	III	目视检查	调整尺寸公差	更换	统计	0.25	0.1	14.84	0.33	0.1224	
		支架裂纹	疲劳	飞行	故障征候	故障征候	故障征候	III	目视、无损探伤	增加抗疲劳强度	视情检查	统计	0.13	0.1	14.84	0.33	0.0637	
		驾驶杆行程过大	摇臂连杆长期磨损行程间隙后综合结果	飞行	功能下降	舵面操作不到位	损伤飞机	II	视情检查	调整尺寸公差	润滑定期维护	统计	0.44	0.8	14.84	0.33	1.724	
05 配重组件	舵面平衡	配重松动	振动引起连接处间隙过大	飞行	功能下降	功能下降	损伤飞机	II	视情检查	改进设计	视情检查	统计	0.67	0.8	34.25	0.33	6.508	II类: 6.058; III类: 0.3729
		外支臂裂纹	疲劳	飞行	故障征候	故障征候	故障征候	III	目视、无损探伤	增加抗疲劳强度	视情检查	统计	0.11	0.1	34.25	0.33	0.1243	
		铆钉锈蚀	长期使用腐蚀	飞行	功能下降	故障征候	损伤飞机	III	目视检查	无	视情检查	统计	0.22	0.1	34.25	0.33	0.2487	
06 调整片	调节升力	铰链松动	磨损	飞行	丧失功能	丧失功能	危及飞机安全	I	视情检查	增加触点灭弧功能	功能检查	统计	0.25	0.8	3.044	0.33	2.009	I类: 3.390; II类 5.023
		电机效应机构不工作	电门接触不良(有积碳)	飞行	丧失功能	丧失功能	损伤飞机	II	无	无	定期维修	统计	0.375	0.9	3.044	0.33	3.390	
		拉杆断	疲劳	飞行	丧失功能	丧失功能	损伤飞机	II	视情检查	增加抗疲劳强度	定期维修	统计	0.375	0.8	3.044	0.33	3.014	

3.6 故障树分析

故障树分析（Fault Tree Analysis，FTA）是以系统故障为导向对系统自上而下的诠释，属于多因素分析。故障树分析运用演绎法逐级分析，寻找导致某种故障事件（顶事件）的各种可能原因，直至找到最基本的原因，并通过逻辑关系的分析确定潜在的硬件、软件的设计缺陷，以便采取改进措施。

故障树分析把系统不希望发生的故障状态作为故障分析的目标，这一目标在故障树中被称为"顶事件"；在分析中要求寻找这一故障发生的所有可能的直接原因，这些原因在故障树分析中被称为"中间事件"；再追踪找出导致每一个中间事件发生的所有可能的原因，循序渐进，直至追踪到基本原因为止，这种基本原因在故障树分析中被定义为"底事件"。

故障树分析（FTA）一般以可能会导致安全问题或出现问题会严重影响任务完成的关键、重要产品为分析对象，适用于产品的研制、生产、使用阶段。在产品研制阶段，FTA 可以帮助判明潜在的产品故障模式和灾难性危险因素，发现可靠性、安全性薄弱环节，以便改进设计；在生产、使用阶段，FTA 可以帮助故障诊断，改进使用维修方案；同时 FTA 也是事故调查的一种有效手段。FTA 的主要用途包括：

① 对于大型复杂系统，通过 FTA 可能发现由哪几个一般故障事件的组合会导致灾难或致命故障事件，并据此采取相应的改进措施；

② 从安全性角度出发，比较各种设计方案，或者已确定了某种设计方案，评估是否满足安全性要求；

③ 对于使用、维修人员来说，故障树为他们提供了一种形象的使用维修指南或查找故障"线索表"；

④ 为制订使用、试验及维修程序提供依据。

3.6.1 故障树类型及其构建方法

故障树构建是故障树分析的关键，也是工作量最大的部分。故障树是一种逻辑图，它用于表示产品哪些组成部分的故障、外部事件或这些因素的组合将导致产品发生给定故障。

（1）故障树的类型

根据构图元素的不同，故障树可分为静态故障树和动态故障树。静态故障树为传统的故障树，其中描述的仅是故障事件之间的逻辑关系，而非次序关系；为了将次序相关故障（事件发生的次序非常重要）之间的关系表现出来，在传统的故障树中增添特殊的逻辑门，用以模拟次序相关的故障，以此形成的故障树称为动态故障树。

（2）故障树的构图元素

从故障树的定义知道，故障树是一种逻辑因果关系，构图的元素是事件和逻辑门。故障树常用的图形符号如表 3-37 所示。

表 3-37　故障树常用的图形符号

类　别		符　号	说　明
事件符号			结果事件。故障树分析中由其他事件或事件组合所导致的事件（包括顶事件和中间事件）
			基本事件（又称底事件）。在特定的故障树分析中无须探明其发生原因的事件
			未探明事件。原则上应进一步探明其原因，但暂时不必或者不能探明其原因的事件
			开关事件。已经发生或者必将发生的特殊事件
			条件事件。描述逻辑门起作用的具体限制条件的特殊事件
逻辑门符号	静态故障树		与门。表示仅当所有输入事件发生时，输出事件才发生
			或门。表示至少一个输入事件发生时，输出事件就发生
		+⎯不同时发生	异或门。表示仅当单个输入事件发生时，输出事件才发生
		⎯禁门打开的条件	禁门。表示仅当禁门打开条件事件发生时，输入事件的发生才导致输出事件的发生
		r/n	表决门。表示仅当几个输入事件中有 r 个或 r 个以上事件发生时，输出事件才发生（$1 \leqslant r \leqslant n$）
	动态故障树	触发事件⎯FDEP 当触发事件发生时发生的底事件	功能相关门。该类逻辑门无逻辑输出，输入为触发事件，输出为触发事件引发的基本事件
		SPARE 主要　储备单元在使用 事件　前发生故障	储备门。该类逻辑可对冷、温和热储备进行建模，在主要事件发生故障后，根据某种顺序触发储备单元工作
		C A B	优先与门。A、B 为基事件、中间事件或子故障树，当 A、B 同时发生或 A 先于 B 发生时，才会发生

类　别	符　号	说　明
子树转移符号	△A　△A⌐	相同子树转移。将树的一个完整部分（子树）转移到另一处复用，A 是标号
	▽A　▽A⌐	相似子树转移。与相同子树转移不同的是转移前后的子树结构相同但事件不同，A 是标号

（3）故障树的构建流程

故障树中的事件用来描述系统和元、部件故障状态，逻辑门把事件联系起来，表示事件之间的逻辑关系。逻辑门的输入事件是输出事件的"因"，逻辑门的输出事件是输入事件的"果"。故障树的构建流程如图 3-19 所示，具体流程说明如下。

① 将顶事件作为输出事件，分析建立导致顶事件发生的所有直接原因事件，并将其作为下一级输入事件，建立这些输入事件与输出事件之间的逻辑门关系，并画出故障树图。

② 以此类推，将这些下一级事件作为输出事件展开，直到所有的输入事件都为底事件时停止，至此初步的故障树建立完毕。

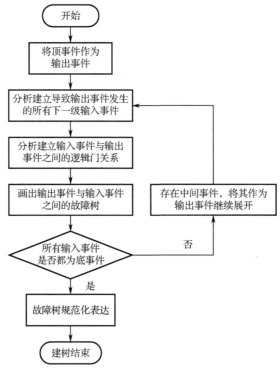

图 3-19　故障树的建树流程

③ 对故障树中的事件建立定义和表达符号，利用符号取代故障树中的事件文字描述，利用转移符号简化故障树，实现故障树的规范化表达。

建立故障树（简称建树）应遵循以下基本原则：

- 明确建树边界条件，简化系统的构成；
- 故障事件应严格定义；
- 应从上向下逐级建树；
- 建树时不允许门-门直接相连；
- 把对事件的抽象描述具体化；
- 处理共因事件和互斥事件。

（4）故障树的基本结构

构建形成的故障树的基本结构如图 3-20 所示。故障树的最顶端是顶事件，是故障树分析中所关心的最后结果事件，它位于故障树的顶端，总是所讨论故障树中逻辑门的输出事件而不是输入事件；最底端是底事件，是故障树中仅导致其他事件的原因事件，它位于所讨论的故障树底端，总是某个逻辑门的输入事件而不是输出事件，底事件分为基本事件与未探明事件；顶事件与底事件之间由各类事件和逻辑门构成，用于描述各级事件之间的逻辑关系。

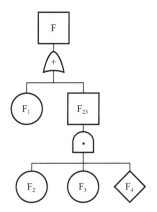

图 3-20　故障树的基本结构

3.6.2　故障树分析方法

（1）定性分析

故障树通过最小割集的求解，寻找导致顶事件发生的事件或事件的组合。故障树最小割集的求解方法主要包括下行法和上行法，这两种方法的特点和步骤如表 3-38 所示。

表 3-38　上行法和下行法的特点和步骤

方　法	上　行　法	下　行　法
特点	从所有底事件开始，逐级向上找事件集合，最终获得故障树的最小割集	从顶事件开始，逐级向下找事件的集合，最终获得故障树的最小割集
步骤	a）确定所有底事件； b）分析底事件所对应逻辑门； c）通过事件运算关系表示该逻辑门的输出事件（逻辑与门用布尔"积"表示；逻辑或门用布尔"和"表示）； d）按 c）向上迭代，直至故障树的顶事件； e）将所得等式用布尔代数运算规则进行简化； f）最后得到用底事件"积"之和表示顶事件的最简式； g）最简式中，每一个底事件的"积"项表示故障树的一个最小割集，全部"积"项就是故障树的所有最小割集	a）确定顶事件； b）分析顶事件所对应的逻辑门； c）将顶事件展开为该逻辑门的输入事件（用"与门"连接的输入事件列在同一行；用"或门"连接的输入事件分别各占一行）； d）按 c）向下将各个中间事件按同样规则展开，直到所有的事件均为底事件； e）表格最后一列的每一行都是故障树的割集； f）通过割集间比较，利用布尔代数运算规则进行合并消元，最终得到故障树的全部最小割集

（2）定量分析

故障树定量分析主要完成顶事件发生概率和底事件概率重要度（如概率重要度、相对概率重要度）等定量指标的计算。

① 顶事件发生概率

计算顶事件发生概率用相容事件的概率公式。已知故障树的全部最小割集为 $K_1, K_2, \cdots, K_{N_k}$，则计算结果：

$$P(T) = P(K_1 \bigcup K_2 \bigcup \cdots \bigcup K_{N_k}) =$$
$$\sum_{i=1}^{N_k} P(K_i) - \sum_{i<j=1}^{N_k} P(K_i K_j) +$$
$$\sum_{i<j<k=3}^{N_k} P(K_i K_j K_k) + \cdots + (-1)^{N_k-1} P(K_1, K_2, \cdots, K_{N_k})$$

式中：K_i, K_j, K_k ——第 i, j, k 个最小割集；

N_k ——最小割集总数。

② 底事件概率重要度

底事件概率重要度是指由底事件发生概率的微小变化而导致的顶事件发生概率的变化率，计算公式如下

$$I_i^P = \frac{\partial F_s}{\partial F_i}$$

式中：I_i^P ——第 i 个底事件的概率重要度；

∂F_s ——第 i 个底事件的发生概率；

∂F_i ——故障树的故障概率函数（顶事件发生概率表达式）。

③ 底事件相对概率重要度

底事件相对概率重要度是指由底事件发生概率微小的相对变化而导致的顶事件发生概率的相对变化率，计算公式如下

$$I_i^C = \frac{F_i}{F_s} \cdot \frac{\partial F_s}{\partial F_i}$$

式中： I_i^C ——第 i 个底事件的相对概率重要度；

∂F_s ——第 i 个底事件的发生概率；

∂F_i ——故障树的故障概率函数（顶事件发生概率表达式）。

3.6.3 故障树分析流程

故障树分析（FTA）的工作流程如图 3-21 所示。

（1）准备工作

准备工作主要包括：熟悉产品、确定分析目的、确定故障判据等。

① 熟悉产品。主要包括：熟悉产品的设计说明书、原理图、运行规程、维修规程和有关资料，掌握产品的设计意图、结构、功能、边界和环境情况，辨明人的因素和软件对产品的影响，辨识产品的各种工作模式，辨识各种故障事件等。

② 确定分析目的。同一个产品，如果分析目的不同，则建立的故障树也各不相同。例如分析硬件故障，则可以忽略人的因素；分析内部故障则可以忽略外部事件等。

③ 确定故障判据。根据产品功能和性能要求确定产品的故障判据，只有故障判据确切，才能判明什么是故障，从而确定最后故障的全部直接原因。

输入：研制合同（技术协议）、产品设计信息、产品故障信息等；

输出：分析目的、故障判据等。

（2）选择顶事件

顶事件是构建故障树的基础，顶事件主要选择方法如下：

① 在设计过程中进行 FTA，一般从那些显著影响产品技术性能、经济性、可靠性和安全性的故障中选择确定顶事件；

② 在 FTA 之前若已开展 FMECA，则可以从故障后果为Ⅰ、Ⅱ类的系统故障模式中选择其中一个故障模式确定为顶事件；

③ 发生重大故障或事故后，可将此类事件作为顶事件，通过故障树分析为故障归零提供依据。

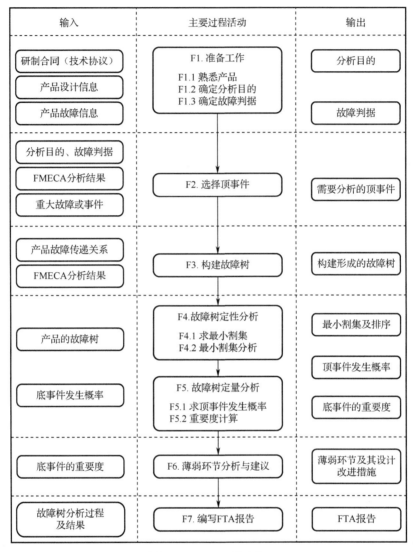

图 3-21　FTA 工作流程

输入：分析目的、故障判据，FMECA 分析结果，重大故障或事件；

输出：需要分析的顶事件。

（3）构建故障树

依据各类信息，利用事件符号、逻辑门符号和转移符号描述系统中各种事件之间的因果关系，完成故障树的构建。

输入：产品故障传递关系、FMECA 分析结果；

输出：构建形成的故障树。

（4）故障树定性分析

故障树的定性分析主要通过最小割集的计算，以寻找顶事件发生的原因事件及原因事件的组合。基于计算获得最小割集，可按以下原则对最小割集和底事件进行定性比较，以指导设计改进和故障诊断、维修。首先根据每个割集所含底事件数目（阶数）排序，在各底事件发生概率比较小，且相互差别不大的条件下，可按以下原则对最小割集和底事件进行比较。

① 阶数越小的最小割集越重要；

② 在低阶最小割集中出现的底事件比在高阶最小割集中出现的底事件重要；

③ 在最小割集阶数相同的条件下，在不同最小割集中重复出现的次数越多的底事件越重要。

输入：产品的故障树；

输出：故障树的最小割集及排序。

（5）故障树定量分析

故障树定量分析的主要任务是在底事件相互独立和已知其发生概率的条件下，计算顶事件发生概率和底事件重要度（如概率重要度、相对概率重要度）等定量指标。

输入：产品的故障树、底事件发生概率；

输出：顶事件发生概率、底事件的重要度。

（6）薄弱环节分析与建议

依据 FTA 的最小割集、底事件重要度等定性定量分析结果识别系统中存在的薄弱环节，并提出相应的设计改进措施。

输入：底事件的重要度；

输出：薄弱环节及其设计改进措施。

（7）编写 FTA 报告

根据 FTA 的分析过程与分析结果进行 FTA 报告编写，表格格式应参考 GJB/Z 23—91《可靠性和维修性工程报告编写一般要求》。FTA 报告的正文部分包括以下各项。

① 产品描述。说明产品的功能原理、系统定义、运行状态、系统边界定义等。

② FTA 约定。说明进行 FTA 时的若干基本假设，系统故障的定义和判据，顶事件的定义和描述等。

③ 故障树构建。建立故障树的图形表示，并进行简化、规范化和模块化分解。

④ 故障树定性分析。计算故障树的最小割集。

⑤ 故障树定量分析。故障树顶事件发生概率的计算，故障树的重要度分析等。

⑥ 分析结论和建议。

⑦ 附件。附件包括：可靠性数据表及数据来源说明、系统资料（如原理图、功能框图、可靠性框图等）、其他补充资料。

输入：故障树分析过程及结果；

输出：FTA 报告。

3.6.4 故障树分析要点

① 为保证分析工作的及时性，应在设计阶段早期开始故障树分析（FTA）工作，并在各个研制阶段迭代进行，以反映产品技术状态和工艺的变化；

② 贯彻"谁设计，谁分析"的原则，并邀请经验丰富的设计、使用和维修人员参与建树工作，以保证故障逻辑关系的正确性；

③ 应在 FMECA 工作后开展 FTA 工作，从故障后果为Ⅰ、Ⅱ类的系统故障模式中选择最不希望发生的故障模式作为顶事件，建立故障树；

④ 必须考虑环境、人为因素对产品的影响，当产品在多个环境剖面下工作时，应分别进行分析；

⑤ 若产品具有多个工作模式，顶事件应该在各工作模式下单独分析；

⑥ 在进行 FTA 时，假设底事件之间是相互独立的，并且每个底事件及顶事件只考虑其发生或不发生两种状态；

⑦ 建树时，门与门之间不能直接相连；

⑧ 复杂产品的故障树应进行模块分解简化，应尽可能采用相关软件辅助进行故障树分析；

⑨ 建立故障树后都要进行定性分析，根据合同或协议要求确定是否需要完成定量分析；

⑩ 必须进行薄弱环节分析及重要度分析，并提出可能的改进措施及改进的先后顺序；

⑪ FTA 结果一定要影响产品的设计。

3.6.5 某型捷联惯导系统 FTA 示例

某型捷联惯导系统由两个二自由度陀螺、三个加速计、电源、相关的电子线路等组成，能够得到四路陀螺通道信号和三路加速度计通道信号，其系统组成及信号连接关系如图 3-22 所示。

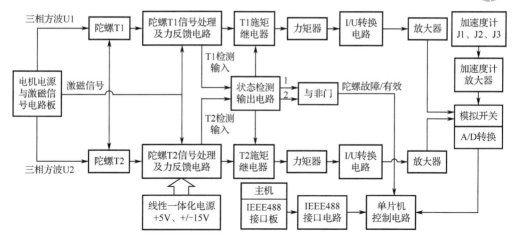

图 3-22 某型捷联惯导系统组成及信号连接关系

某型捷联惯导系统的工作过程如下：

系统加电后，电机电源模块产生三相方波电源，驱动陀螺工作；陀螺的输出信号在信号处理及力反馈电路中与激磁信号合成，生成检测信号和角速度感应信号；检测信号通过检测电路处理后输出陀螺故障/有效信号，帮助主机判断陀螺的工作状态；当陀螺发生故障时，检测电路输出的继电器控制信号将断开角速度感应信号；当陀螺正常时，角速度感应信号通过力矩器和放大器及 A/D 转换等，由单片机控制电路通过 IEEE488 接口电路将其送到主机进行处理。三路加速度信号同时经 A/D 转换后送到主机进行处理。

（1）产品 FTA 约定

对某型捷联惯导系统做出以下假设，以开展故障树分析。

① 不考虑人为操作失误引起的故障；

② 各接插件连接牢固、可靠、故障率很低，建树过程中不考虑各接插件故障；

③ 印制电路板质量有保证，焊点不存在虚焊；

④ 各器件之间的连线不存在断路现象；

⑤ 故障树中的底事件之间是相互独立的；

⑥ 每个底事件和顶事件只考虑其发生或不发生两种状态；

⑦ 寿命分布都为指数分布。

（2）顶事件选择

为综合反映产品故障，选择"惯导系统加电后，主机不能判定数据同步"作为顶事件。

（3）故障树构建

以"惯导系统加电后，主机不能判定数据同步"为顶事件，构建捷联惯导系统的故障树，如图 3-23 所示，其中事件 E15 展开后的子树位于右侧。

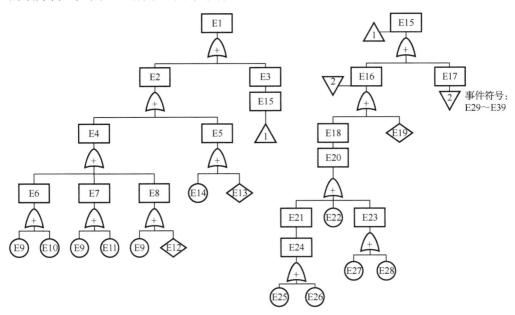

图 3-23　某型捷联惯导系统的故障树

其中，各个事件的定义如表 3-39 所示。由于 E39 和 E28 描述的内容相同，因此在定性分析和定量分析时作为一个事件处理。E12、E13、E19 由于发生概率非常低，所以在定性分析和定量分析中忽略。

表 3-39　各个事件的定义

标　号	事件定义	类　型	标　号	事件定义	类　型
E1	系统加电后，主机不能判定数据同步	顶事件	E9	无+5V 电源	
E2	主机没有接收到数据		E10	A/D 转换芯片损坏	
E3	主机接收到数据，但不能判定数据同步		E11	8031 单片机系统故障	底事件
E4	IEEE488 接口板工作正常，但接收不到数据	中间事件	E12	IEEE488 通信接口电路的 8291/8293 损坏	
E5	IEEE488 接口板工作不正常		E13	IEEE488 接口板硬件故障	
E6	A/D 转换器故障		E14	IEEE488 接口板地址冲突	
E7	8031 单片机系统不工作		E15	"陀螺故障/有效"信号指示为故障	中间事件
E8	IEEE488 通信接口电路故障		E16	陀螺 T1 故障	

续表

标　号	事件定义	类　型	标　号	事件定义	类　型
E17	陀螺 T2 故障	中间事件	E29	陀螺 T2 的 102.5Hz 信号失真	中间事件
E18	陀螺 T1 的 102.5Hz 信号失真		E30	陀螺 T2 的 102.5Hz 信号检测通道故障	底事件
E19	陀螺 T1 的 102.5Hz 信号检测通道故障	底事件	E31	陀螺 T2 通道检测输入信号异常	中间事件
E20	陀螺 T1 通道检测输入信号异常	中间事件	E32	陀螺 T2 输出信号异常	
E21	陀螺 T1 输出信号异常		E33	陀螺 T2 的信号处理模块故障	底事件
E22	陀螺 T1 的信号处理模块故障	底事件	E34	无激磁信号	中间事件
E23	无激磁信号	中间事件	E35	陀螺 T2 工作状态异常	
E24	陀螺 T1 工作状态异常		E36	陀螺 T2 电机不工作	底事件
E25	陀螺 T1 电机不工作	底事件	E37	陀螺 T2 损坏	
E26	陀螺 T1 损坏		E38	激磁信号产品模块故障	
E27	激磁信号产品模块故障		E39	无±15V 电源	
E28	无±15V 电源		/	/	/

（4）故障树定性分析

根据构建的故障树，采用下行法计算出系统的最小割集过程如表 3-40 所示。

表 3-40　最小割集的计算过程

步骤	1	2	3	4	5	6	7	8
过程	E2	E4	E6	E9	E9	E9	E9	E9
	E3	E5	E7	E10	E10	E10	E10	E10
			E15	E8	E11	E11	E11	E11
			E14	E14	E14	E14	E14	E14
			E16	E18	E20	E21	E24	E25
			E17	E29	E31	E22	E22	E26
						E23	E27	E22
						E32	E28	E27
						E33	E35	E28
						E34	E33	E36
							E38	E37
							E39(E28)	E33
								E38

最后得出的 13 个最小割集为：{E9}，{E10}，{E11}，{E14}，{E22}，{E25}，{E26}，{E27}，{E28}，{E33}，{E36}，{E37}，{E38}。

（5）故障树定量分析

① 顶事件发生概率计算

通过试验统计和经验数据得知该系统故障树的底事件发生概率为

E9：$2.3×10^{-4}$；E10：$1.6×10^{-4}$；E11：$6.7×10^{-4}$；E14：$2.0×10^{-4}$；E22：$4.74×10^{-4}$；

E25：$3.4×10^{-4}$；E26：$9.8×10^{-4}$；E27：$5.9×10^{-4}$；E28：$2.2×10^{-4}$；E33：$4.75×10^{-4}$；

E36：$3.4×10^{-4}$；E37：$9.8×10^{-4}$；E38：$5.9×10^{-4}$。

采用一阶近似算法得到顶事件发生概率为

$$P(E1) = P(E9) + P(E10) + P(E11) + P(E14) + P(E22) + P(E25) + P(E26) + $$
$$P(E27) + P(E28) + P(E33) + P(E36) + P(E37) + P(E38) = 6.47×10^{-3}$$

② 重要度计算

顶事件发生概率的精确计算公式为

$$P(E1) = 1 - [1 - P(E9)][1 - P(E10)][1 - P(E11)][1 - P(E14)][1 - P(E22)]$$
$$[1 - P(E25)][1 - P(E26)][1 - P(E27)][1 - P(E28)][1 - P(E33)]$$
$$[1 - P(E36)][1 - P(E37)][1 - P(E38)]$$

因此，各底事件的概率重要度为

$$I_9^P = \frac{\partial P(E1)}{\partial P(E9)} = [1 - P(E10)][1 - P(E11)][1 - P(E14)][1 - P(E22)]$$
$$[1 - P(E25)][1 - P(E26)][1 - P(E27)][1 - P(E28)]$$
$$[1 - P(E33)][1 - P(E36)][1 - P(E37)][1 - P(E38)] = 0.99377$$

$$I_{10}^P = \frac{\partial P(E1)}{\partial P(E10)} = 0.99371 \quad I_{11}^P = \frac{\partial P(E1)}{\partial P(E11)} = 0.99422 \quad I_{14}^P = \frac{\partial P(E1)}{\partial P(E14)} = 0.99335$$

$$I_{22}^P = \frac{\partial P(E1)}{\partial P(E22)} = 0.99449 \quad I_{25}^P = \frac{\partial P(E1)}{\partial P(E25)} = 0.99389 \quad I_{26}^P = \frac{\partial P(E1)}{\partial P(E26)} = 0.99452$$

$$I_{27}^P = \frac{\partial P(E1)}{\partial P(E27)} = 0.99414 \quad I_{28}^P = \frac{\partial P(E1)}{\partial P(E28)} = 0.99377 \quad I_{33}^P = \frac{\partial P(E1)}{\partial P(E33)} = 0.99449$$

$$I_{36}^P = \frac{\partial P(E1)}{\partial P(E36)} = 0.99389 \quad I_{37}^P = \frac{\partial P(E1)}{\partial P(E37)} = 0.99452 \quad I_{38}^P = \frac{\partial P(E1)}{\partial P(E38)} = 0.99414$$

（6）分析结论和建议

由定性分析可知，所有的最小割集都为一阶最小割集，因此任何一个底事件发生，顶事件都会发生，这是由于系统中没有采用冗余设计，任何一个部分故障，都会导致系统故障。

顶事件的发生概率为 $6.47×10^{-3}$。

根据概率重要度的计算结果，可以确定底事件 E26（陀螺 T1 损坏）和 E37（陀螺 T2 损坏）的概率重要度最大，底事件 E22（陀螺 T1 的信号处理模块故障）和

E33（陀螺 T2 的信号处理模块故障）的概率重要度次大，这四个底事件对应的单元为设计中的薄弱环节。为了提高产品的可靠性，应优先对这四个单元采取设计改进措施。

 ## 3.7 潜在分析

系统发生故障，除了组成系统的元部件损坏、参数漂移、电磁干扰外，还可能是系统中存在的"潜在通路"发挥了作用。所谓"潜在通路"是指系统所处的特定条件下出现的、没有在预期中（通常也不希望有）的通路，它的出现会引起功能异常或抑制正常功能的实现。潜在通路分析是指确定在产品的所有元部件均正常的情况下，能抑制正常功能或诱发不正常功能的潜在状态的一种分析技术。

潜在分析（Sneak Analysis，SA）是一种有用的工程方法，它以设计和制造资料为依据，可用于识别潜在状态、图样差错以及与设计有关的问题。通常不考虑环境变化的影响，也不去识别由于硬件故障、工作异常或对环境敏感而引起的潜在状态。

潜在分析工作应在系统设计基本完成、数据能完整提供的情况下，尽可能早地进行，最理想的时机是已完成试样或正样机后、定型之前。这个阶段设计资料比较完整，要求的资料均可以提供，另外发现问题后，修改所花费的代价相对较小。

根据所分析对象的不同，潜在分析可分为针对电路的潜在电路分析（Sneak Circuit Analysis，SCA），针对软件的潜在通路分析和针对气、液管路系统的潜在通路分析。其中潜在电路分析技术原则上适用于任何电子/电气系统，分析规模可以是一个功能电路、设备、分系统或整个型号电路系统，尤其适用于由分立元器件和较少集成电路组成的电子/电气系统。由于潜在分析的工作强度较大，一般根据需求着重对影响任务和安全的关键产品进行分析。

3.7.1 潜在分析方法

潜在分析方法主要有两种：基于网络树生成和拓扑模式识别的分析方法，以及基于功能节点识别和路径追踪的分析方法。

（1）基于网络树生成和拓扑模式识别的分析方法

任何系统，无论其结构复杂程度和系统各部件相互连接的性质如何，总能够按照其物质流、能量流、数据流和逻辑信号流的传播模式，以网络树的形式表示系统各部件间的相互连接关系。网络树表达了系统中物质流、能量流、数据流和逻辑信号流传播的最重要的结构信息。

由于拓扑结构上相似的系统倾向于表现出相似的功能，因此可以通过对网络树进行拓扑识别，并利用事先建立的关于特定拓扑模式的线索表，识别系统所具有的功能。对网络树的拓扑识别，是指识别网络树中存在的基本拓扑模式及其组合形式的过程。

以电子/电气系统为例，表达系统内各部件间相互连接关系的拓扑图，总是能够分解为下列五种基本的拓扑模式及其组合的形式，如图 3-24 所示。

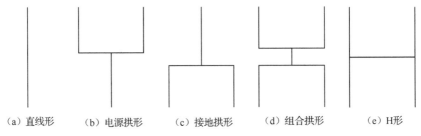

（a）直线形　　　（b）电源拱形　　　（c）接地拱形　　　（d）组合拱形　　　（e）H形

图 3-24　电子/电气系统的五种基本拓扑模式

基于网络树生成和拓扑模式识别的分析方法是，首先对系统进行适当的划分以及结构上的简化从而生成网络树；其次识别网络树中的拓扑模式；最后结合线索表对网络树进行分析，识别出系统中存在的潜在状态。

① 网络树生成

网络树生成一般需要借助计算机辅助分析软件工具进行。在电路规模较小时，也可以由人工生成网络树。其生成程序是：

● 从一个功能信号基准点出发，按联通图进行路径追踪，直到遇到划分的系统边界点为止，追踪的过程中假定所有遇到的开关性器件，如开关、继电器触点、分离插头等的状态为"闭合"；

● 对完成的追踪路径进行绘图、布图调整和标注，完成一个拓扑网络树图的生成；

● 重复上述过程，直至完成从所有功能信号点出发的追踪，完成全部拓扑网络树的生成；

● 网络树的编号、分类和组织。

② 拓扑模式识别

识别程序如下：

● 从第一个网络树开始分析；

● 对每棵树，从系统的第一种运行模式开始分析；

● 对每种运行模式（含不可忽视的过渡状态），首先由非断分支组成状态网络树，接着识别出网络树中所有可能的基本拓扑模式。

③ 结合线索表的网络树分析

分析程序如下：

● 对每棵树、每种运行模式中的各基本拓扑模式，结合开关状态表，回答线索表中的每个问题，借以发现潜在状态（所依据的线索一般包含三类：元器件应用线索、功能设计线索和拓扑结构线索）；

● 重复上一步骤，直至完成所有的运行模式和网络树。

基于网络树生成和拓扑模式识别的分析方法是传统的方法，可以满足对系统进行全面、彻底分析的要求，但它对分析人员在专业知识和设计经验方面的要求较高，同时分析工作量大，因此它更适用于对可靠性与安全性要求很高的关键系统。

（2）基于功能节点识别和路径追踪的分析方法

潜在分析的实施过程可以在对复杂系统进行划分和简化的基础上进行，这涉及识别关键功能节点和追踪它们之间的因果路径，并结合线索表来完成分析。

在这样的系统中，功能节点通常被分为源节点和目标节点。功能路径则是为了实现特定功能，系统内部的物质流、能量流、数据流或逻辑信号流在这些节点间的传输路径。对功能路径的识别工作主要针对特定的源节点和目标节点进行。

这种方法基于功能节点识别和路径追踪，它实际上也是一种拓扑模式识别技术。这种方法专注于分析指定源节点和目标节点之间的路径及其组合，目的是识别系统中潜在的路径和问题。

① 功能节点识别

识别程序如下：

● 识别系统的运行模式和开关性器件的状态表；

● 根据对系统的功能分析，完成对目标节点的识别；

● 根据对系统的功能分析，完成对源节点的识别。

② 路径追踪

假定系统中所有开关性器件都处于闭合位置，通过路径追踪，可识别出在源节点和目标节点之间的所有路径。

③ 结合线索表的路径分析

分析程序如下：

● 对每条路径，结合系统运行模式和开关性器件的状态表，识别路径的激发条件；

● 必要时，追踪激发路径；

● 对每个激发条件进行分析，根据潜在分析线索表，识别出潜在状态（所依据的线索一般包含两类：路径线索、路径-器件线索）；

● 继续进行下一条路径的分析，直至完成对所有路径的分析。

基于功能节点识别和路径追踪的分析方法的局限性是：一方面单条路径很难揭示出它在系统中的实际作用，而对于规模稍大的系统，其路径组合太多，对分析人员来说很难承受其分析的工作量；另一方面此方法只关注路径，因而不具有揭示所有潜在问题的能力，不能满足对系统进行全面彻底分析的要求。

3.7.2 潜在分析流程

潜在分析流程如图 3-25 所示。

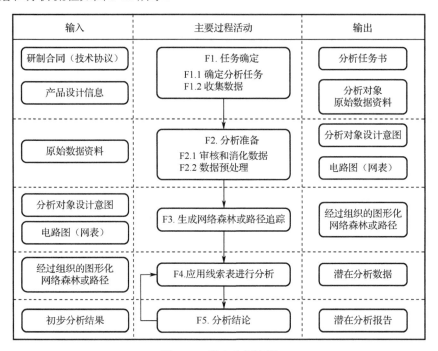

输入	主要过程活动	输出
研制合同（技术协议） 产品设计信息	F1. 任务确定 F1.1 确定分析任务 F1.2 收集数据	分析任务书 分析对象 原始数据资料
原始数据资料	F2. 分析准备 F2.1 审核和消化数据 F2.2 数据预处理	分析对象设计意图 电路图（网表）
分析对象设计意图 电路图（网表）	F3. 生成网络森林或路径追踪	经过组织的图形化 网络森林或路径
经过组织的图形化 网络森林或路径	F4.应用线索表进行分析	潜在分析数据
初步分析结果	F5. 分析结论	潜在分析报告

图 3-25　潜在分析流程

（1）任务确定

确定系统的分析任务，并收集与分析对象相关的各项原始数据资料。

① 确定分析任务

明确分析内容、任务输入、指标要求、完成形式和任务进度等事项，并编制分析任务书。

② 收集数据

收集任务要求和设计意图、原理设计、物理实现等方面的信息。数据主要来源包括：技术设计任务书、研制任务书、技术说明书；系统电路图、布置图、接线图；设备及电缆网的导线表/跨线表、元件目录及相关参数等。

输入：研制合同（技术协议）、产品设计信息；

输出：分析任务书、分析对象原始数据资料。

（2）分析准备

分析准备分为审核和消化数据、数据预处理两部分。

① 审核和消化数据

该工作主要基于分析任务书和分析对象原始数据资料进行数据的审核与消化。数据审核的范围包括：任务要求和设计意图、原理设计、物理实现；消化数据是在对设计意图进行深刻理解的情况下，了解原理设计的所有功能实现过程。

② 数据预处理

根据分析要求对分析对象进行简化处理，为生成网络森林数据提供基础。

输入：原始数据资料；

输出：分析对象设计意图及电路图（网表）。

（3）生成网络森林或路径追踪

生成网络森林或路径追踪的主要任务是根据分析对象的设计意图及电路特点，生成网络节点集，然后按规定的布图规则将之绘制出来，最终形成图形化的、按系统功能组织的网络森林；或者设定追踪源点和目标点，进行路径追踪。该阶段的工作内容包括：确定或输入用于分析的电路图或网表及各种设置数据，生成并绘制网络森林或进行路径追踪；

输入：分析对象设计意图及电路图（网表）；

输出：经过组织的图形化网络森林或路径。

（4）应用线索表进行分析

利用线索表，对网络森林或路径进行分析，识别电路可能的所有功能，并将之与设计意图相比较。如果比较结果一致，则说明系统设计符合要求；否则，说明可能存在潜在电路问题，应加以标志。主要包括以下两种分析方法。

① 基于网络树生成和拓扑模式识别的分析

基于生成的网络森林，按功能对相关网络树（森林）及其组合进行潜在通路分析。

② 基于功能节点识别和路径追踪的分析

用被分析系统预期的时序及开关状态剔除不可能被激励的路径，并结合低层次的线索表对其他路径逐个识别，以发现与设计意图不符的潜在路径、潜在时序和潜在指示。

输入：经过组织的图形化网络森林或路径；

输出：潜在分析数据（潜在路径、潜在时序、潜在指示、潜在标志等）。

（5）分析结论

记录分析结论，按潜在路径、潜在时序、潜在指示、潜在标志对问题进行分类汇总；记录分析过程中发现的可能的设计缺陷及资料错误；整理得到的结论，对发现的潜在问题进行分析，提出改正建议；将发现的问题提交设计方进行交流和确认；形成潜在分析报告。潜在分析报告的内容一般包括分析过程、分析结论、改正

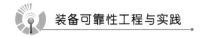

建议及与设计方交流和确认情况等。

　　输入：初步分析结果；

　　输出：潜在分析报告。

3.7.3　潜在分析要点

潜在分析要点如下：

　　① 任务关键系统和安全关键系统是分析重点；

　　② 对于元器件总数超过 50 的系统进行潜在电路分析时应借助辅助软件工具进行；

　　③ 潜在电路分析应在系统设计工作基本完成（最好在工程研制样机研制之后，列装定型之前），能提供完整的设计资料的条件下进行；

　　④ 具体进行潜在电路分析时，应由系统设计人员、领域专家和潜在电路分析专业人员三方面人员组成，以保证在分析过程中及时沟通，分析结论正确有效；

　　⑤ 潜在分析应与传统可靠性安全性分析技术综合应用，以提供关于系统功能异常的更全面的信息并取得更好的分析效果。

3.7.4　某电路系统潜在分析示例

某电路系统由六台设备和两束电缆网构成，如表 3-41 所示。

表 3-41　某电路系统构成

序　号	设备或电缆位号	备　注	序　号	设备或电缆位号	备　注
1	N22	设备	5	T13	设备
2	ST	设备	6	T14	设备
3	FJ	设备	7	DLWA	电缆网
4	T12	设备	8	DLWB	电缆网

（1）任务确定

　　① 确定分析任务（略）

　　② 收集数据

根据分析任务要求，对各设备进行数据收集。这里以设备 N22 为例，给出了数据收集范围：主要包括设计任务书、技术说明书、电路图、导线表（见表 3-42）、元器件目录（见表 3-43）。

表 3-42 N22 导线表

导 线 号	发 点		到 点	
	元器件位号	引脚号	元器件位号	引脚号
1	K8	6	K9	6
2	K8	6	N22X1	32
3	R8	1	N22X1	32
4	R8	2	V8	+
5	K8	5	V8	-
6	K9	5	V8	-
7	N22X10	36	N22X1	36
8	N22X10	24	K8	10
9	K9	10	K8	10
10	K9	10	K9	20
11	K9	11	K9	21
12	K8	11	K9	21
13	K8	11	N22X10	26

表 3-43 N22 元器件目录

位 号	名 称	位 号	名 称
N22X1	插座	K8	继电器
N22X10	插座	K9	继电器

（2）分析准备

① 审核和消化数据

阅读各设备的设计任务书、技术说明书、电路图，理解各设备的电路结构和功能；阅读电缆网接线表，了解电缆束的长度等特性。阅读这些资料，直到完全掌握各设备的设计要求、构成、功能、电路原理等，掌握电缆网的连接关系及电气参数。

② 预处理

由于被分析系统明确，较简单，不需要进行简化处理。

（3）生成网络森林

① 系统定义及各种设置数据输入

划分边界表如表 3-44 所示。

可断电连接器设置如表 3-45 所示。

表3-44　划分边界表

边界点标号	追 踪 点			备　注
	设备位号	元器件位号	引脚号	
+D	N22	N22X10	24	供电母线1
+D1	N22	N22X10	26	供电母线2
-D	N22	N22X10	36	供电返回
+J	N22	K8	5	供电点3

表3-45　可断电连接器设置

电 连 接 器	针 孔 数	电连接器头	电连接器座
STX1	111	STX1[TK]	STX[ZJ]

② 网络森林生成

基于上述设备的导线表、元器件目录以及系统定义及各种设置数据输入，利用某潜在通路分析软件生成7个网络树图，如图3-26所示。

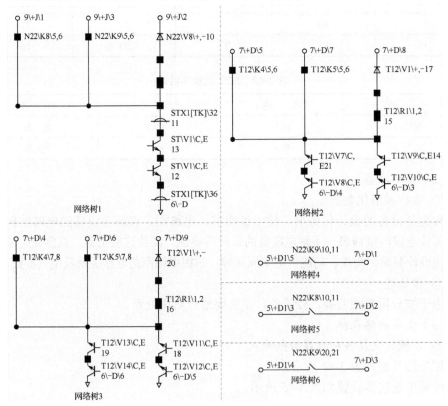

图 3-26　网络树图

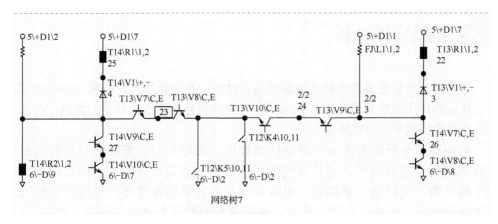

图 3-26　网络树图（续）

（4）应用线索表进行分析

对于图 3-26 中的 7 棵网络树及其组合，应用线索表进行分析，判定实际设计是否完全满足设计要求及设计意图。以图 3-26 中的网络树 7 为例，该树中存在多个 H 形拓扑结构。H 形拓扑结构线索如表 3-46 所示。

表 3-46　H 形拓扑结构线索

标识符	
线索标题	H 形横杆上的反向电流
线索类型	工程拓扑结构线索
适用对象	H 形
线索内容	是否存在 H 形的电路拓扑结构；横杆上是否存在反向电流
线索说明	电路设计中，应当尽量避免使用 H 形的电路拓扑结构。H 形电路中，最容易产生问题的是横杆上的电路。横杆上的元器件会承受双向电流。双向电流可能产生的后果有：非期望地激励接地边上的负载和横杆上的负载、让横杆上的元器件承受反向电流进而导致损伤甚至永久性损坏

分析该网络树，结合该型电路系统的实际运行情况，确认在横杆上的元器件确实承受双向电流的情况，如果确认这是设计所不允许的，即可判定它为潜在电路。

采用同样的分析方法，完成对其他网络树、网络树组合直至整个电路系统的分析。

（5）分析结论

分析人员将发现的潜在电路与设计人员进行交流确认，即对初步分析结论进行反馈交流，双方对结论达成一致意见后，组织对分析报告进行评审验收。具体过程略。

3.8 电路容差分析

电路容差分析是预测电路性能参数稳定性的一种分析技术，研究电路的组成部分在规定的使用温度范围内其参数偏差和寄生参数对电路性能容差的影响，并根据分析结果提出相应的改进措施。

电路容差分析应考虑由于制造的离散性、温度和退化等因素引起的元器件参数值变化。应检测和研究某些特性如继电器触点动作时间、晶体管增益、集成电路参数、电阻器、电感器、电容器和组件的寄生参数等，也应考虑输入信息如电源电压、频率、货款、阻抗、相位等参数的最大变化（偏差、容差），信号以及负载的阻抗特性。应分析诸如电压、电流、相位和波形等参数对电路的影响，还应考虑在最坏情况下的电路元件的上升时间、时序同步、电路功耗以及负载阻抗匹配等。

电路容差分析的工作量大，因此一般仅在可靠性、安全性关键电路上应用。电路容差分析的最佳时机应在完成电路初步设计，获得设计、材料、元器件等方面详细信息后，一般在完成 FMECA 之后进行，此时已明确了产品的主要设计薄弱环节；同时在产品研制过程中，当电路设计更改后，应重新进行电路容差分析。

3.8.1 电路容差分析方法

目前，工程上常用的电路容差分析方法有试验法、最坏情况电路分析法、蒙特卡罗分析法、阶矩法等。电路容差分析方法对比如表 3-47 所示。

表 3-47 电路容差分析方法对比

名 称	一般描述	电路模型	电路组成部分参数取值	分析结果	适用范围	优 缺 点
试验法	在最坏条件（如环境、工作状态）下，通过试验测得实际偏差来进行容差分析的方法	不需要	额定偏差值（包括标准值及偏差范围）	测试数据	适用于可靠性要求较高的电路	不需要建立电路数学模型，但必须在实际电路上才能进行试验
最坏情况电路分析法	在电路组成部分参数最坏组合情况下，分析电路性能参数偏差的一种非概率统计方法	需要	额定偏差值或寿命结束时的极限值	电路性能参数偏差	见表 3-48	简单、直观，但分析结果偏于保守

续表

名　　称	一　般　描　述	电路模型	电路组成部分参数取值	分析结果	适用范围	优　缺　点
蒙特卡罗分析法	当电路组成部分参数服从某种分布时，由其抽样值分析电路性能参数偏差的一种统计分析方法	需要	额定偏差的分布值	电路性能参数的分布特性	可靠性要求较高的电路	最接近实际情况，能使用 CAD 工具辅助分析，但计算较复杂
阶矩法	根据电路组成部分参数的均值和方差分析电路性能参数偏差的概率统计方法	需要	均值和方差	电路输出参数均值、方差及容许偏差出现的概率	线性电路或非线性电路	能反映实际情况，能使用 CAD 工具辅助分析，但计算较复杂

其中，最坏情况电路分析法又分为极值分析（EVA）法、平方根分析（RSS）法、蒙特卡罗（M-C）法和阶矩法，各方法的对比情况如表 3-48 所示。

表 3-48　EVA、RSS、M-C、阶矩法比较情况

方　　法	优　　点	缺　　点	适　用　范　围
EVA	a）容易得到电路最坏情况性能结果；b）不需要电路参数的统计输入数据	a）产生电路最坏情况性能最保守的估计；b）需要元器件极值数据或数据库	直接代入法：电路性能函数在工作点可微且变化较大、设计参数变化范围较大或最坏情况电路分析精度要求不高的场合 线性展开法：电路性能函数在工作点可微且变化较小、设计参数范围较小或最坏情况电路分析精度要求较高的场合
RSS	不要求参数的分布类型	a）需要电路参数概率分布的标准差；b）假设在参数偏差值域内电路灵敏度保持常数	已知元器件参数分布的场合
M-C	最坏情况的最真实估计	a）需要电路参数的概率分布及其分布参数；b）需要使用计算机	复杂电路且有分析软件工具的场合
阶矩法	能反映实际情况	计算较复杂	线性或非线性电路（仅当电路组成部分参数的随机漂移在标称值 X_0 附近不大范围内时）

（1）极值分析（EVA）法

极值分析法有直接代入法和线性展开法两种。直接代入法将设计参数的偏差值

按最坏情况组合直接代入电路的网络函数表达式 $Y = f(X_1, X_2, \cdots, X_n)$，求出性能参数的上限值和下限值；线性展开法将电路的网络函数在工作点附近展开并取偏导数，简化为线性关系式，求出电路性能参数的变化范围。

EVA 法实施的基本步骤如下：

- 给出每个元器件参数的最坏情况极大值；
- 给出每个元器件参数的最坏情况极小值；
- 给出电路性能参数方程；
- 给出最坏情况参数组合（最大值的组合和最小值的组合）；
- 根据电路方程计算最坏情况性能（最大值和最小值）；
- 进行比较分析，若最坏情况最大值和最小值均在规定的性能范围内，则表明电路通过极值分析，分析工作结束；否则，提出相应的改进措施及建议。

（2）平方根分析（RSS）法

该方法的一个基本假设是电路性能服从正态分布。要求输入的是所有参数的概率分布的均值和标准差，且各参数相互独立。分析结果是电路性能参数的均值和标准差，从而得到给定概率条件下的电路性能参数的最坏情况范围。

（3）蒙特卡罗（M-C）法

M-C 法是当电路组成部分的参数服从某种分布时，由电路组成部分参数抽样值分析电路性能参数偏差的一种统计分析方法。

实施方法是：按电路包含的元器件及其他有关量的实际参数 X 的分布，对 X 进行第一次随机抽样 X_1，其抽样值记为 $(X_{11}, \cdots, X_{1m})$，将其代入电路性能参数表达式，得到第一个电路性能参数的随机抽样值 $Y_1 = (X_{11}, \cdots, X_{1m})$，如此反复，得到 n 个随机值。然后，对 Y 进行统计分析，画出直方图，求出电路性能参数 Y 出现在不同偏差范围内的概率。

该方法计算工作量较大，通常要借助 EDA 工具完成，基本步骤如下。

- 明确电路最坏情况要求；
- 建立电路模型；
- 确定每个参数的概率分布及其参数值；
- 确定抽样次数 n；
- 产生元器件参数分布的伪随机数；
- 应用 EDA 工具分析电路性能值；
- 应用 EDA 工具对电路性能值进行统计分析；
- 结果分析及结论和建议。

（4）阶矩法

阶矩法对电路进行容差分析的具体做法如下。

● 给出电路组成部分参数的均值 m_{x_i} 和方差 $\sigma_{x_i}^2$；

● 求出电路性能参数的均值 m_y 和方差 σ_y^2，分析电路性能参数容许偏差出现的概率。

当 $Y=f(X_1,\cdots,X_n)$ 在工作点附近变化不大且 $(X_1,\cdots,X_n)$ 相互独立时，电路性能参数的均值与方差分别为：

$$m_y = f(m_{x_1},\cdots,m_{x_n}) + \frac{1}{2}\sum_{i=1}^{n}\left(\frac{\partial^2 f}{\partial X_i^2}\right)\Big|m_{x_1},\cdots,m_{x_n}\cdot\sigma_{x_i}^2$$

$$\sigma_y^2 = \sum_{i=1}^{n}\left(\frac{\partial f}{\partial X_i}\right)^2\Big|m_{x_1},\cdots,m_{x_n}\cdot\sigma_{x_i}^2 + \frac{1}{2}\sum_{i=1}^{n}\left(\frac{\partial^2 f}{\partial X_i^2}\right)^2\Big|m_{x_1},\cdots,m_{x_n}\cdot\sigma_{x_i}^4$$

根据电路性能参数的均值 m_y、方差 σ_y^2 以及容许偏差要求，可以分析容许偏差的出现概率。

一般容许偏差要求以 $K\sigma_y$ 的形式给出，K 一般为给定的 4 以下的正整数。

当电路组成部分参数及其他有关量 X_i 均为正态分布，且电路性能参数也为近似正态分布时，可借助标准正态分布表对应参数漂移范围分析它出现的概率，或者给定出现概率预测参数的允许漂移范围。

$$P_r\{(m_y - K\sigma_y) < Y < (m_y + K\sigma_y)\} = \Phi(K) - \Phi(-K)$$

式中：P_r ——性能参数在偏差容许范围内的出现概率；

$\Phi(K)$、$\Phi(-K)$ ——标准正态分布函数。

当电路性能参数不近似为正态分布时，可以采用其他分析方法，例如蒙特卡罗法，来进行电路容差分析。

3.8.2　电路容差分析流程

电路容差分析流程如图 3-27 所示。

（1）确定待分析电路

根据电路的重要性、经费与进度等限制条件以及 FMECA 或其他分析结果来确定需要进行容差分析的关键电路。主要有：

① 严重影响产品安全的电路；

② 严重影响任务完成的电路；

③ 价格昂贵的电路；

④ 采购或制作困难的电路；

⑤ 需要特殊保护的电路。

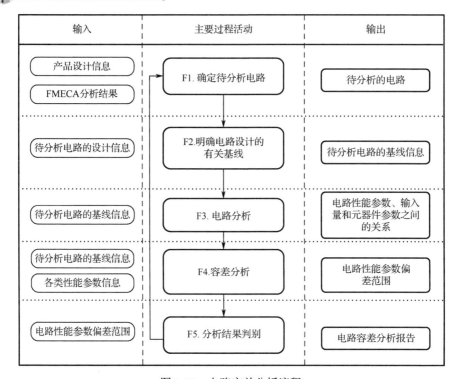

输入	主要过程活动	输出
产品设计信息 FMECA分析结果	F1. 确定待分析电路	待分析的电路
待分析电路的设计信息	F2.明确电路设计的有关基线	待分析电路的基线信息
待分析电路的基线信息	F3. 电路分析	电路性能参数、输入量和元器件参数之间的关系
待分析电路的基线信息 各类性能参数信息	F4. 容差分析	电路性能参数偏差范围
电路性能参数偏差范围	F5. 分析结果判别	电路容差分析报告

图 3-27　电路容差分析流程

输入：产品设计信息、FMECA 分析结果等；

输出：待分析的电路。

（2）明确电路设计的有关基线

对电路设计的有关基线进行明确，主要包括：

① 被分析电路的功能和使用寿命；

② 电路性能参数及偏差要求；

③ 电路使用的环境应力条件（或环境剖面）；

④ 元器件参数的标称值、偏差值和分布；

⑤ 电源和信号源的额定值与偏差值；

⑥ 电路接口参数。

输入：待分析电路的设计信息；

输出：待分析电路的基线信息。

（3）电路分析

对电路进行分析，得出在各种工作条件及工作方式下电路的性能参数、输入量和元器件参数之间的关系。

输入：待分析电路的基线信息；

输出：电路性能参数、输入量和元器件参数之间的关系。

（4）容差分析

容差分析工作内容主要包括：

① 根据已确定的待分析电路的具体要求和条件，适当选择一种具体的分析方法；

② 根据已明确的电路设计的有关基线按选定的方法对电路进行容差分析，求出电路性能参数的偏差范围，找出对电路性能影响敏感较大的参数并进行控制，使电路满足要求。

输入：待分析电路的基线信息、各类性能参数信息；

输出：电路性能参数偏差范围。

（5）分析结果判别

将容差分析所得的电路性能参数的偏差范围与规定偏差要求进行比较，根据结果撰写电路容差分析报告。

输入：电路性能参数偏差范围；

输出：电路容差分析报告。

3.8.3 电路容差分析要点

电路容差分析要点如下：

① 电路容差分析一般在研制阶段的中后期开展，此时已经具备了电路的详细设计资料；

② 电路容差分析工作应该以设计人员为主来完成，并在可靠性技术人员的配合下完成容差分析报告；

③ 在应用最坏情况分析法时，要注意在设计参数变化范围内电路性能参数的变化趋势是否单调。若不单调，则应用线性展开法和直接代入法得到的边界值不一定是最坏结果。此时，应补充计算出电路性能参数在设计参数变化范围内的所有极值，然后结合边界值，从中找出电路性能参数的最坏结果；

④ 尽可能采用成熟的 EDA 软件实现自动化的容差分析，不仅可以提高分析的精度，而且可以降低复杂电路的分析难度；

⑤ 为了简化手工计算的工作量，可以根据经验来确定容差分析必须考虑的重要设计参数，以缩小分析范围；

⑥ 对于容差分析合格的电路，当设计改动时，应该再次进行容差分析；

⑦ 对于容差分析中发现不合格的电路，首先应当考虑减少那些具有最大灵敏度的设计参数的偏差范围。接下来，根据各个设计参数的灵敏度大小，逐步对其余设计参数的偏差范围进行缩减；

⑧ 当采用缩小设计参数偏差范围的改进方法仍然不能满足要求时，应该考虑重

新选择设计参数的标称值，使系统性能参数更稳定。如果没有更合理的设计参数供选择，则应考虑修改电路的结构设计，采用更合理的电路结构来实现相同的功能。

3.8.4　某型带通滤波器电路容差分析示例

　　某型带通滤波器电路是构成某信号采集处理系统的重要组成部分，用于实现将某特定频率的信号从其他低频信号中分离出来。由于能否正确分离出特性信号完全取决于带通滤波器的特性，因此选择该电路作为关键电路进行容差分析。

　　带通滤波器电路图如图 3-28 所示。其中有三个激励源 U_1、U_2、U_3，U_1 和 U_2 是电路的直流电源，提供+15V 电源 VCC 和-15V 电源 VEE，U_3 是电路测试所用的标准信号源，提供 IV 的频率可变的交流电压信号。其余的元器件均为必要组成部分。

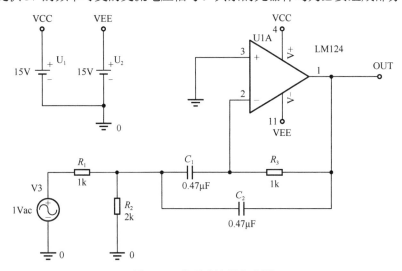

图 3-28　带通滤波器电路图

　　（1）确定待分析电路

　　某型带通滤波电路是构成某信号采集处理系统的重要组成部分，用于将某特定频率的信号从其他低频信号中分离出来。由于能否分离出特性信号完全取决于带通滤波器的特性，因此选择该电路作为关键电路进行容差分析。

　　（2）明确电路设计的有关基线

　　根据信号采集处理系统的技术协议的归档，当工作温度稳定在 30℃的条件下时，要求带通滤波器的带通中心频率在 400～500Hz。

　　（3）电路分析

　　根据工程经验，在带通滤波器电路中，影响到带通中心频率漂移的主要设计参数及其偏差范围如表 3-49 所示。

表 3-49 带通滤波器电路的主要设计参数及其偏差范围

序　号	参数名称	参数标识	标称值	偏差范围/%
1	电阻 1	R_1	1kΩ	±5
2	电阻 2	R_2	2kΩ	±5
3	电阻 3	R_3	1kΩ	±5
4	电容 1	C_1	0.47μF	±5
5	电容 2	C_2	0.47μF	±5
注：标称值是以工作温度30℃为基准的，偏差分布符合正态分布				

（4）容差分析方法选择

由于该电路带通特性的解析数学模型较为复杂，手工计算工作量较大，并考虑到有条件使用 PSPICE 软件，因此选择蒙特卡罗分析法进行容差分析。

（5）容差分析过程

① 建立电路的仿真模型

在 PSPICE 中建立的电路仿真模型与图 3-28 相同。采用交流分析方法确定电路的中心频率标称值，仿真结果中的电压（OUT）曲线如图 3-29 所示。根据该图可以得到中心频率的标称值为 449.55Hz。

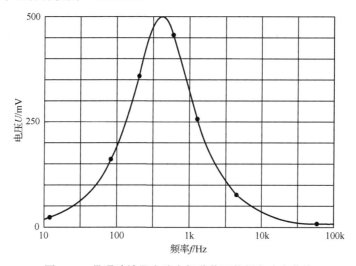

图 3-29 带通滤波器电路在标称值下的频率响应曲线

② 设置元器件参数的偏差

针对提供的设计参数，在元器件的参数模型中设置相应的偏差值。所有参数的偏差分布类型设置为正态分布。考虑到正态分布下的均方差为偏差量的 1/3，因此取 1.7% 作为均方差，并在 PSPICE 中进行设置。

③ 设置抽样次数和种子数

设置仿真次数为 300 次，种子数取 PSPICE 默认数值（软件默认值为 17533）。

④ 执行蒙特卡罗仿真

得到的仿真结果如图 3-30 所示。

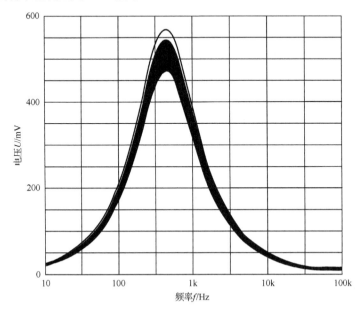

图 3-30　带通滤波器电路频率响应曲线的蒙特卡罗仿真结果

⑤ 执行直方图分析

中心频率对应的直方图和统计结果如图 3-31 所示。在对 300 个中心频率样本值进行统计分析时，划分为 10 个小区间，然后统计落在每个小区间内的中心频率样本数量与总数 300 的百分比。

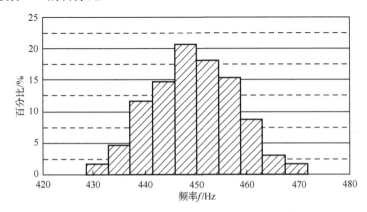

图 3-31　带通滤波器电路中心频率的直方图结果

⑥ 性能参数统计结果

根据直方图分析，中心频率的统计结果如表 3-50 所示。

表 3-50 中心频率的统计结果

名 称	数 值	名 称	数 值	名 称	数 值
抽样次数	300	均方差	8.16473	中值	449.281Hz
区间数	10	最小值	428.624Hz	90%位值	459.942Hz
均值	449.552Hz	10%位值	438.83Hz	最大值	471.599Hz

⑦ 分析结果判别

根据 300 次蒙特卡罗仿真和直方图分析结果，带通滤波器电路的中心频率变化范围在 428.624～471.599Hz，满足技术协议提出的 400～500Hz 范围要求，因此该带通滤波器电路设计合格。

3.9 元器件选用控制

控制元器件的选择和使用，即从可靠性角度对元器件进行优选，并做到正确使用和控制管理，以保证产品的固有可靠性和提高使用可靠性，降低保障费用和寿命周期费用。

元器件的选择与控制适用于所有包含有元器件的电子产品和机电产品，该项工作从型号初期就应着手，并贯穿型号研制全过程。

3.9.1 元器件选用的原则与顺序

（1）选用的原则

① 优先选用"优选目录"中给出的元器件、零部件和原材料；

② 元器件、零部件和原材料技术标准（包括技术性能指标、质量等级等）应满足装备的要求；

③ 选用经实践证明质量稳定、可靠性高、有发展前途的标准元器件、标准零部件和原材料，不允许选用淘汰品种以及按规定禁用的元器件；

④ 应最大限度地压缩元器件、零部件和原材料品种、规格和承制厂商；

⑤ 在满足性能、质量要求的前提下，应优先选用国产元器件、原材料；

⑥ 优先选用有质量保证、供货稳定、通过国家认证合格的承制厂商。

（2）选用的顺序

① 国产元器件选用顺序

● "元器件优选目录"中的元器件。"元器件优选目录"应由装备总体部门或型号总体单位制订；

● 经军用电子元器件质量认证委员会认证合格的"军用合格产品目录"及"军用电子元器件合格制造厂目录"中的元器件；

● 符合要求、能够稳定供货的"七专"定点厂生产的元器件；

● 符合行业部标、企业军标（经权威机构批准）的元器件；

● 有使用经验，符合装备使用环境条件的其他元器件。

② 进口元器件选用顺序

● "元器件优选目录"中的元器件；

● 国外权威机构的合格产品目录（QPL）/元器件优选目录（PPL）中的元器件；

● 有可靠性指标的元器件或经过严格老炼筛选的高可靠元器件；

● 选择国外著名元器件生产厂商和良好信誉代理商提供符合装备要求的元器件（合格供方目录）。

③ 零部件和原材料选用顺序

选用顺序是：零部件和原材料基本选用目录、符合国军标的零部件和材料，符合国标的零部件和材料、合格供方目录的零部件和材料。

3.9.2　元器件选用控制流程

元器件选用控制流程如图 3-32 所示。

（1）元器件选用

按照所设计的产品信息，根据元器件优选目录及相关选用原则进行元器件的选用，对于优选目录外的元器件选用，必须按规定办理审批手续。

输入：产品设计信息、元器件优选目录及元器件选用原则；

输出：元器件选用清单。

（2）元器件采购

根据给出的元器件选用清单，按照元器件采购规范或要求，从合格供货商目录中选取合适的生产厂商，编写采购合同，进行采购工作。

输入：元器件选用清单、元器件采购规范或要求；

输出：选定的供应商。

（3）下厂监制和验收

对于供应商生产的元器件，应对元器件的生产过程进行监制；对于待出厂的元器件，应开展验收工作，验收工作应在元器件通过各项交付试验且有完整质量证明文件后开展。

　　输入：供应商生产的元器件；

　　输出：出厂合格的元器件。

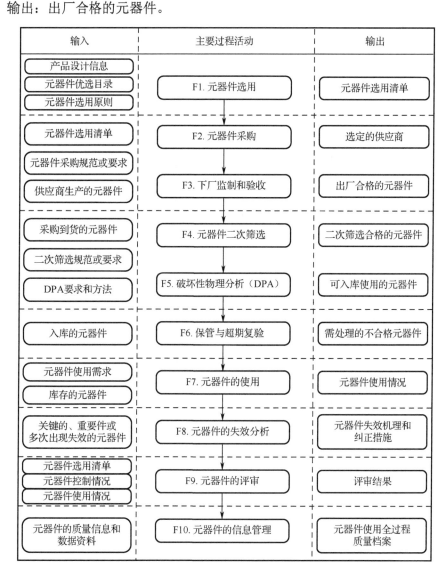

图 3-32　元器件选用控制流程

（4）元器件二次筛选

　　在采购的元器件到货后，应按型号元器件二次筛选规范或要求对各批次的元器件进行二次筛选，以进一步剔除有缺陷的元器件。

　　输入：采购到货的元器件、二次筛选规范或要求；

输出：二次筛选合格的元器件。

（5）破坏性物理分析（DPA）

除了二次筛选，还应按照 GJB 4027 的要求和方法开展元器件破坏性物理分析，对于存在缺陷且不可筛选的元器件批次，则不得装机使用。

输入：采购到货的元器件、DPA 要求和方法；

输出：可入库使用的元器件。

（6）保管与超期复验

经二次筛选和 DPA 合格的元器件，应保管到受控库房内，且需做到按分类、分批、不同质量等级等要求分别进行保管。对有定期测试要求或超储存器的元器件，应按相关要求进行检查和处理。

输入：入库的元器件；

输出：需处理的不合格元器件。

（7）元器件的使用

根据实际的产品生产需求，调用元器件进行装配使用，并完成通电调试，记录元器件的使用情况。

输入：元器件使用需求、库存的元器件；

输出：元器件使用情况。

（8）元器件的失效分析

对于产品中的关键件、重要件或多次出现失效的元器件，应开展针对性的失效分析，以便了解元器件的失效机理并采取有效的纠正措施。

输入：关键件、重要件或多次出现失效的元器件；

输出：元器件失效机理和纠正措施。

（9）元器件的评审

对于元器件的选用、管理以及使用等情况，装备研制单位应邀请行业专家进行评审，评审内容主要包括：①元器件的选择是否从优选目录选用？对关键、重要元器件的选择是否符合要求？②是否按规定进行了元器件验收、复验、二次筛选和破坏性物理分析？③元器件的使用是否符合要求？④元器件失效分析、信息反馈以及纠正措施是否落实？

输入：元器件选用清单、控制情况以及使用情况；

输出：评审结果。

（10）元器件的信息管理

对于元器件的全寿命周期相关信息和数据资料，应按型号元器件质量管理办法进行信息管理，并建立全过程质量档案。该档案应提供必要的查询功能，包括：元器件信息查询、元器件质量数据查询、合格供应商查询等。

输入：元器件的质量信息和数据资料；

输出：元器件使用全过程质量档案。

3.9.3 元器件选用控制要点

元器件使用全过程管理的重点是元器件选择，应予以充分重视。元器件的选择除了选择适用的功能和技术参数外，还应了解元器件是否经过优选、质量等级是否符合规定、元器件是否进行了降额使用，以及选用的元器件工作环境是否满足产品的要求等。

型号元器件优选目录的制订要求在产品研制早期（方案设计阶段）完成。通常有些型号的元器件优选目录不能达到上述要求，因此型号元器件优选目录的指导和控制元器件选择的作用就受影响，另外有些型号将元器件优选目录理解为型号各产品选用目录的汇总，造成元器件品种、规格繁多，以至影响产品质量。

可靠性指标要求高的产品所使用的元器件以及一些起关键作用和具有重要功能的元器件应选高质量等级的。对于关键和重要元器件的选择，要求通过评审，并进行下厂监制、验收，进行破坏性物理分析，如有失效，应做好失效分析。

"七专"元器件的选用，需要查看"七专"元器件的质量等级情况（从低到高）："七九〇五质量控制技术协议"的七专、"QZJ8406XX 技术条件"的七专、"QZJ8406XXA 技术条件（加严）"的七专。在选择和采购时应注意不同的质量等级情况。

3.10 耐久性分析

耐久性是产品在规定的使用、贮存与维修条件下，达到极限状态之前，完成规定功能的能力。耐久性是可靠性的一种特殊情况，它和一般可靠性的区别是用损耗故障发生之前的时间（寿命）来度量，如首次大修期、大修间隔期限、贮存寿命等参数。

耐久性分析是通过分析产品在预期的寿命周期内的载荷与应力、结构、材料特性、故障模式和故障机理等来确定与损耗故障有关的设计问题，并预计产品使用寿命的一种过程和方法。

耐久性分析适用于各类型、各层次产品的工作寿命和贮存寿命研究，它可用于产品设计、识别产品的故障规律，从而决定材料、零部件的选用和设计；还可度量产品的寿命，用于产品的定寿或延寿评定。

耐久性分析可以在零部件或工艺规程被确认后的任何时间内进行，最好在设计/研制初期就对关键件进行耐久性分析。要想确定或延长产品的使用寿命，必要时应

在产品设计/研制期间，或在产品接近耗损之前进行。

3.10.1　耐久性分析模型和方法

耐久性分析模型和方法主要包括：威布尔分析法、经验模型法、累积损伤法则、应力-强度干涉模型等，各模型和方法对比如表 3-51 所示。

表 3-51　耐久性分析模型和方法对比

分析模型或方法	方法描述	适用对象	计算公式
威布尔分析法	基于试验数据或观测数据，利用威布尔分析确定和估计零部件寿命或耐久度	以疲劳、磨损、腐蚀失效模式为主的零部件	耐久度 $$\gamma(t)=\exp\left[-\left(\frac{t-t_0}{\eta}\right)^m\right]$$
经验模型法	利用已知的损耗规律经验模型，估算零部件的寿命或耐久度	已有经验模型的通用零部件	如轴承寿命经验公式 $$L_{10}=\left(\frac{C}{P}\right)^K\times10^6$$
累积损伤法则	采用 Miner 累积损伤法则，结合零件疲劳损伤的 S-N 曲线，估算其寿命	疲劳损伤的机械零部件	零部件疲劳寿命 $$T=\frac{aN_0(\sigma_{\min}/S)^m}{\sum_{i=1}^{k}n_{oi}\sigma_j^m}T_0$$
应力-强度干涉模型	把应力和强度作为服从不同概率分布规律的随机变量处理，当两个变量的分布范围发生干涉（重叠）时，即出现应力大于强度的概率时就会发生故障，计算出应力大于强度的概率也就是发生故障的概率	已知应力、强度概率分布和参数值的零部件	可靠度 $R=P\{S>L\}=P\{S-L\}$ 应力、强度都服从正态分布，可靠度为 $$R=\varPhi\left[\frac{\mu_S-\mu_L}{\sqrt{\sigma_S^2+\sigma_L^2}}\right]$$

3.10.2　耐久性分析流程

耐久性分析流程如图 3-33 所示。

（1）规定工作寿命和非工作寿命要求

根据产品的研制合同（技术协议）和设计信息，确定工作与非工作期间所期望或所需要的产品的寿命时间或循环数。

输入：产品的研制合同（技术协议）和设计信息；

输出：产品期望的寿命时间或循环数。

（2）定义环境条件

根据产品的研制合同（技术协议）和使用信息，确定产品寿命期间所承受的温度、湿度、振动以及其他载荷参数，以便量化环境载荷及变化幅度。

输入：产品的研制合同（技术协议）和使用信息；

输出：产品寿命期间的载荷参数（如温度、湿度、振动等）。

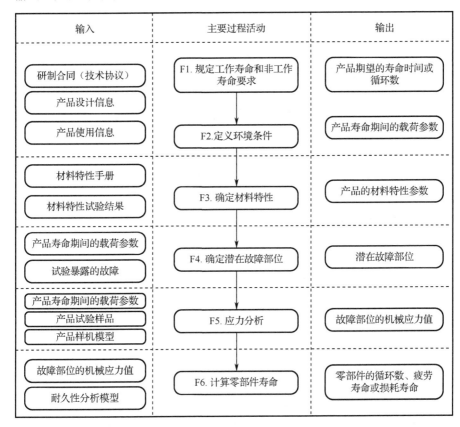

图 3-33 耐久性分析流程

（3）确定材料特性

依据公开出版的手册确定产品的材料特性，如考虑采用特殊材料，则需进行专门的试验。

输入：材料特性手册、材料特性试验结果；

输出：产品的材料特性参数。

（4）确定潜在故障部位

潜在故障部位通常假定为应用新材料、新产品或新技术的结构或设计，考虑的因素包括严重变形部位、高温循环部位、高热膨胀部位、腐蚀敏感部位和试验暴露的故障等。应根据产品寿命期间载荷情况及相关试验对上述潜在故障部位进行充分识别。

输入：产品寿命期间的载荷参数、试验暴露的故障；

输出：潜在故障部位。

（5）应力分析

采用试验应力分析或有限元分析进行详细的应力分析，以得出每个可能故障部位的机械应力值。

输入：产品寿命期间的载荷参数、产品试验样品、产品样机模型；

输出：故障部位的机械应力值。

（6）计算零部件寿命

利用材料手册提供的疲劳循环曲线（S-N）或腐蚀、磨损模型估算可能达到的循环数，以及疲劳寿命或损耗寿命。

输入：故障部位的机械应力值、耐久性分析模型；

输出：零部件的循环数、疲劳寿命或损耗寿命。

3.10.3　耐久性分析要点

耐久性分析要点如下：

① 应尽早对关键零部件或已知耐久性问题进行耐久性分析；

② 应通过评价产品寿命周期载荷与应力、产品结构、材料特性和故障机理等进行耐久性分析；

③ 随着产品设计的进展，耐久性分析应迭代进行；

④ 需掌握产品详细的材料特性、环境应力水平、工作参数等基础数据信息；

⑤ 耐久性分析是费时、费钱的工作，一定要事先做好计划，根据产品的特点，选择恰当的分析模型和试验方法；

⑥ 耐久性是针对产品损耗故障的一种特性，因此在进行耐久性分析时，仅将损耗故障作为关联故障。

3.11　可靠性仿真分析

对于庞大、复杂的系统，其各分系统、组合、元器件、零件都有不同的失效类型和故障模式，传统的分析方法研究十分困难。而可靠性仿真作为一种新兴的可靠性技术正在兴起，可以较好地解决这一问题。

进行可靠性仿真需要满足一定的条件：一是组成系统中各个单元及其相应的随机变量的理论分布已经确定；二是能对相应的理论分布产生各种随机变量；三是判定系统成功或失效的各种具体规则已经确立。由此可见，进行可靠性仿真，主要是确定系统中各个组成单元相应的随机变量的理论分布，以及建立判定系统成功或失效的各种具体规则。

可靠性仿真既可以应用于可靠性设计、分析，也可以应用于可靠性试验；既可以应用于可靠性统计试验，又可以应用于可靠性工程试验；既可以先对各分系统，如电气、液压等重点分系统进行可靠性仿真，进而依据这些结果对全系统进行可靠性仿真；也可以直接对全系统进行可靠性仿真，具有广泛的应用范围。

可靠性仿真在不同的研制阶段也具有不同的做法。在方案论证阶段，可以利用可靠性设计手册提供的可靠性预计数据、可靠性分配数据、相似产品或经验数据进行仿真试验，针对系统给出比较粗略的估计；在工程研制阶段，就可以利用有关的试验数据进行仿真试验，通过修改实际系统，可以提高系统可靠性水平，通过对仿真结果的统计分析，可以实现对系统可靠性的精确评估；在产品使用阶段，通过对发生故障的复现、排除，实现对产品的改进设计。

3.11.1 可靠性仿真基本原理

进行可靠性仿真需要满足一定的条件：一是组成系统中的各个单元及其相应的随机变量的理论分布已经确定；二是能够针对相应的理论分布产生各种随机变量；三是判定系统成功或失效的各种具体规则已经确立。

进行可靠性仿真，主要是确定系统中各个组成单元相应的各种随机变量的理论分布，以及建立判定系统成功或失效的各种具体规则。这些规则，实际上就是系统与组成系统的各个单元成功、失效的相互关系，也就是系统的可靠性模型。因此，对于简单的可靠性模型，可以通过单元的理论分布直接求系统的理论分布，从而求得系统的可靠性，无须通过可靠性仿真过程。对于能够产生相应理论分布的随机数，按照判定规则确定成功或失效，这完全可以由计算机承担。

3.11.2 可靠性仿真分析方法

所谓仿真，就是利用模型代替实际系统进行试验。按照模型的不同，仿真可分为数学仿真、物理仿真、半实物仿真三种。三种方法根据不同的需要应用在不同场合或阶段。随着仿真技术的不断发展，仿真技术应用到了可靠性研究上，形成了可靠性仿真。

针对可靠性研究的特点，可靠性仿真一般采用数学仿真方法。所谓数据仿真就是用数学模型代替实际系统在计算机上进行试验。与其他方法相比，数学仿真具有以下优点。

● **精度高。**仿真计算机是数学仿真的主要硬件设备，随着仿真计算机技术的发展，计算机运算精度有了很大提高，这保证了试验结果的精确性。同时，数学仿真试验结果的逼真度和置信度，主要依赖于建立的数学模型的准确性。现有的可靠性和仿真技术已经能较好地解决可靠性建模这一问题。

- 对计算机要求较低。可靠性仿真不要求实时仿真，因此在一般的个人计算机、工作站上就可以进行，而不需专门的、昂贵的仿真机（小型机、巨型机等）。这一点更有利于可靠性仿真工作的开展。

- 难度较低。可靠性数学模型作为计算机上运行的仿真模型，可以直接利用系统数学模型中各种坐标系及其变换关系进行，不必考虑因实物接入而带来的各坐标系之间的协调转换，降低了实现仿真的难度。

- 成本低。数学仿真突出的优点之一，就是所有试验封闭在计算机上进行，它不需要实物的参与，又可以进行大类的重复性的试验，节省了可靠性工程经费的投入。可靠性仿真特别适用于可靠性统计试验。

3.11.3 可靠性仿真分析流程

可靠性仿真分析流程如图 3-34 所示。

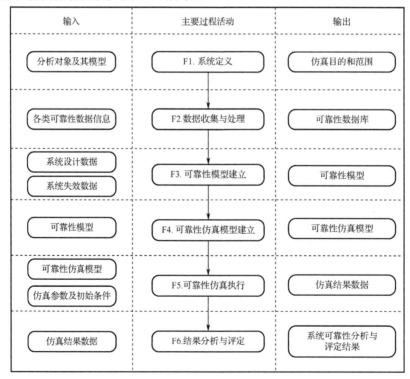

图 3-34 可靠性仿真分析流程

（1）系统定义

根据所选定的分析对象及其模型，确定可靠性仿真的目的和范围。

输入：分析对象及其模型；

输出：仿真目的和范围。

（2）数据收集与处理

广泛收集可靠性仿真分析所需的数据信息，对数据进行加工、处理，得出各分系统以及各分系统内元器件、组合、部件等的寿命分布类型和可靠性参数值，从而建立系统的可靠性数据库。

输入：各类可靠性数据信息；

输出：可靠性数据库。

（3）可靠性模型建立

利用系统的热设计、冗余设计、降额设计，以及积累零件、元器件、部件、组合和分系统的失效模式等数据，采用可靠性框图、FTA 等手段，建立可靠性模型。

输入：系统设计数据及系统失效数据；

输出：可靠性模型。

（4）可靠性仿真模型建立

根据可靠性模型的形式、计算机类型以及试验要求将可靠性模型转变为适合计算机处理的形式，即可靠性仿真模型，并依据有关参数进行仿真模型的验证，确定模型的有效性。

输入：可靠性模型；

输出：可靠性仿真模型。

（5）可靠性仿真执行

依据仿真目的，输入可靠性仿真参数、初始条件，在可靠性仿真模型上进行大量仿真试验，并收集仿真结果数据。

输入：可靠性仿真模型、仿真参数及初始条件；

输出：仿真结果数据。

（6）结果分析与评定

对于复杂的随机过程，一般采用蒙特卡罗法等统计方法，通过选择不同的随机初始条件和随机输入函数，对可靠性仿真系统进行大量的统计计算，并得出系统变量的统计特性。

输入：仿真结果数据；

输出：系统可靠性分析与评定结果。

第4章

装备可靠性试验与评价

4.1 可靠性试验分类及内容

对于不同的产品，为了达到不同的目的，可以选择不同的可靠性试验方法。可靠性试验有多种分类方法，以环境条件来划分，有模拟试验和现场试验；以试验目的和用途来划分，有工程试验和统计试验；以试验项目来划分，有环境试验、寿命试验、加速试验和各种特殊试验。下面给出几种分类方法，并简要说明各类可靠性试验的内涵和用途。

4.1.1 一般分类

按照通常惯用的分类法，可将可靠性试验归纳为环境试验、可靠性增长试验、可靠性增长摸底试验、HALT/HASS（高加速极限试验/高加速应力筛选）、筛选试验、可靠性测定试验、鉴定验收试验、寿命试验、可靠性研制试验、现场统计试验等，可靠性试验方法分类如图4-1所示。

表4-1可靠性试验简表列出了各种类型的可靠性试验的试验原理、适用对象、应用时机、作用和特点。

表 4-1 可靠性试验简表

试 验 类 型	试验原理	适 用 对 象	应 用 时 机	作　用	特　点
环境应力筛选（GJB 1032）	工程经验	电子、机电产品；器件、组件和设备	研制、生产和使用阶段	激发产品的设计和制造缺陷	100%进行，加速应力
高加速应力筛选（HASS）	工程经验	电子、机电产品；器件、组件和设备	研制、生产和使用阶段	激发产品的设计和制造缺陷	100%进行，加速应力
可靠性研制试验	工程经验	电子、机电产品	研制阶段	暴露产品缺陷	时间很长，无增长目标

试 验 类 型	试 验 原 理	适 用 对 象	应 用 时 机	作 用	特 点
可靠性增长摸底试验	工程经验	电子、机电产品；设备级	研制阶段早期和中期	暴露产品缺陷	时间较短，约200h，无增长目标
可靠性增长试验（GJB 1407）	工程模型	新研、关键重要的电子、机电产品；设备级	研制阶段后期	暴露产品缺陷	时间很长，有增长目标
可靠性强化试验	故障物理学	电子产品；模块级	研制阶段中期	找出产品的薄弱环节	时间较短，加速应力
可靠性加速仿真试验	故障物理学	电子产品；设备级	研制阶段中期和后期	评估产品的可靠性水平	时间较短，加速应力
可靠性鉴定试验（GJB 899A）	数理统计	电子和机电产品；设备级和系统级	研制阶段后期（定型阶段）	验证产品的可靠性水平	时间较长，模拟应力
可靠性验收试验（GJB 899A）	数理统计	电子和机电产品；设备级和系统级	批产阶段	验证批产产品的可靠性水平	时间较长，模拟应力

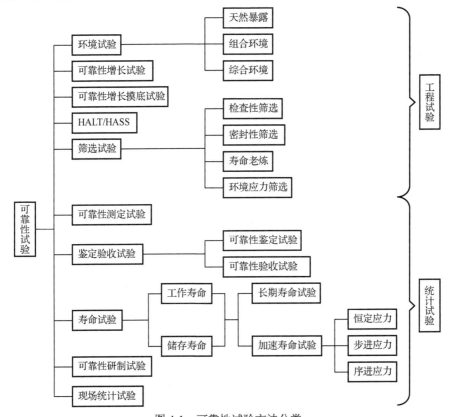

图 4-1 可靠性试验方法分类

（1）可靠性工程试验和统计试验

按照试验的目的和用途，可靠性试验又分为工程试验和统计试验。

可靠性工程试验以保证和提高产品的可靠性为目的，为了达到这个目的，所采用的试验条件和方法，可以是多种多样的。特别是试验条件，它们完全可以不同于产品实际使用时遇到的环境条件，而试验方法越是能快速、高效地发现和暴露问题越好。试验的结果往往是希望能充分暴露产品存在的问题，以便采取有效的改进措施。

可靠性工程试验包括环境试验、可靠性增长试验、可靠性增长摸底试验、HALT/HASS、筛选试验等。环境应力筛选是产品在研制生产过程中为了剔除材料制造工艺的缺陷，排除产品的早期故障，使产品的可靠性得到保证的一种工序处理办法。而环境试验、HALT/HASS、可靠性增长试验则是通过试验来充分暴露产品的薄弱环节和激发产品的故障隐患，以进行设计、材料、工艺、结构或元器件等方面的改进，使产品的固有可靠性得以提高。

可靠性统计试验的目的是通过试验对产品达到的可靠性水平给出定量评估。可靠性统计试验包括产品研制开发阶段的可靠性测定试验（也称"摸底试验"）；设计或生产定型时的可靠性鉴定试验；批生产过程中产品交付时的可靠性验收试验、寿命试验、现场统计试验等。

可靠性测定试验是为了确定产品的可靠性特性，得出在规定条件下，可靠性状况的定量估计而进行的一种可靠性试验。其方法是利用试验过程中得到的产品故障信息，应用统计学的方法来推断产品达到的可靠性水平，最后导出描述产品可靠性状况的各种特征值。

可靠性鉴定试验是为了评价设计定型或生产定型的产品是否已经达到研制合同（或协议书）要求的可靠性指标而进行的一种可靠性试验。其方法是根据试验中产品发生的故障情况，得出可靠性是否合格的结论。另外，对那些在设计、工艺等方面有过重大变更的产品，一般也需要通过鉴定试验重新评价其可靠性水平。

可靠性验收试验是对准备交付的批量生产产品，验证其是否仍保持该产品鉴定时达到的可靠性水平而进行的一种试验。其采用的试验方法与可靠性鉴定试验一样，最终给出接收或拒收的判定。

可靠性测定试验、现场统计试验、可靠性鉴定试验和可靠性验收试验所给出的结论，都是统计意义上的结果，具有一定的置信度或概率特征，因此它们被统称为可靠性统计试验。

可靠性统计试验和可靠性工程试验的关系和区别如表 4-2 所示。

表 4-2　可靠性统计试验和可靠性工程试验的关系与区别

试 验 项 目	工 程 试 验	统 计 试 验
试验目的	保证和提高产品的可靠性	对产品达到的可靠性水平给出定量评估
试验条件	对暴露问题快速、有效	尽可能模拟实际使用情况
试验方法	多种多样不受限	需要满足一定的统计规则
试验结果	产品可靠性得到提高	产品可靠性得到评估

（2）可靠性加速试验与传统试验

为了适应日益激烈的竞争环境，企业必须在最短的时间内研制并生产出高可靠性的产品，以满足用户的需求。传统的可靠性试验方法已经不足以找出设计和生产中的缺陷，或评估寿命预计值，于是人们纷纷把目光投向可靠性加速试验。可靠性加速试验通过采用比产品在正常使用中所经受的环境更为严酷的试验环境，在给定的试验时间内获得比在正常条件下更多的信息。因此，可靠性加速试验成为可靠性试验领域的重要研究方向。

可靠性加速试验也是一种统称。根据试验目的的不同，可靠性加速试验可分为加速寿命试验（ALT）、可靠性强化试验（RET）、高加速极限试验（HALT）、高加速应力筛选（HASS）和可靠性加速仿真试验等，如表 4-3 所示。

表 4-3　可靠性加速试验简表

加速试验方法	说明和用途
加速寿命试验（ALT）	用加大应力的方法促使投试样品在短时期内失效，从而预测产品总体在正常贮存条件或工作条件下的可靠性，确定产品在使用范围内的有效寿命。加速寿命试验按施加应力的方法大致可分为 3 种类型：恒定应力加速寿命试验、步进应力加速寿命试验、序进应力加速寿命试验
可靠性强化试验（RET）	是一种步进应力加速寿命试验，将小样本的产品暴露在一系列依次提高的某种应力（如温度应力或振动应力）台阶上，在每一应力台阶完成后，进行故障检测。这种试验被用来在一个比较短的时间周期内发现故障，也可用于确定产品在有效寿命期内抗随机故障的能力
高加速极限试验（HALT）	是一种步进应力加速寿命试验，经常将两种应力（如温度应力和振动应力）综合起来。这种高加速应力试验被用来尽可能快地发现故障，所用应力经常超出产品规定的极限
高加速应力筛选（HASS）	是一种筛选试验，用于清除早期故障，是一种积极的筛选，因为它实施的应力比普通的环境应力筛选（ESS）要高。当使用这种积极的筛选方法时，其所使用的应力水平应在可靠性强化试验或高加速寿命试验中确定
可靠性加速仿真试验（AST）	通过基于故障物理的可靠性加速仿真试验，确定产品潜在故障位置、故障模式、故障机理等信息，准确定位薄弱环节及其主要影响机理，预测产品平均首次失效时间，利用加速试验模型确定加速试验方案

与传统的试验相比，由于可靠性加速试验使用了加大的应力条件，因此它可以加快产品内部物理变化及其影响的发生速率。这些现象包括结构变形（如弯曲或伸张）、化学反应（如腐蚀）或材料退化（如湿气渗透到一些合成材料内部造成的影响）。这些现象造成的物理变化最终会导致一种性能或结构方面可以检测到的不利变化，而采用加速试验，可以加快这些现象发生的速率，在实验室中用比现有方法更短的时间得到产品的有关信息，更快地获知产品的薄弱环节。因此可靠性加速试验是获得产品早期研制工作所需基本信息的一种非常有效的手段，可以通过选择一些特别的试验项目来识别那些以前知之甚少的潜在有害的产品特性，通过和不通过试验并不是试验的目的，试验的目的是获得更多的产品信息。

高加速应力筛选（HASS）旨在迅速地暴露产品的早期故障；可靠性强化试验（RET）则用于暴露与产品设计有关的早期故障，同时，也用于确定产品在有效寿命期内抗随机故障的健壮性；加速寿命试验（ALT）的目的是找出产品是如何发生、何时发生和为何发生耗损故障的；而基于故障物理的可靠性加速仿真试验（AST）的目的则是基于故障物理的可靠性建模仿真，确定产品潜在故障位置、故障模式、故障机理等信息，并根据仿真应力和加速模型预测产品平均首次失效时间。

可靠性加速试验与传统可靠性试验相比，在试验目的、性质、应力等方面都有很大差别。表 4-4 将两类试验技术进行了简要的对比分析。

表 4-4　可靠性加速试验与传统可靠性试验对比表

对　比　项	可靠性加速试验	传统可靠性试验
试验目的	迅速暴露产品潜在缺陷，保证产品具有要求的可靠性水平	观测产品的可靠性水平，保证用户接收到合格的产品
试验属性	是一种激发试验，不存在试验是否通过的判决条件	是一种模拟试验，具有试验是否通过的判决条件
环境应力	使用加大的环境应力，不考虑产品使用的某种条件	模拟产品在实际使用中的典型环境
试验方案确定依据	根据产品故障机理和故障物理分析结果确定	根据统计原理确定
所用应力确定依据	根据产品设计的极限应力和产品的工作极限应力条件确定	根据产品实际使用条件确定

4.1.2　按试验截尾情况分类

根据试验截尾情况，可靠性试验可分为：

- 全数试验：样本全部失效才停止试验。这种试验可以获得较完整的数据，统计分析结果也较为可信，但是所需试验时间较长，甚至难以实现；
- 定时截尾试验：试验到规定的时间，不管样本失效多少，试验即截止；
- 定数截尾试验：试验到规定的失效数，试验即截止。若规定失效数为全部试样数 n，即为全数试验。

根据试验中失效发生时是否用新样品替换后继续试验，可靠性试验又分为有替换和无替换两种，于是，可靠性试验可有以下组合：

- 有替换定时截尾试验；
- 有替换定数截尾试验；
- 无替换定时截尾试验；
- 无替换定数截尾试验（包括全数寿命试验）。

 ## 4.2 环境应力筛选试验

4.2.1 概述

环境应力筛选（Environment Stress Screening，ESS）是一种通过向电子产品施加合理的环境应力，将其内部的潜在缺陷加速成为故障，再通过检验发现故障并将其排除的过程。其目的是发现和排除产品中由不良元器件、制造工艺或其他原因引入的缺陷所造成的早期故障。

环境应力筛选是一种工艺手段，主要适用于电子产品，包括电路板、组件和设备层次，也可用于电气、机电、光电和电化学产品，但不适用于机械产品。环境应力筛选通常用于产品的研制和生产阶段及大修过程。在研制阶段，环境应力筛选可作为可靠性增长试验和可靠性鉴定试验的预处理手段，用以剔除产品的早期故障并提高这些试验的效率和结果的准确性。生产阶段和大修过程可作为出厂前的常规检验手段，用以剔除产品的早期故障。

4.2.2 试验程序

按 GJB 1032A—2020《电子产品环境应力筛选方法》环境应力筛选的整个过程包括四道依次进行的工序（表 4-5）：初始性能检测；缺陷剔除；无故障检验；最后性能检测。下面对各工序进行简要说明。

表 4-5　环境应力筛选过程

初始性能检测	环境应力筛选				最后性能检测
	缺陷剔除		无故障检验		
	随机振动	温度循环	温度循环	随机振动	
		40h	40～80h 在80h中应 有40h 无故障		
	40h		80h		
随机振动 5min	温度循环	温度循环		随机振动 5～15min 在15min中应有 5min无故障	
	最大限度地监测功能				

（1）初始性能检测

在进行 ESS 前后，试验产品应按技术规范进行外观、机械及电气性能检测。凡初始检测不合格者不能继续进行环境应力筛选试验。

（2）缺陷剔除试验

对受试产品施加规定的随机振动和温度循环应力，以激发出尽可能多的故障。在此期间，发现的所有故障都应记录下来并加以修复。

对于在随机振动试验中出现的故障，待随机振动试验结束后排除；对于在温度循环试验中出现的故障，每次出现故障后，应立即中断试验，排除故障后再重新进行试验。

中断处理：试验因故中断后再重新进行试验时，中断前的试验时间应计入试验时间，温度循环试验则需扣除中断所在循环内中断前的试验时间。

（3）无故障检验

试验目的在于验证筛选的有效性，应先进行温度循环试验，后进行随机振动试验。所施加的应力量级与缺陷剔除试验相同。不同的是温度循环时间增加到（最大为）80h；随机振动时间增加到（最长为）15min。

在试验过程中应对试验产品进行功能检测，在最长 80h 试验时间内只要连续 40h 温度循环不出现故障，即可认为产品通过了温度循环应力筛选；在最长 15min 试验时间内连续 5min 不出现故障，即可认为产品通过了随机振动筛选。

（4）最后性能检测

将通过无故障检验的产品在标准大气条件下通电工作，按产品的技术条件要求逐项检测并记录其结果，将最后性能与初始测量值进行比较，对筛选产品根据规定的验收功能极限值进行评价。

4.2.3　试验方法

环境应力筛选目前有三种方法。

（1）常规筛选

常规筛选是指不要求筛选结果与产品可靠性目标和成本阈值建立定量关系的筛选。常规筛选以能剔除早期故障为目标。常规筛选目前应用较为广泛。典型的常规筛选的标准有美军标 MIL-STD-2164《电子设备环境应力筛选方法》和国军标 GJB 1032A—2020《电子产品环境应力筛选方法》（简称 GJB 1032A）等。

（2）定量筛选

定量筛选是指要求筛选的结果与产品的可靠性目标和成本阈值建立定量关系的筛选。常用的定量筛选标准有美军标 MIL-HDBK-344A《电子产品环境应力筛选手册》和国军标 GJB/Z 34—93《电子产品定量环境应力筛选指南》。定量筛选的设计十分复杂，需要大量的原始数据，筛选过程的监督、评价和控制也较难掌握。

（3）高加速应力筛选

高加速应力筛选是 20 世纪 80 年代美国学者对环境应力筛选进行大量的深入研究后提出的。该筛选技术强调：在筛选中为了缩短时间，这些筛选使用最高的可能应力。因此它的应力远大于常规筛选的应力，时间也短得多。高加速应力筛选尽管在国外已经得到应用，但目前尚未见到相关的标准。

从上述三种筛选的原理可以看出，高加速应力筛选的筛选效率最高，近年来这方面的研究逐渐增多且已开始应用，但由于没有相应的标准，因此在国内并未得到广泛应用。虽然我国在定量筛选方面已经制定了 GJB/Z 34—93，但由于该方法涉及引入缺陷率数据及各种应力的筛选强度数据，而我国这方面数据往往不完整且准确度差，同时，筛选的设计和过程控制又十分复杂，因此定量筛选在我国尚未得到广泛实施。因此，目前应用最为广泛的还是常规筛选。

4.2.4　工作要点

环境应力筛选试验的工作要点如下。

① 明确环境应力筛选试验的目的。

② 确定受试设备的相关说明、组件清单和相关要求。明确受试设备的工作原理、组件等级、技术状态、物理尺寸和复杂程度等，对受试设备的相关性能检测以及合格判据做出说明。

③ 对开展环境应力筛选试验用的相关仪器仪表明确其型号、精度说明以及校准信息等。

④ 开展环境应力筛选试验时明确测试应力的类型、应力的相关测试条件、通断电要求、检测要求、无故障要求等。

4.2.5 典型案例/示例

某微波中继设备，按照环境应力筛选相关标准 GJB 1032A，采用高低温循环和随机振动两种应力组合进行试验。

① 温度循环应力可根据设备设计的工作环境温度范围+60℃、-40℃和试验设备的能力确定：产品通电工作筛选温度范围为+60℃～-40℃；温度变化率为+7℃/min、-11℃/min；根据性能检测要求，确定高、低温停留时间各为 1.5h，一个温度循环时间为 3.5h；暴露缺陷的循环次数为 10，无故障验收试验循环次数为 20。

② 随机振动应力可按照 GJB 1032A 的规定和随机振动设备的能力确定：频率范围为 20～2000Hz；功率谱密度为：0.04g²/Hz（80～350Hz）；20～80Hz 和 350～2000Hz 功率谱密度变化率为±3dB/倍频程（图 4-2）。

③ 应力施加步骤，即根据 GJB 1032A 的规定，应力施加的顺序是：随机振动15min→温度循环 10 个周期（暴露缺陷过程）→温度循环 20 个周期（无故障验证试验）→随机振动（5～15min）。

④ 温度循环剖面示意图如图 4-2 所示，随机振动谱示意图如图 4-3 所示。

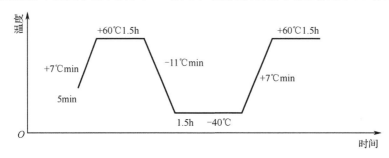

图 4-2　温度循环剖面示意图

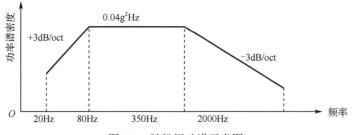

图 4-3　随机振动谱示意图

4.3 可靠性研制试验

4.3.1 概述

可靠性研制试验是通过向受试产品施加应力，将产品中存在的材料、元器件、设计和工艺缺陷激发成为故障，进行故障分析定位后，采取纠正措施加以排除，是一个试验、分析、改进的过程。

可靠性研制试验的目的是通过对产品施加适当的环境应力、工作载荷，寻找产品中的设计缺陷，以改进设计，提高产品的固有可靠性水平，使产品尽快达到规定的可靠性要求。

可靠性研制试验的目的在研制阶段前后期有所不同，应根据试验的目的和所处阶段选择并确定适宜的试验条件。在研制阶段前期，试验目的侧重于充分暴露缺陷，通过采取纠正措施，可提高可靠性。因此，大多采用加速的环境应力，以识别薄弱环节并激发故障或验证设计裕量。而研制后期，试验目的侧重于了解产品可靠性与规定要求的接近程度，并通过对发现的问题采取纠正措施，进一步提高产品的可靠性。因此，试验条件应尽可能模拟实际使用条件，大多采用综合环境条件。

4.3.2 试验程序

可靠性研制试验程序主要包括以下内容。
① 根据试验的目的和产品的情况，确定试验方法。
② 假定产品的寿命分布类型。
③ 根据产品的性能，规定应测量的参数及相应的测量方法、测量周期以及产品可靠性指标的上下限。
④ 确定试验条件，包括环境条件、工作条件和负载条件以及试品的初始状态。
⑤ 制订故障分类及判断的准则。
⑥ 规定需记录的项目、内容及相应格式。
⑦ 进行数据分析和处理，判断试验结果，提出试验报告。

4.3.3 试验方法

可靠性研制试验一般包括可靠性增长摸底试验、可靠性强化试验，以及结合性能试验、环境试验开展的可靠性研制试验。

可靠性增长摸底试验是根据我国国情开展的一种可靠性研制试验。它是一种以可靠性增长为目的，无增长模型，也不确定增长目标值的短时间可靠性增长试验。其试验目的是在模拟实际使用的综合应力条件下，用较短的时间、较少的费用，暴露产品的潜在缺陷，并及时采取纠正措施，使产品的可靠性水平得到增长，保证产品具有一定的可靠性和安全性水平，同时为产品以后的可靠性工作提供信息。

目前国内外开展的可靠性强化试验或高速寿命试验的基本目的是使得产品设计更为健壮。基本方法是通过施加步进应力，不断发现设计缺陷，并进行改进和验证，使产品耐环境能力达到最高，直到现有材料、工艺、技术和费用支撑能力无法做进一步改进为止，因此可视为在研制阶段前期进行的一种可靠性研制试验。

4.3.4 工作要点

可靠性研制试验的工作要点如下。

① 承制方在研制阶段应尽早开展可靠性研制试验，通过试验、分析、改进过程来提高产品的可靠性。

② 可靠性研制试验是产品研制试验的组成部分，应尽可能与产品的研制试验相进行。

③ 承制方应制订可靠性研制试验方案，并对可靠性关键产品，尤其是新技术含量较高的产品实施可靠性研制试验。必要时，可靠性研制试验方案应经订购方认可。

④ 可靠性研制试验可采用加速应力进行，以识别薄弱环节并诱发故障或验证设计裕量。

⑤ 对试验中发生的故障均应纳入故障报告、分析及纠正措施系统（简称FRACAS），并对试验后产品的可靠性状况做出说明。

4.4 可靠性增长试验

4.4.1 概述

由于试验能充分暴露产品的薄弱环节，能有效验证设计更改，还能对产品的可靠性水平做出客观评估，所以各种试验成了可靠性增长的最主要手段。因此，实现可靠性增长的基本方法，是通过试验诱发产品的故障，对故障进行分析找出故障原因，针对故障原因进行设计更改以消除薄弱环节，然后再试验，一方面验证设计更改的有效性，另一方面诱发新的故障。这种基本方法可概括为"试验-分析-改进"。可靠性增长试验是一种典型的贯穿"试验-分析-改进"方法的过程。

可靠性增长试验是为暴露产品的薄弱环节，有计划、有目标地对产品施加模拟实际环境的综合环境应力及工作应力，以激发故障，分析故障和改进设计与工艺，并验证改进措施有效性而进行的试验。其目的是暴露产品中的潜在缺陷并采取纠正措施，使产品的可靠性达到规定值。

可靠性增长试验是提高产品可靠性的一种有效手段。它可以用于了解产品可靠性与规定要求的接近程度，并通过对发现的问题采取有效的纠正措施，进一步提高产品的可靠性。可靠性增长试验实施过程中产品处于真实的或模拟的环境下，以暴露设计中的缺陷，对暴露出的问题及时采取纠正措施，从而达到预期的可靠性增长目标。

可靠性增长试验是产品全寿命周期可靠性增长工作的一部分，是一种工程试验。可靠性增长试验应有明确的增长目标和增长模型，重点是进行故障分析和采取有效的设计工艺更改措施。

可靠性增长试验必须纠正那些对完成任务有关键影响和对使用维修费用有关键影响的故障。一般做法是通过纠正影响任务可靠性的故障来提高任务可靠性，纠正出现频率很高的故障来降低维修费用。为了提高任务可靠性，应把纠正措施集中在对任务有影响的故障模式上；为了提高基本可靠性，应把纠正措施的重点放在频繁出现的故障模式上。为了达到任务可靠性和基本可靠性预期的增长要求，应该权衡这两方面的工作。

4.4.2 试验程序

可靠性增长试验一般采用："试验-分析-纠正-再试验（TAAF）"的工作模式，其基本试验程序如下。

（1）制订试验计划

在开展可靠性增长试验工作前，首先要了解产品当前的可靠性水平（可根据现场使用情况，或可靠性摸底试验和产品环境应力筛选的结果推断），以及产品预期要达到的可靠性目标，由此根据可投入的资源，包括样品、试验设备、试验经费和时间、人力等，制订出工作计划，以计划增长曲线为基准，选用合适的可靠性增长模型开展试验。

制订可靠性增长试验计划的原则是，围绕可靠性增长曲线安排工作内容、进度、资源、经费等。

确定产品可靠性增长曲线的方法是，根据同类产品研制所得的数据，经过分析，建立可靠性增长模型，确定其可靠性增长试验的时间长度；同时根据产品的可靠性指标，作为点估计值拟定可靠性增长曲线；据此安排试验项目、时间起点、预定的可靠性增长率等。

可靠性增长计划的主要内容包括：

- 试验的目的和要求；
- 受试产品及其应进行的试验项目；
- 试验剖面、产品技术状况、性能和循环工作周期；
- 试验进度安排；
- 试验设备、装置的说明及要求；
- 用于改进设计所需要的资源和时间要求；
- 试验数据的收集和记录要求；
- 故障报告、分析和纠正措施；
- 试验结果和产品的最后处理；
- 其他有关事项。

其中，应特别注意确定试验剖面。可靠性增长试验的目的是暴露产品在使用状态下的问题和缺陷，因此试验剖面要模拟实际的使用环境条件。实际使用环境条件又称任务剖面。对某些产品来说，可能有多种任务剖面，此时可取其中有代表性的典型任务剖面作为可靠性增长试验的试验剖面。如果选择不到典型任务剖面，则选取环境条件最恶劣的任务剖面作为可靠性增长试验剖面，这样最有利于暴露设计缺陷。

（2）试验过程

试验以诱发产品在实际使用条件下可能发生的故障隐患为目的，应科学、合理地选择试验条件和试验项目。目前常用于产品可靠性增长的试验手段是温度+湿度+振动的综合环境试验，它可以有效地激发产品在实际使用中暴露出的大部分故障模式，并已被国内外大量试验范例所证实。当然可靠性增长试验也可以结合其他类型的试验一起进行。

无论在何种状况下进行可靠性增长试验，都必须对试验的全过程进行详细记录，需要记录样品的技术状况和故障表现。这些资料是分析和判定设计缺陷、提出纠正措施的基本依据。记录的内容可参考有关标准导则所附的表格，以便统一可靠性增长试验、可靠性增长管理及可靠性信息系统所用的表格。

（3）故障分析与改进

必须对试验中暴露出来的产品故障开展故障定位与故障机理分析。产品可靠性增长的内涵是要提高产品固有的可靠性水平，而要提高其固有可靠性水平的关键是要找出存在于产品中的共有的故障隐患，或称系统性故障，只有当这些系统性故障被发现、被纠正后，产品固有的可靠性才能得到提高。如果在可靠性增长试验中被发现和纠正的，仅仅是个别的偶然性故障，或称残余性故障，那是不充分的，因此必须对试验中发现的故障进行认真分析，找出系统性故障，并采取措施加以纠正。对于系统性故障的纠正，只能通过修改产品设计或改进生产工艺等途径实现。单纯的故障修复或更换措施，只能用于排解残余性偶发故障，而无助于产品固有可靠性的提高。

（4）再试验

经过改进的产品，仍需开展进一步的试验：一是验证改进措施的有效性；二是继续暴露产品尚存的故障隐患，开展进一步的可靠性增长，直至达到预期的可靠性目标为止。

4.4.3 试验方法

可靠性增长试验必须要有增长模型。可靠性增长试验是反复试验反复改进的TAAF 过程，受试产品的技术状态在不断变动中，产品的可靠性也在不断变化。通常产品的可靠性是不断提高的，所以指数分布恒定失效率的假设已经不适用了，需要用可靠性增长模型来描述。

目前，在可修产品的可靠性增长试验中，普遍使用的是杜安（Duane）模型。有时，为使杜安模型的适合性和最终评估结果具有较坚实的统计学依据，可用AMSAA 模型作为补充。

（1）杜安模型

杜安模型最初是飞机发动机和液压机械装置等复杂可修产品可靠性改进过程的经验总结。模型未涉及随机现象，所以杜安模型是确定性模型，即工程模型，而不是数理统计模型。

杜安模型的前提是：产品在可靠性增长过程中，逐步纠正故障，因而产品可靠性是逐步提高的，不允许有多个故障集中改进而使产品可靠性有突然的、较大幅度的提高。

设可靠性增长试验的开始时刻为 $t=0$ 时刻，t 为试验过程中某个时刻的累积试验时间，$r(t)$ 为试验时间段（0,t）内受试产品发生的关联故障数。

关联故障数 $r(t)$ 实际上是一个非连续函数，因为故障计数只能是非负整数。杜安模型在其规定的前提下，把 $r(t)$ 当成连续函数来处理。

杜安模型引入累积故障率概念，用 $\lambda_{\Sigma}(t)$ 表示，其定义为

$$\lambda_{\Sigma}(t) = \frac{r(t)}{t}$$

注意，这里的累积故障率与电子产品中的故障率 $\lambda(t)$（瞬间故障率）是两个不同的概念。

累积故障率是一个计算值，没有具体的物理意义，但是累积故障率在随着累积试验时间 t 增加时的变化规律中蕴含着产品可靠性变化规律。

通过数据分析可以发现，产品在增长试验过程中，累积故障率对于累积试验时

间而言，在双边对数坐标纸上趋近一条直线，即

$$\ln \lambda_\Sigma(t) = \ln\left(\frac{r(t)}{t}\right)$$
$$= \ln a - m\ln t$$

或

$$\lambda_\Sigma(t) = \frac{r(t)}{t} = at^{-m}$$

式中：参数 a 与 m 分别是双边对数坐标纸上该直线的截距（$t=1$ 时的确切截距是 $\ln a$）和斜率（确切的斜率为 $-m$）。

由此可得出关联故障数的数学式

$$r(t) = at^{1-m}$$

对于可修产品，在可靠性增长过程中某一时刻产品具有的可靠性水平，杜安模型用故障强度度量 $\lambda(t)$ 表示

$$\lambda(t) = \frac{\mathrm{d}}{\mathrm{d}t} r(t)$$
$$\lambda(t) = a(1-m)t^{-m}$$

由于当前可修产品的可靠性参数常用 MTBF，因此在运用杜安模型时，派生出两个术语：累积 MTBF，用 $\mathrm{MTBF}_\Sigma(t)$ 表示；瞬时 MTBF，用 $\mathrm{MTBF}(t)$ 表示。在故障间隔时间序列服从指数分布的假设下，这两个 MTBF 与相应故障率成互为倒数关系，由此可得出这两个 MTBF 的数学式

$$\mathrm{MTBF}_\Sigma(t) = \frac{1}{a}t^m$$
$$\mathrm{MTBF}(t) = \frac{1}{a(1-m)}t^m$$

这两个 MTBF 式是杜安模型的主要结论之一，当参数 a 与 m 确定后，它表述了产品可靠性在可靠性增长试验中的变化规律。

杜安模型的另一个主要结论是由上式导出的累积 MTBF 与瞬时 MTBF 的关系式：

$$\mathrm{MTBF}(t) = \frac{\mathrm{MTBF}_\Sigma(t)}{1-m}$$

两边取对数，则有

$$\ln \mathrm{MTBF}(t) = \ln \mathrm{MTBF}_\Sigma(t) + \ln \frac{1}{1-m}$$

上述公式表明：

在可靠性增长试验过程中任一时刻产品的瞬时 MTBF 是累积 MTBF 的 $1/(1-m)$ 倍；

在双边对数坐标纸上，在任一时刻，瞬时 MTBF 总是高于累积 MTBF，高出量为常数值：$-\ln(1-m)$（在可靠性确实增长的情况下，m 值约为 0.5）。

由于累积 MTBF 在可靠性增长试验中很容易计算出来，这样就可求得产品在增长过程中的瞬时 MTBF，这使得杜安模型应用非常方便。

杜安模型在双边对数坐标纸上和线性坐标纸上的形状如图 4-4 所示。

参数 m 称为杜安增长率，在不会引起误解的情况下可简称为增长率。由于对于一个特定产品，在杜安模型适用条件下，增长率 m 为一常值，这容易误解成在可靠性增长试验过程中，产品的 MTBF 是线性增长的。实际上，在杜安模型下，产品 MTBF 对于试验时间，其增长是先快后慢的，如图 4-4（b）所示。

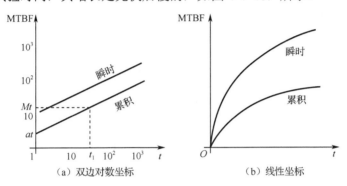

（a）双边对数坐标　　　　　　（b）线性坐标

图 4-4　杜安模型形状

在 TAAF 模式的试验中，前期诱发的故障通常是故障率较高的故障，通过纠正后产品的 MTBF 将有较大的提高。而在后期诱发的故障则正好相反，此时，通过纠正后产品 MTBF 的提高量相对比较少一些。杜安模型恰好总结了这个规律。

参数 a 的几何意义是：它的倒数是杜安模型累积 MTBF 曲线在双边对数坐标纸上当累积试验时间 $t=1$ 时的截距。参数 a 的物理意义是：它的倒数在一定意义上反映了产品进入可靠性增长试验时的 MTBF 水平。参数 a 决定于产品在增长试验前研制工作中可靠性设计的效果。前面之所以说"在一定意义上反映"，是因为对应的累积试验时间 t 不为零，而且 t_I 和 M_I 替代 a，可以得出

$$\mathrm{MTBF}_{\Sigma}(t) = M_I\left(\frac{t}{t_I}\right)^m$$

$$\mathrm{MTBF}_{\Sigma}(t) = \frac{M_I}{1-m}\left(\frac{t}{t_I}\right)^m$$

上述公式是杜安模型中两个重要的应用公式。前者用于制订可靠性增长试验计划，后者用于表示增长计划曲线并用于跟踪，两者还用于产品可靠性增长过程中及最终的可靠性评估。

从理论上讲，杜安模型有明显的不足之处。在杜安模型下，当 $t \to 0$ 时，产品的瞬时 MTBF 趋于零，这是模型虚构的情况，实际产品的瞬时 MTBF 不可能为零；又

当 $t \to \infty$ 时，产品瞬时 MTBF 增大到无穷大，这说明产品的瞬时 MTBF 可以无限制地增长，这也是不可能的。但是实践表明，杜安模型在这两点理论上的不足，不影响其在可靠性增长试验中的应用。

杜安模型形式简单，模型参数的物理意义容易理解，便于制订计划，增长过程跟踪简便，用工程方法可方便地对最终结果给出评估，所以，杜安模型在可靠性增长试验中得到广泛应用。杜安模型的主要不足是模型中未考虑随机现象，因而对最终结果不能提供依据数理统计的评估。

（2）AMSAA 模型

AMSAA 模型是杜安模型的改进型，具体的模型、方法和算例可参见《可靠性增长试验》的附录 B。

4.4.4 工作要点

可靠性增长试验实施过程中，工作要点简述如下。

（1）试验前应完成的工作

① 试验前应具备的条件

可靠性增长试验前应具备的条件是指在试验前应已完成的主要工作内容，类似于可靠性鉴定试验，也包括：制订试验计划或试验方案；编制试验大纲、试验程序；受试产品应完成可靠性预计、故障模式影响及危害性分析、环境应力筛选、环境试验等工作，并提供相应的报告；成立故障报告、分析和纠正措施系统，建立质量控制和保证措施；其他试验运行前应具备的条件。

② 试验前的准备工作

试验前的准备工作应注意受试产品的技术状态。

可靠性增长试验的受试产品技术状态应尽可能接近产品可靠性鉴定试验时的技术状态。尤其是用成功的可靠性增长试验代替可靠性鉴定试验，更应注意受试产品的技术状态。

（2）试验运行中的有关工作

试验运行中的有关工作主要体现在故障处理和试验结束条件上的差异。

① 故障处理

可靠性增长试验是一种通过试验不仅要找出产品设计、工艺、元器件、原材料等方面存在的缺陷，而且要采取有效的纠正措施，从而达到预期的可靠性增长目标的工程试验。因此，试验过程中对故障可以采取即时纠正、延缓纠正或及时和延缓混合纠正三种方式。

② 试验结束条件

在可靠性增长试验过程中，可能由于产品的实际可靠性水平增长较快，提前结束试验；也可能由于产品的实际可靠性水平增长太慢，到了计划的总试验时间还没有达到增长目标值时结束试验；也可能到了计划的总试验时间，产品可靠性水平增长也达到了规定的目标值时结束试验，多种情况。具体可能存在以下五种情况。

- 当试验进行到计划的总试验时间，利用试验数据估计的 MTBF 值已达到或超过了试验大纲规定的可靠性水平增长目标值时，可以结束试验；
- 试验虽未进行到计划的总试验时间，但利用试验数据估计的 MTBF 值已达到试验大纲规定的可靠性水平增长目标值时，可以提前结束试验；
- 当试验无故障进行到增长目标值 MTBF 的 2.3 倍时，可以以 90%的置信水平确信产品的 MTBF 值已达到要求，提前结束试验；
- 试验过程中出现过几次故障，但是在最后一次故障后的很长一段时间内没有再出现故障，如果产品最后一次故障时间到试验结束时的时间达到增长目标值 MTBF 的 2.3 倍时，可以提前结束试验。

③ 当试验进行到计划的总试验时间，而利用试验数据估计的 MTBF 值没有达到试验大纲要求时，应立即停止试验并做好以下工作。

- 承制方对纠正措施进行全面分析，以确定纠正措施的有效性；
- 组织专家对准备采取的纠正措施方案进行评审；
- 征得订购方同意后，进行下一阶段的工作。

（3）试验后有关工作

试验后有关工作主要体现在对受试产品处置上的差异。

原则上讲，经可靠性增长试验后的产品不能再用于其他试验，也不能作为产品交付。因为在试验过程中产品结构可能发生比较大的变化，且产品可能带有较大的残余应力。另外，可靠性增长试验达到预期的增长目标后，应将试验过程中实施的经验证有效的纠正措施纳入产品的设计以及工艺要求中。

 ## 4.5 可靠性验证试验

4.5.1 概述

可靠性验证试验的目的是验证产品的可靠性是否达到规定的要求。

可靠性验证试验根据产品的性质分为可靠性鉴定试验和可靠性验收试验。可靠性鉴定试验是为了验证新开发产品的设计是否达到规定的最低可接受的可靠性定量要求。可靠性验收试验是对正式转入批生产产品是否达到可靠性定量要求的试验。

可靠性验证试验，从试验原理来说，需要应用统计抽样理论，因此又称统计试验。其目的是验证产品是否符合规定的可靠性要求，由承制方根据有关标准、研制生产进度制订方案和计划，经定购方认可。验证试验包括产品研制的可靠性鉴定试验和批量生产的可靠性验收试验。这类试验必须能够反映产品的可靠性定量水平，因此试验条件要尽量接近实际使用的环境应力；试验结果要给出接收或拒收的判断，因此对试验时间和发生的故障应进行详细记录，经过与失效判据的对比分析，试验各方统一认识后才能给出最后的结论。

4.5.2　试验程序

可靠性验证试验程序主要包括以下内容。
① 试验过程；
② 样品及其技术状况；
③ 需检测的特性参数、故障判据及其容限、检测时段及方法；
④ 综合环境条件及其容差；
⑤ 试验日志及记录的数据内容、记录时间间隔要求；
⑥ 故障记录表格及其登记内容、分析报告要求。
可靠性验证试验涉及的主要试验参数包括：

θ_0 ——MTBF检验值的上限值，它是可以接收的MTBF值，称为原假设，当受试产品MTBF的真值接近 θ_0 时，标准试验方案以高概率接收该产品。要求受试产品的可靠性预计值 $\theta_P > \theta_0$，才能进行试验。

θ_1 ——MTBF检验值的下限值，它是不可接收的MTBF值，称为原假设，当受试产品MTBF的真值接近 θ_1 时，标准试验方案以高概率拒收该产品。按照 GJB 450 的规定，电子产品 θ_1 应等于最低可接收的MTBF值。

$d = \theta_0/\theta_1$ ——鉴别比。d 越小，则做出判断所需的试验时间越长，所获得的试验信息也越多。一般取 1.5、2 或 3。

α ——生产方风险。当受试产品的MTBF真值等于 θ_0 时被拒收的概率。即本来是合格的产品被判为不合格而拒收，使生产方受损失的概率。

β ——使用方风险 β。当受试产品的MTBF真值等于 θ_1 时被接收的概率。即本来是不合格的产品被判为合格而接收，而让使用方受损失的概率。

α、β 的值一般在 0.1～0.3 范围内。

4.5.3　试验方法

可靠性验证试验方案可按产品寿命分布特点及试验的截尾方式分类。
（1）按产品寿命特点分类
若按产品寿命特点分类，可靠性验证试验方案可分为成败型试验方案和连续型试验方案。

① 成败型试验方案。对于以可靠度或成功率、合格品率为指标的重复使用或一次使用的产品，可以选用成功率试验方案。成功率是指产品在规定的条件下试验成功的概率。例如，某型导弹对靶板射击 5 发，穿透 4 发，方认为成功，估计这种试验可靠度下限的方案即为成功率试验方案。成功率试验方案是基于假设每次试验在统计意义上是独立的。

② 连续型试验方案。当产品的寿命为指数、威布尔、正态、对数正态分布时，可采用连续型统计试验方案。它可分为全数试验、定数试验、定时试验、序贯试验几种。

（2）按试验的截尾方式分类

按试验的截尾方式分类，可靠性试验方案可分为定时截尾试验方案、定数截尾实验方案和序贯截尾试验方案。

① 定时截尾试验方案。定时截尾试验是指对 n 个样品进行试验到规定时间 t_0 时即停止，利用试验数据评估产品的可靠性特征量。它按试验过程中对试验样品所采取的措施又分为有替换和无替换两种方案。后者指产品发生故障就撤去，在整个试验过程中，随着故障产品的增加，样本随之减少；而前者则是当试验中某产品发生故障时，立即用一个新产品代替，在整个试验过程中保持样本数不变。

定时截尾试验方案的优点是规定了试验时间 t_0，便于计划管理，并能对产品的 MTBF 真值做出估计，所以得到广泛应用。

② 定数截尾试验方案。定数截尾试验方案是指对 n 个样品进行试验，到事先规定试验截尾的故障数 r 就停止试验，利用试验数据评估产品可靠性特征量。同样，也可分为有替换和无替换两种方案。由于事先不易估计所需的试验时间，所以实际应用较少。

③ 序贯截尾试验方案。序贯截尾试验是按事先拟定的接收、拒收及截尾时间线，在试验期间，对受试产品进行连续观测，并将积累的相关故障数与规定的接收、拒收或继续试验的判据做比较的一种试验。

序贯截尾试验方案的优点是做出判决时所要求的平均故障数和平均累积试验时间最小，因此常用于可靠性验收试验。但缺点是随产品质量的不同，其总试验时间差别很大，尤其对某些产品，由于不易做出接收与拒收的判断，因此，最大累积试验时间和故障数可能会超出相应的定时截尾试验方案。

下面结合实例详细介绍定时截尾试验方案和序贯试验方案。

（1）定时截尾试验方案详细介绍

① 试验方案

随机抽取一部技术性能合格的新雷达进行可靠性试验，规定总试验时间 T，当试验中累积故障数 $r \leqslant C$ 时，可靠性合格，接收；当 $r > C$ 时，可靠性不合格，拒收。

C 是试验方案规定的允许故障数。因此，这个试验方案的实质就是已知可靠性检验值（θ_0 和 θ_1）与风险率（α 和 β），确定试验总时间（T）与允许故障数（C）。

由于设定雷达的故障间隔时间服从指数分布，故在 T 时间内出现 $r \leqslant C$ 次故障符合泊松分布，即接收概率 $L(\theta)$

$$L(\theta) = P(X \leqslant C) = \sum_{r=0}^{C} \frac{\left(\dfrac{T}{\theta}\right)^r}{r!} e^{-\frac{T}{\theta}}$$

当 $\theta = \theta_0$ 时，以 $(1-\alpha)$ 的高概率接收；当 $\theta = \theta_1$ 时，以 β 的低概率接收，于是有：

$$\begin{cases} L(\theta_0) = \displaystyle\sum_{r=0}^{c} \frac{(T/\theta_0)^r}{r!} e^{-T/\theta_0} = 1 - \alpha \\[2mm] L(\theta_1) = \displaystyle\sum_{r=0}^{c} \frac{(T/\theta_1)^r}{r!} e^{-T/\theta_1} = \beta \end{cases}$$

解此联立方程就可得 T 及 C。但 T、C 只能通过尝试法得到。采用这样的方法设计试验方案非常复杂，为了简化工作，GJB 74A 推荐了雷达可靠性定时截尾试验方案，如表 4-6 所示。

表 4-6　GJB 74A 雷达可靠性定时截尾试验方案

方案号	决策风险%				鉴别比 d	截尾时间（θ_1 的倍数）	允许故障数 C
	标　称　值		实　际　值				
	α	β	α'	β'			
9	10	10	12.0	9.9	1.5	45.0	36
10	10	20	10.9	21.4	1.5	29.9	25
11	20	20	19.7	19.6	1.5	21.5	17
12	10	10	9.6	10.6	2.0	18.8	13
13	10	20	9.8	20.9	2.0	12.4	9
14	20	20	19.9	21.0	2.0	7.8	5
15	10	10	9.4	9.9	3.0	9.3	5

例　某雷达进行可靠性鉴定试验，已知 $\alpha = \beta = 0.1$，$d = 2$，$\theta_0 = 100\text{h}$，试确定定时截尾试验方案。

解： 查表 4-6，该雷达可靠性鉴定试验符合方案 12，因此总试验时间 T 为 $18.8\theta_1$，即

$$T = 18.8\theta_1 = \frac{18.8\theta_0}{d} = 18.8 \times 100/2 = 940\text{h}$$

在试验总时间 T 内允许发生故障次数 $C = 13$，当故障数 $r \leqslant C = 13$ 时，表明该雷

达可靠性指标合格。

此方案既可以用一部雷达做试验，也可以用数部随机抽取的同型、同批次雷达做试验，试验总时间 T 为各部雷达试验时间之和，允许发生的故障次数也是各部雷达发生故障之和。若有条件采用多部雷达（必须在同型、同批次中随机抽取）同时试验，显然可以大大缩短试验时间。

② 参数估计

a）点估计

根据试验结果，可估算出受试雷达 MTBF 的点估计值 $\hat{\theta}$

$$\hat{\theta} = \frac{T}{r}$$

式中： T ——试验总时间；

   r ——试验中发生的故障数；

b）区间估计

上述 MTBF 的点估计法无法准确反映平均寿命估计值 $\hat{\theta}$ 与雷达 MTBF 真值 θ 之间的误差，因为点估计是根据该装备的一次试验结果计算出来的，如果该雷达再做一次定时截尾试验，按新的试验结果计算 $\hat{\theta}$ 就不一定和上一次计算出的 $\hat{\theta}$ 相同。为求出具有一定精度要求下的 MTBF 所处的范围，就要求采用置信区间的估计法。

设置信区间为（θ_L, θ_U），其中，θ_L 为置信下限，θ_U 为置信上限，取置信区间（θ_L, θ_U）不包含真值 θ 的概率记作 α，α 为显著性水平（风险率）；而区间（θ_L, θ_U）包含真值 θ 的概率即为 $1-\alpha$，$\gamma = (1-\alpha)$ 即置信度。通常情况下，如果订购方风险为 β，常取置信度 $\gamma = 1 - 2\beta$。

根据可靠性寿命统计抽样检验理论，可以得出置信区间下限 θ_L 和上限 θ_U 的估计值公式如下

$$\theta_L = \frac{2T}{\chi^2\left(1 - \frac{\alpha}{2}, 2r + 2\right)}$$

$$\theta_U = \frac{2T}{\chi^2\left(\frac{\alpha}{2}, 2r\right)}$$

θ 的近似单侧置信下限 θ_D 的估计值公式如下

$$\theta_D = \frac{2T}{\chi^2(1 - \alpha, 2r + 2)}$$

上述各式中的 χ^2 分布，可通过查询 χ^2 分布分位数表获得。

例 某雷达进行可靠性鉴定试验，采用定时截尾试验方案，规定置信度为80%，总试验时间为940h，共发生 7 次故障，试求 MTBF 的 $\hat{\theta}$、θ_L、θ_U、θ_D。

解：已知 $1 - \alpha = 0.8$，故 $\alpha = 0.2$；

$$\hat{\theta} = \frac{T}{r} = \frac{940\text{h}}{7} = 134.4\text{h}$$

$$\theta_L = \frac{2T}{\chi^2\left(1 - \frac{\alpha}{2}, 2r + 2\right)} = \frac{2 \times 940\text{h}}{\chi^2\left(1 - \frac{0.2}{2}, 2 \times 7 + 2\right)} = \frac{1880\text{h}}{\chi^2(0.9, 16)} = \frac{1880\text{h}}{23.54} = 79.9\text{h}$$

$$\theta_U = \frac{2T}{\chi^2\left(\frac{\alpha}{2}, 2r\right)} = \frac{2 \times 940\text{h}}{\chi^2(0.1, 14)} = \frac{1880\text{h}}{7.79} = 241.3\text{h}$$

$$\theta_D = \frac{2T}{\chi^2(1 - \alpha, 2r + 2)} = \frac{2 \times 940\text{h}}{\chi^2(0.8, 16)} = \frac{1880\text{h}}{20.465} = 91.9\text{h}$$

（2）序贯试验方案

如果仅需要以预定的决策风险率对预定的可靠性指标做出判决，可选用序贯试验方案，一般来说，雷达可靠性验收试验选用序贯试验方案。

序贯试验的基本思想是：随机抽取一部技术性能合格的新雷达进行可靠性试验，通过试验看某次故障发生时相应的总时间 T，如果 T 相当长则合格，如果 T 相当短则不合格；如果 T 不长也不短，则认为还没有把握做出结论，应继续试验。对每一个故障都要规定两个时间：合格下限时间和不合格上限时间。由此可见这是一种边试边看的方案，亦称概率比序贯试验。本试验方案可用序贯试验判决标准图说明（见后文中的图 4-6），图中有三个区：接收区、拒收区和继续试验区。试验方案的关键是根据试验条件 (α, β, d)，求出合格判定线和不合格判定线的公式，才能作试验判决图。

① 试验方案

由于设定雷达的故障间隔时间服从指数分布且平均寿命为 θ，故在 T 时间内正好出现 r 次故障符合泊松分布，即概率为

$$P(\theta) = P(X = r) = \frac{\left(\dfrac{T}{\theta}\right)^r}{r!} \text{e}^{-\frac{T}{\theta}}$$

如果 $\theta = \theta_0$，则出现试验结果的概率为

$$P(\theta_0) = \frac{\left(\dfrac{T}{\theta_0}\right)^r}{r!} \text{e}^{-\frac{T}{\theta_0}}$$

如果 $\theta = \theta_1$，则出现试验结果的概率为

$$P(\theta_1) = \frac{\left(\dfrac{T}{\theta_1}\right)^r}{r!} \text{e}^{-\frac{T}{\theta_0}}$$

这两个概率之比为

$$\frac{P(\theta_1)}{P(\theta_0)} = \left(\frac{\theta_0}{\theta_1}\right)^r e^{-\left(\frac{1}{\theta_1}-\frac{1}{\theta_0}\right)T}$$

可以理解，若 $P(\theta_1)/P(\theta_0)$ 很大，则 $\theta = \theta_1$ 的可能性很大，认为此装备可靠性不合格；若 $P(\theta_1)/P(\theta_0)$ 很小，则 $\theta = \theta_0$ 的可能性很大，认为此装备可靠性合格；若 $P(\theta_1)/P(\theta_0)$ 不大不小，则难以判断。因此，我们可以选择一个较大的数 A 和一个较小的数 B 作为判定数，考察 A、$P(\theta_1)$、$P(\theta_0)$、B 之间的关系：

如果 $\dfrac{P(\theta_1)}{P(\theta_0)} \leqslant B$，认为 $\theta = \theta_0$，接收；

如果 $\dfrac{P(\theta_1)}{P(\theta_0)} \geqslant A$，认为 $\theta = \theta_1$，拒收；

如果 $B < \dfrac{P(\theta_1)}{P(\theta_0)} < A$，则继续试验。

于是继续试验的条件为 $B < \left(\dfrac{\theta_0}{\theta_1}\right)^r e^{-\left(\frac{1}{\theta_1}-\frac{1}{\theta_0}\right)T} < A$

两端取自然对数，得 $\ln B < r\ln\left(\dfrac{\theta_0}{\theta_1}\right) - \left(\dfrac{1}{\theta_1}-\dfrac{1}{\theta_0}\right)T < \ln A$

即 $\dfrac{-\ln A + r\ln\left(\dfrac{\theta_0}{\theta_1}\right)}{\dfrac{1}{\theta_1}-\dfrac{1}{\theta_0}} < T < \dfrac{-\ln B + r\ln\left(\dfrac{\theta_0}{\theta_1}\right)}{\dfrac{1}{\theta_1}-\dfrac{1}{\theta_0}}$

令 $h_1 = \dfrac{-\ln A}{\dfrac{1}{\theta_1}-\dfrac{1}{\theta_0}}$，$h_0 = \dfrac{-\ln B}{\dfrac{1}{\theta_1}-\dfrac{1}{\theta_0}}$，$s = \dfrac{-\ln\dfrac{\theta_0}{\theta_1}}{\dfrac{1}{\theta_1}-\dfrac{1}{\theta_0}}$

则得出继续试验的条件为 $-h_1 + sr < T < h_0 + sr$

令 $V_1(r) = h_0 + sr$，$V_2(r) = -h_1 + sr$，以 r 为横坐标，累积试验时间 T 为纵坐标，$V_1(r) = h_0 + sr$ 及 $V_2(r) = -h_1 + sr$ 是斜率为 s 的两条平行线，其截距分别为 $-h_1$ 及 h_0，如图 4-5 之左图所示。为使用方便，以时间轴为横轴，变成图 4-5 之右图。

如 $T \geqslant h_0 + sr$，相当于 $\dfrac{P(\theta_1)}{P(\theta_0)} \leqslant B$，故认为产品可靠性合格，接收此批产品。此时，点 (T, r) 将位于 $V_1(r) = h_0 + sr$ 的下方。故 $V_1(r) = h_0 + sr$ 叫作"合格判定线"。

如 $T \leqslant -h_1 + sr$，相当于 $\dfrac{P(\theta_1)}{P(\theta_0)} \geqslant A$，故认为产品可靠性不合格，拒收此批产

品。此时点 (T,r) 将位于 $V_2(r)=-h_1+sr$ 的上方。故 $V_2(r)=-h_1+sr$ 叫作"不合格判定线"。

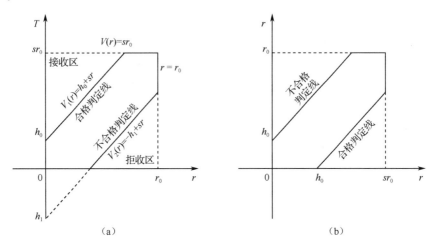

图 4-5　序贯试验示意图

如 $-h_1+sr<T<h_0+sr$，相当于 $A>\dfrac{P(\theta_1)}{P(\theta_0)}>B$，需继续试验。此时点 (T,r) 位于合格判定线与不合格判定线之间。合格判定线以下叫"接收区"，不合格判定线以上叫"拒收区"。合格判定线与不合格判定线之间是"继续试验区"。

上述序贯试验有一个缺点，点 (T,r) 有可能一直滞留在继续试验区内，迟迟做不出判决。为此采用了下述强迫停止试验办法：取适当的截尾数 r_0。让直线 $r=r_0$ 与直线 $V(r)=sr_0$，交于 (sr_0,r_0)。作直线 $V(r)=sr_0$ 平行于纵轴。确定 $V(r)=sr_0$ 为格判定线。如 (T,r) 穿越 $V(r)=sr_0$，就算进入接收区，接收。$r=r_0$ 为截尾不合格判定线。如 (T,r) 穿越 $r=r_0$，就算进入拒收区，拒收。

为了简化工作，GJB 74A 推荐了雷达可靠性序贯截尾试验方案，根据试验条件 (α,β,d) 的不同，有 8 个方案（见表 4-7），同时给出了每个方案的判决标准表。

表 4-7　GJB 74A 雷达可靠性序贯截尾试验方案

方案号	决策风险%				d	做结论所需时间（θ_1 的倍数）		
	标称值		实际值					
	α	β	α'	β'		最小值	期望值	最大值
1	10	10	11.1	12.0	1.5	6.95	25.93	49.50
2	20	20	22.7	23.2	1.5	4.19	11.35	21.90
3	10	10	12.8	12.8	2.0	4.40	10.24	20.60

续表

方案号	决策风险%				d	做结论所需时间（θ_1 的倍数）		
	标称值		实际值					
	α	β	α'	β'		最小值	期望值	最大值
4	20	20	22.3	22.5	2.0	2.80	4.82	9.74
5	10	10	11.1	10.9	3.0	3.75	6.13	10.35
6	20	20	18.2	19.2	3.0	2.67	3.43	4.50
7	30	30	31.9	32.2	1.5	3.15	5.08	6.80
8	30	30	29.3	29.9	2.0	1.72	2.53	4.50

以表 4-7 中的序贯试验方案 3 为例，判决标准表见表 4-8，判决标准图如图 4-6 所示。每个试验方案均推荐了序贯试验强迫截尾的故障数 r_0，为了不至于使试验时间拖得过长，r_0 一般稍大于相应的定时截尾试验允许故障数 C，如图 4-6 中的 r_0 为 16，而不是 C 的 3 倍。在表 4-8 中相应定时截尾试验的允许故障数为 13。

例 某雷达进行可靠性序贯试验，$\theta_0 = 40\text{h}$，$\alpha = \beta = 0.1$，$d = 2$，试制订可靠性贯试验方案。

解：根据已知条件，查询表 4-7 中的应用方案 3，其判决标准见表 4-8。

② 参数估计

当可靠性寿命序贯试验结果合格时，应对受试雷达 MTBF 的 $\hat{\theta}$、θ_L、θ_U 进行估计，其计算方法如前文所述，在此不作赘述。

表 4-8 序贯试验方案 3 判决标准表

故障数	总试验时间 θ_1		故障数	总试验时间 θ_1	
	不合格（≤）	合格（≥）		不合格（≤）	合格（≥）
0	/	4.40	9	9.02	16.88
1	/	5.79	10	10.40	18.26
2	/	7.18	11	11.79	19.69
3	0.70	8.56	12	13.18	20.60
4	2.08	9.94	13	14.56	20.60
5	3.48	11.34	14	15.94	20.60
6	4.86	12.72	15	17.34	20.60
7	6.24	14.10	16	20.60	/
8	7.63	15.49			

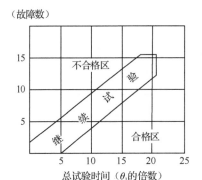

图 4-6　序贯试验方案 3 判决标准图

4.5.4　工作要点

（1）试验大纲

在进行可靠性验证试验时，可依据试验大纲开展工作。试验大纲包含如下内容。

● 试验对象和数量；

● 试验目的、进度；

● 试验方案；

● 试验条件：试验设备提供的应力及其容差，检测设备及其精度要求；

● 试验场所，经评购方认可按以下顺序选定：独立实验室，合同乙方以外的实验室，合同乙方的实验室；

● 设置评审点、开展 FRACAS 要求。

（2）试验方案

确定试验方案时，应考虑下列因素：

● 定时截尾试验，累积试验时间是确定的，便于试验计划的安排和管理，但不一定是最经济的。

● 定数截尾试验，累计相关故障数是确定的，在采取不可替换的试验时，样品数量是不确定的，也不一定是最经济的。

● 等概率比序贯试验，做出判据所需的故障数和累计试验时间，比定时截尾试验和定数截尾试验少，事前只能确定它们的最大值，但样品数量和试验时间难以确定，不便于试验计划的安排和管理，最大累积试验时间和累计故障数有可能超过定时截尾试验或定数截尾试验。

（3）试验条件

可靠性验证试验剖面应尽可能模拟产品真实的使用环境：

● 功能模式，当产品有超过一种使用模式时，应分析各自所占时间的百分比，确定模式转换的方式，提出试验用典型工作模式。

- 输入信号，试验中测试设备向样品输入一系列信号，使样品正常工作。
- 负载条件，样品输出端应模拟使用状态加载，测试样品输出性能。
- 样品操作，试验中由产品操作人员模拟使用状态进行操作。
- 保障条件，实验室提供的电源、水源、气源等的各项参数应符合要求。
- 试验剖面，尽量采用综合应力试验设备模拟产品使用条件，同时对样品施加温度、湿度、振动、低气压等应力。
- 样品维护和修理，试验大纲可能规定样品有定期维护的程序，应按照产品使用说明正常维护，不得改变其技术状态；样品发生故障时，应准予修理，由承制方保证条件并实施，不得改变样品技术状态。

（4）试验程序

应根据试验方案制订试验程序，经订购方审批后作为落实试验计划的文件，试验程序内容如前文所述。

（5）试验评审

试验评审包括：试验大纲评审、试验方案评审、试验程序评审、试验准备状态评审、试验中评审、试验完成综合评审。前四项评审可以结合在一起进行，必须有订购方代表参加；试验中的评审视情况进行，如对故障处理和试验进度、序贯试验终结与否进行评审，由试验现场负责人组织实施；试验完成综合评审，应在试验报告编制完成之后进行，主要评价试验结果、产品可靠性水平及接收与否的结论、FRACAS 报告、问题处置和纠正措施的落实等。

（6）试验报告要求

试验报告是产品可靠性水平的正式记录，包括试验中产生的各种原始记录、试验结果的处理报告和结论意见。

第5章

装备使用可靠性评估与改进

5.1 概述

装备可靠性工作是贯穿装备论证、研制、生产、使用整个寿命周期的系统工作，使用阶段可靠性工作是其不可或缺的重要组成部分，它与其他阶段的可靠性工作构成一个紧密关联的整体，并且对装备使用及保障工作具有重要意义。

使用可靠性信息收集是指有计划地对可靠性信息进行收集、分析、传递和贮存。上述信息是装备可靠性要求论证以及可靠性设计、试验、评价的重要参考，是设计制造水平、维修保障能力的综合体现，而且，使用可靠性信息对于避免已暴露过的故障模式，提高设计水平，提高可靠性试验的有效性和真实性都具有重要意义。

使用可靠性评估是在装备实际使用条件下，对装备的使用可靠性水平进行评价。按照评估的时机与目的，使用可靠性评估可以分为初始使用可靠性评估和后续使用可靠性评估。初始使用可靠性评估通常在初始装备部署后一段时间内进行，一般在装备部署一个基本工作单位，使用与维修人员经过规定的训练，保障资源按要求配置到位后，按规定的方法和程序，在规定的评估时间（一般两年左右）内，通过收集、分析和计算使用数据、维修数据、故障数据等来评价装备的使用可靠性水平。其目的是验证装备是否满足研制总要求中规定的使用可靠性要求，装备试用时暴露的可靠性问题是否得到妥善解决，并尽早发现装备使用中的可靠性缺陷。后续使用可靠性评估通常在装备部署 5～10 年内，在部队实际使用条件下，利用更多的已部署装备，利用更长的时间间隔进行评价，评估的结果具有较高的精度和置信水平。其主要目的是：评价装备成熟期的使用可靠性水平，为装备的改进、改型和新一代装备的研制提供必要的信息。

使用可靠性改进是对装备使用过程中发现的设计、工艺问题以及影响可靠性的维修保障问题进行改进，以提高装备的使用可靠性水平。对于一个复杂的武器系统，即使试验做得很充分，也不能在定型前解决所有的可靠性问题。武器系统装备部队初期暴露的环境适应性问题，以及系统协调匹配、维护修理不合理、保障资源不适应等方面的问题是在所难免的。武器系统从装备部队到达到成熟期目标必须经过一个可靠性改进的过程，为此，要注重初始使用期间的可靠性改进，以尽快达到使用可靠性的目标值。另外，一般武器系统的服役期都是数十年，在这数十年中，随着作战使用需求的变化和科学技术的发展，对装备可靠性的要求也在不断变化，通过使用可靠性改进，延长现役装备的使用寿命，提高武器系统可靠性是提高现有武器系统作战效能，不断满足新的作战使用要求的重要工作。

综上所述，应充分重视使用阶段的可靠性工作，尤其是初始使用期间的使用可靠性评估和使用可靠性改进工作，以尽快达到使用可靠性的目标值。不仅如此，使用阶段的可靠性工作对于摸清现役装备的可靠性水平，找出薄弱环节，改进现役装备的可靠性也具有重要意义。

5.2　使用可靠性信息收集

5.2.1　使用可靠性信息主要内容

装备的使用可靠性信息来源于装备的使用阶段，是装备在使用、维修、贮存等过程中产生的各种与可靠性有关的信息。收集的使用可靠性信息至少应包括以下四个方面。

① 与产品标识有关的信息单元，如产品名称、产品型号、产品编号、承制单位、出厂日期、工作单元、规定的产品可靠性和维修性等性能指标等；

② 与产品工作状态和环境有关的信息单元，如所处状态、工作方式、工作时间、计时单位、延误时间、待命时间、使用单位、使用地点、试验单位、贮存时间、贮存单位、贮存地点、使用人员专业和级别等；

③ 与产品缺陷和故障有关的信息单元，如缺陷内容、缺陷原因、缺陷影响、缺陷判明方法、缺陷责任、缺陷处理、故障模式、故障现象、发现日期、发现时机、故障前工作时间、故障原因、故障影响（后果）、故障判明方法、故障处理、故障责任等；

④ 与产品维修有关的信息单元，如维修类别、维修级别、维修内容、维修程度、维修时间、维修工时、平均预防性维修间隔时间、维修费用、维修日期、维修

单位、维修人员专业和级别等。

5.2.2 使用可靠性信息收集原则和要求

① 使用可靠性信息是装备使用信息，也是装备寿命周期质量信息的重要组成部分，必须依据 GJB 1686、GJB 1775、GJB 3837 等的规定，统筹规划、全面协调，分别建立各类装备的信息分类和代码体系。

② 使用阶段的可靠性信息收集工作是一项烦琐的工作，在工作任务繁重的情况下，信息收集工作往往被忽视，因此，必须以制度的形式予以规范，以确保信息收集工作的顺利完成。信息收集工作制度化主要体现在以下三个方面。

- 为保证信息的完整性和可信性，必须建立或指定专门的部门和人员来进行信息收集工作；
- 从原始信息的产生、记录、整理到成为可利用的信息，整个过程需要有畅通的渠道来保证，应该建立固定的信息收集渠道；
- 制作相关的信息收集卡片和表格，卡片和表格是现场信息收集人员开展信息收集工作的主要依据。

③ 使用可靠性信息收集必须符合标准化要求，设置的信息单元（信息的基本要素，它具有唯一的含义，可以用一系列特定的信息项来描述），预置的信息项（描述信息单元的特定信息内容），以及代码的类型、结构及编码方法等均应符合有关标准和手册的规定。

④ 完善对质量信息的核查、监督手段，确保使用可靠性信息准确、及时、完整、规范、安全并可追溯。对涉及保密的信息应按密级管理和利用。

可靠性数据收集应满足的基本要求如下。

第一，准确性。数据的准确性是前提，只有对装备状况进行如实、准确的记录和描述，才有助于准确判断问题。记录的数据要准确反映装备状况，特别是对故障的描述，故障发生的时机、原因、现象及造成的影响均应有明确、详细的记录。在收集故障数据时，首先要根据故障判别标准确定装备是否有故障，是独立故障还是因从属故障，是关联故障还是因操作不当引起的非关联故障。对复杂装备各部件实际工作时间的记录也应注意，装备各部件的工作时间、寿命单位也不尽相同，记录要反映实际情况。

第二，完整性。对结构复杂的装备，为了充分利用数据对产品可靠性进行评估，要求所记录的数据项尽可能完整。在时间上，所收集装备的可靠性信息应该涵盖其在寿命周期内所有事件和经历过程的详细描述，例如，装备开始贮存或使用、发生故障、中止贮存或使用、返厂修理、纠正或报废等情况，这些反映装备整个寿命周期质量情况的信息都应进行收集。这样才有利于对装备的可靠性进行全面分析，从而更好地对装备进行监控及采取维护措施。

第三，连续性。随着时间的推移，可靠性数据反映了装备可靠性趋势，因此为了保证可靠性数据具有可追溯性，要求数据的记录连续。其中最主要的是装备在工作过程中所有事件发生时的时间记录以及对所经历过程的描述。在对装备实行可靠性监控和信息的闭环管理时，连续性是对数据的基本要求。

第四，及时性。在装备检测或修理之后，要及时进行相关的数据记录，若等到需要时再临时收集，其准确性、真实性等方面都难以保证，数据的可信性不高。

以上对数据的收集要求只有在充分利用装备 BIT、状态监控等设备的工作日志信息，明确数据采集时机，有专人负责记录数据，有完善的数据收集系统时才能做到。为满足这些要求以保证数据的质量，完善的信息管理体系必不可少。

5.2.3 使用可靠性信息收集程序与方法

由于可靠性数据的随机性、有价性、随机截尾性等特点，其收集应有周密的计划，以提高工作质量和效果。尤其是现场数据，具有波动性，必须按不同情况和处理要求进行分类，以便为有效地开展分析工作而及时、准确地提供必要数据。在可靠性收集工作中，应遵循规范的程序和高效的方法。

第一，进行需求分析。在收集数据之前必须进行需求分析，明确数据收集的内容和目的。不同的分析对数据的需求是不同的，数据的收集要为分析和决策服务，所收集的对象和内容应随之确定。

第二，确定数据收集点。对现场数据的收集，主要由使用单位的质控室和维修部门等完成。在选择重点地区或部门时，要有一定的代表性。如情报雷达装备具有点多、线长、面广的部署使用特点，其可靠性数据收集点在设置时应考虑使用区域、使用条件、使用方式、使用时间等因素，既要有一定的代表性，也要有一定的数量保证，使分析结果具备良好的适用性。对于新投入使用的装备，应尽可能从头开始跟踪记录，贯穿装备的使用全过程，获得装备寿命剖面的详尽信息。

第三，规范数据收集形式。现场数据的收集一般由装备操作使用人员、维修保障人员完成。数据收集必须就收集的内容和记录形式、记录方法等进行规范，以便数据的收集准确、高效，便于信息系统处理，便于在同行业或同部门内流通，且有利于减少重复工作量，提高效率，也有利于明确认识，统一观点。表 5-1 给出的是对空情报雷达装备可靠性数据收集表格示例。

表 5-1　对空情报雷达装备可靠性数据收集表格示例

故　障　类　别					故　障　影　响					故　障　主　要　原　因						No.:
○	○	○	○	○	○	○	○	○	○	○	○	○	○	○	○	
临战	值班	试机	预维	其他	停机	性降	较小	伤害人员	损坏器材	早期失效	耗损失效	操作	维修	环境	其他	
雷达型号		军内编号			启用时间			总工作时数		是否报故障				架设地点		平地高山
故　障　时　间			故　障　现　象		故　障　部　位			故　障　原　因								排除方法
发生时间：__年__月 __日__时__分			超过允许值		系统：			设计缺陷								换件
开始检修：__年__月 __日__时__分			小于允许值 继续工作		分机： 部分：			器材质量 环境影响								代换 修复
修复时间：__年__月 __日__时__分			不稳定 过热、冒烟、燃烧		故障件： 名称：			超负荷工作 操作失误								维护 送修
检修时数：____ 天 ____ 小时____ 分			绝缘不良 接触不良		代号： 型号：			人为事故								调整 校正
等器材时间：____ 天____ 小时____ 分			打火		损坏情况： 寿命：											老炼
故障前工作时间： ____ 小时____ 分																
天气：阴、晴、雨、雪	温度：	室内	室外	温度：		风力：				报告人：						

5.2.4　工作要点

① 持之以恒。在使用阶段信息流形成闭环的时间相对较长，有些可能只对新型号的研制产生影响，对当前的使用部门并没有直接影响。在这种情况下，信息收集工作在部队接装后，经过一年或两年的时间后信息的收集工作会存在不同程度的松懈。

② 工作越忙越应注意信息收集工作。信息收集工作有这样的特点，越是在装备使用密集的时候，产生的可靠性信息越多。因此，绝不能因为日常训练繁重而忽视可靠性信息的收集工作。

使用可靠性评估

5.3.1 使用可靠性评估流程

使用可靠性评估是装备作战效能和使用适用性评价工作的一部分，使用可靠性评估应纳入装备的整个使用试验与评价工作，统一管理、统一计划、协调实施。可靠性评估工作应与相关的评估工作协调进行。

装备使用可靠性评估流程如下。

（1）评估工作的准备

在制订可靠性评估大纲前，首先应确定评估对象并对其使命任务、试验计划（必要时）和产品结构进行分析，以明确产品的组成、功能、使用环境和所能收集到的数据的质量和数量。

（2）任务分析

确定装备各阶段的任务剖面，并对使用环境进行分析：

① 明确装备的功能及性能要求、故障定义，确定故障判据。

② 确定装备在任务阶段中所使用的环境应力水平和持续时间。

③ 确定环境因子、评估模型和数据来源。

④ 确定装备的任务时间和等效任务时间。任务时间应取最大值或典型值。

（3）装备系统组成分析

① 装备系统的分级和单元产品的划分。根据评估要求把装备系统逐级划分成分系统、设备、部件。这些组成系统的单元，应是有独立试验数据或有可靠性指标要求的产品。

② 在分析装备结构和功能的基础上建立故障树或可靠性框图。

③ 确定评估的数学模型。

④ 确定各层次产品合适的故障分布。故障分布可从大量的试验数据的工程分析中得出，也可从以往类似产品试验数据分析中得出。产品的故障数据一般服从指数分布或二项分布。在产品的故障分布未知的情况下，可以假设为指数分布、二项分布或其他分布；对于所有假设都应有工程经验或统计检验作为依据。

（4）专项试验计划分析

当装备使用过程中的可靠性数据不能满足其使用可靠性评估需求时，可进行专项试验，获取相应的可靠性数据，以弥补装备实际工作中可靠性数据的不足。对专项试验计划分析，主要分析当前可利用的数据，以及需要补充开展的试验方式、时间，明确各项试验的目的、持续时间及截尾方式。

通过试验计划的分析，最大限度地利用目前各种得到的数据，把专为可靠性评估而安排的试验压缩到最低程度。

（5）制订使用可靠性评估大纲

根据装备的可靠性要求和技术要求，以及对装备的使用任务、组成结构和专项试验计划进行分析，制订使用可靠性评估大纲。大纲的主要内容包括：

① 评估组织机构。

② 规定评估的项目、内容及要求；制订可靠性评估的数据收集、处理、分析的程序及管理要求。详细给出各层次产品收集数据的范围、项目、精度，编制数据收集表格。

③ 给出不同试验环境下的环境因子或其计算方法。

④ 确定各层次产品的任务时间和等效任务时间。

⑤ 确定各层次产品的失效分布。

⑥ 给出故障判据。

⑦ 给出区间估计的置信度。

⑧ 按照产品特点和组成结构的差异，确定相应的评估模型。

⑨ 确定分布检验、离群值检验的方法及显著性水平。

⑩ 确定评估工作的进度安排。

⑪ 确定评估报告格式。

（6）可靠性评估数据的收集和处理

可靠性评估工作的有效性，在很大程度上取决于用于可靠性评估的数据收集的全面性、适用性分析以及数据处理的恰当性。例如：

① 若收集的数据不充分，评估得到的结果将不可信。

② 若收集的数据不适用于可靠性评估而将这些数据用于可靠性评估，如两个装备的设计、结构和技术体制都有较大的差异，如果将其中一个装备的可靠性数据用于另一个装备的可靠性评估，则所得到的评估结果的可信度必将下降。

③ 收集到的数据，很多是在不同环境条件下收集的，需要将不同环境的数据折算到同一个环境条件下。例如，同一个型号的两个雷达设备 A、B，A 雷达设备的工作环境为 a（假设为地面良好，参考 GJB 299C），B 雷达设备的工作环境为 b（假设为舰船普通舱内），当 A 雷达设备已经过可靠性鉴定时，由于 B 雷达设备的工作环境与 A 雷达设备的工作环境不同，A 雷达设备的可靠性鉴定结果或可靠性评估结果不能等同于 B 雷达设备的，也就是说，B 雷达设备需要重新进行可靠性评估。评估时，将 A 雷达设备的数据作为相似产品数据，经过环境因子折算后，可用于 B 雷达设备的可靠性评估。

（7）评估计算

根据评估大纲确定的评估方法及数学模型计算产品的可靠性特征量。一般可评估在计算得到不同置信度要求下产品的平均故障间隔时间上下限、等效故障数。

在评估计算过程中，需要注意：

① 用于评估的数据，必须源于同一母体。不同环境应力条件下的数据，需要经过数据适用性分析、环境因子折算后才能用于评估。

② 可靠性评估计算，可计算单个设备的可靠性，也可采用可靠性框图的评估方法，从组件、设备、分系统到系统，逐层进行可靠性评估。

③ 可靠性评估一般可采用经典法、贝叶斯法等进行评估。

（8）结果分析与报告编制

通过可靠性评估确定装备的可靠性是否达到规定的要求，并针对薄弱环节，分析原因，提出改进措施，以实现可靠性提升。编写评估报告，主要内容包括：

① 装备的结构与任务分析。

② 确定的故障判据准则。

③ 数据统计与分析。

④ 可靠性评估模型与计算结果。

⑤ 将可靠性评估值与设计指标进行比较，分析薄弱环节和提出改进设计的建议。

5.3.2 常用数据处理方法

（1）数据汇总及基本特征量计算

如前所述，收集装备在使用阶段的故障及维修保障信息是开展使用可靠性评估工作的基础，一般而言，在日常完成对相关数据的收集后，通过汇总、整理，可初步统计出装备及其各分系统的平均故障间隔时间、平均修复时间、系统可用度、故障率等特征量。

以表 5-1 数据为例，上述信息可通过软件系统或 Excel 表格汇总成表 5-2 所示格式。

表 5-2　对空情报雷达装备可靠性信息统计表

编号	单位名称	装备型号	出厂编号	故障日期	累计工作时间/h	故障子系统	故障影响	是否BITE	实际修理时间/h	等器材时间/h	修理方式
1	A	YYY	XXXX XX	2022/12/20	12865	发射	停机	是	2.5	1	换件自行修复
...	...	...	...	...	...	...	...	...	...	...	...
57	A	YYY	XXXX XX	2022/1/3	8226	终端	性能下降	否	20	0	原件自行修复

以编号为"XXXXXX"的 YYY 雷达为例，当通过汇总、整理，并去除不合理数据后，共保留其 2022 年度故障数据 57 条，其中 15 条为停机故障，以下为该雷达在 2022 年度相关使用参数指标的统计计算方法。

① 数据提取

a）该雷达首次故障时累计工作时间为 8226h，最后一次故障时累计工作时间为 12865h，两者之差即为该雷达在该年度的累积工作时间 s ，显然 $s = 12865\text{h} - 8226\text{h} = 4639\text{h}$ 。

b）由原始表格数据可知该雷达累计故障及维修次数 $r = 57$ ，此外，还可对各分系统的累计故障及维修次数进行统计。

c）将每次维修的实际修理时间进行累加，可得该雷达的修理总时间 $t_F = 119.0\text{h}$ ，此外，还可对各分系统的实际修理时间进行统计。

② 指标估计

使用可靠性评估通常采用点估计，估计的精度取决于投入评估的装备数量、统计的使用时间长度，估计的精度还会受到数据来源的准确性和评估人员分析水平的影响。以上述装备为例。

该雷达在此期间的平均故障间隔时间，即 $\text{MTBF} = s/r = 81.39\text{h}$ 。

此外，还可通过对各分系统的相关数据进行统计，得到表 5-3 所示的结果。

表 5-3 使用可靠性特征量统计样表

分系统	累计工作时间/h	故障及维修次数	维修总时间/h	延误总时间/h	MTBF/h	MTTR/h	平均保障延误时间	使用可用度
整机	4639	57	119.00	224.00	81.39	2.09	3.93	0.93115
天馈	4639	3	8.00	48.00	1546.33	2.67	16.00	0.98807
发射	4639	20	47.50	120.00	231.95	2.38	6.00	0.96515
接收	4639	7	16.50	0.00	662.71	2.36	0.00	0.99646
信号处理	4639	3	5.50	0.00	1546.33	1.83	0.00	0.99882
监控	4639	10	17.00	0.00	463.90	1.70	0.00	0.99635
终端	4639	8	13.00	0.00	579.88	1.63	0.00	0.99721
伺服	4639	3	8.00	56.00	1546.33	2.67	18.67	0.98639
电源	4639	3	3.50	0.00	1546.33	1.17	0.00	0.99925

除了上述特征量外，还可以扩大统计分析的特征量范围，如仅考虑停机故障，统计整机及各分系统的严重故障间隔时间 MTBCF、MTTR、使用可用度等，同时，还可扩大该装备的使用范围、使用时间。

（2）故障主次及因果分析

在上述对故障及维修数据进行汇总并计算可靠性特征量的基础上，还可进一步对导致雷达装备故障的主要故障模式与关键原因（主要故障机理）进行分析，进而采取有效措施，提高装备维修和保障效益。以下介绍常用的排列图法和因果图法。

① 排列图法

排列图又叫巴雷特图或主次图，它是一种分析、查找主要因素的直观图表。将要分析的因素按主次从左向右排列作为横坐标，而纵坐标则为各因素所占的百分比或累积百分比。排列图按从大到小的顺序显示出每个项目（如故障模式、故障原因）在整个结果中相应的作用，相应的作用可以用发生频率或次数等指标表示。用矩形的高度表示每个项目相应的作用大小，用累积频率（累积百分比）表示各项目的累积作用。这样，从排列图上就可以直观找到主要因素，因此，将排列图用于产品或系统的故障频数分析，可以找到故障最多的主要故障模式以及关键系统或产品；而用于故障机理分析，则可以找到故障的主要原因及次要原因。

在分析过程中，在排列图上画出各因素的累积频率，累积频率在 80%～90%范围内的因素为主要因素，累积频率在 90%～100%范围内的因素为次要因素。在各种分析中，排列图中的主要因素应重点考虑。

例 表 5-4 所示为汇总并整理后的某型雷达整机 4 年的故障分布统计数据，试绘制其排列图。

表 5-4　某型雷达整机故障分布

分系统	天馈	发射	接收	信号处理	终端	伺服	监控	其他
故障次数/次	5	46	7	2	17	13	2	2
百分比/%	5.32	48.93	7.45	2.13	18.08	13.83	2.13	2.13

图 5-1 为根据表 5-4 数据绘制的某雷达整机故障分布排列图，从该图上可以看出发射分系统是该型装备发生故障的主要分系统，终端、伺服、接收分系统也应作为关注的对象。

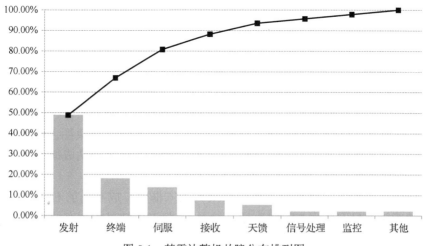

图 5-1　某雷达整机故障分布排列图

进一步分析其发射分系统各组件的故障分布情况，可得表 5-5 所示统计表。

表 5-5　发射分系统故障统计表

故 障 部 位	故障频率/次	故障百分比	累积故障百分比
末级功放	21	50.00%	50.00%
开关电源 1	9	21.43%	71.43%
配电单元	5	11.90%	83.33%
开关电源 2	4	9.52%	92.86%
激励功放	2	4.76%	97.62%
输入、输出转换开关	1	2.38%	100.00%

根据表 5-5 进一步绘制该雷达发射分系统故障分布排列图，如图 5-2 所示。

在发射分系统故障分布排列图分析中，得出末级功放、开关电源、配电单元为关键产品，它们的故障占发射分系统故障的 83.33%。

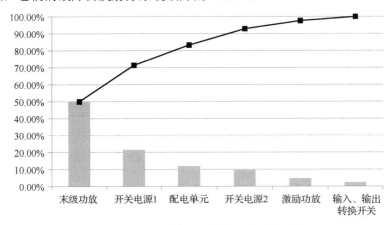

图 5-2　某雷达发射分系统故障分布排列图

② 因果图法

导致过程或产品出现故障的原因可能有很多，通过对这些因素进行全面系统的观察和分析，找出其因果关系，这对问题的解决是非常有帮助的。因果图最早由日本东京大学教授石川馨（1953 年）提出，因此又叫石川图。因果图通过识别症状、分析原因、寻找措施来促进问题的解决。许多可能的原因被归纳成原因类别与子原因，画成形似鱼刺的图，所以该工具又称鱼刺图。

因果图画法如下：将需要分析的结果列入方框中，放在图的右边，相当于鱼头，用带箭头的粗实线为主干线直通"结果"，将造成结果的所有原因，按层次分析后分别列在"鱼刺"（"树枝"）上，如图 5-3 所示。

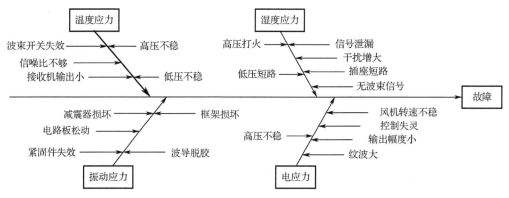

图 5-3　某雷达液压调平系统故障因果图

因果图的显著特点是要做到"重要因素不要遗漏"和"不重要的因素不要绘制"，做到这两点应从两个方面着手：一是找出原因，应尽可能具体到确定原因；二是系统整理这些原因。查找原因时，要求进行开放式的积极讨论，最有效的方法是"头脑风暴法"，通俗地讲就是"三个臭皮匠顶一个诸葛亮"，因此，作图时除主要使用、维修人员外，还应吸收有关方面人员参加或提意见，并从已有资料和信息中进行分析，找出原因，这样的因果图才是改进维修质量、提高装备可靠性的有力依据。因果图与排列图分析配合使用，效果会更好。

（3）分布类型初步分析

通过前文对可靠性信息的汇总、分析，可以初步计算出装备及其各分系统的平均故障间隔时间等特征量。但是，还需进一步了解如何通过上述数据初略判定故障及维修数据的分布类型，判定装备故障的发展趋势。以下主要介绍基于直方图的可靠性分布类型分析方法。

直方图是用来整理数据，找出其规律性的一种常用方法。通过作直方图，可以求出一批数据（一个样本）的样本均值与样本标准差，更重要的是根据直方图的形状可以初步判断该批数据（样本）的总体属于哪类分布。绘制直方图的具体步骤是：

① 找出数据中最大值 $X_{\max}$ 和最小值 $X_{\min}$ ，求极差 $R = X_{\max} - X_{\min}$ 。

② 确定组数和组距。组数 K 过大和过小都不易发现数据分布的规律性，通常根据数据量 n 来确定。数据量 n 也不能太小，通常 $n > 30$ ，实际确定直方图组数时可参考表 5-6。

表 5-6　直方图组数确定表

数据量 n	组数 K
<50	5～7
50～100	6～10

数据量 n	组数 K
100～250	7～12
>250	10～20

此外，关于确定组数和组距的通用公式分别如下：

$$K = 1 + 3.3 \lg n$$

$$组距 \Delta t = R/K$$

③ 确定各组分点。先以最小值 $X_{\min}$ 为第一组下限值，最小值 $X_{\min}$ 加上组距 Δt 为第一组上限值；然后以前一组的上限值为后一组的下限值，后一组下限值加上组距 Δt 就是后一组的上限值；依此类推。

④ 统计落入各组的频数 Δr_i 和频率 ω_i：

$$\omega_i = \frac{\Delta r_i}{n}$$

⑤ 计算样本均值 $\bar{t}$：

$$\bar{t} = \frac{\Delta r_i}{n} \sum_{i=1}^{K} \Delta r_i \cdot t_i = \sum_{i=1}^{K} \Delta \omega_i \cdot t_i$$

⑥ 计算样本标准差 s：

$$s = \sqrt{\frac{1}{n-1} \sum_{i=1}^{K} \Delta r_i (t_i - \bar{t})^2}$$

⑦ 绘制直方图。

a）频数直方图。以故障时间为横坐标、各组的故障频率为纵坐标，作故障频数直方图，如图 5-4（a）所示。

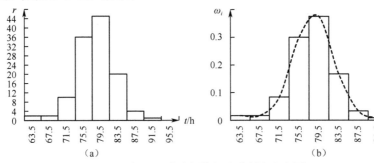

图 5-4　故障频数与故障频率直方图

b）频率直方图。将各组频率除以组距 Δt，取 $\frac{\omega_i}{\Delta t}$ 为纵坐标、故障时间为横坐标，作故障频率直方图，如图 5-4（b）所示。由图看出，当样本量增大，组距 Δt 缩小时，将各直方之中心点连成一条曲线，则它是分布密度曲线的一种近似。

在各组组距相同时（在实际处理数据时，组距也可取得不等），产品的故障频数直方图的形状和故障频率直方图的形状是相同的，应注意它们的纵坐标不同。

c）累积频率直方图。第 i 组的累积频率为

$$F_i = \sum_{j=1}^{i} \omega_j$$

以累积频率为纵坐标、故障时间为横坐标，作累积频率分布图，如图 5-5 所示。当样本量 n 逐渐增大到无穷时，组距 $\Delta t \to 0$，那么各直方中心点的连线将趋近于一条光滑曲线，表示累积故障分布曲线。

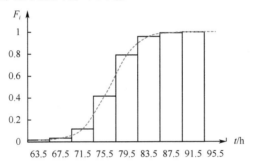

图 5-5　累积频率分布图

由上述直方图的形状可以初步判断数据分布的类型。

d）平均故障率曲线。为初步判断产品的寿命分布，也可作产品的平均故障率随时间变化的曲线。平均故障率 $\bar{\lambda}(\Delta t_i)$ 表示在 Δt_i 时间区间内产品的平均故障率，即

$$\bar{\lambda}(\Delta t_i) = \frac{\Delta r(t_i)}{n_s(t_{i-1})\Delta t_i}$$

式中：Δr_i ——在 Δt_i 时间区间内的故障频数；

$n_s(t_{i-1})$ ——进入第 i 个时间区间（第 i 组）时的受试样品数，即

$$n_s(t_{i-1}) = n - r(t_{i-1})$$

而 r_{i-1} 指进入第 i 个时间区间时的累计故障数。绘制由计算所得到的平均故障率曲线，如图 5-6 所示。

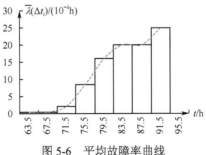

图 5-6　平均故障率曲线

例 有某型收发开关管寿命数据 120 个，数据见表 5-7，试求平均寿命及其标准差，并作产品直方图及平均故障率曲线，初步判断其寿命为何种分布。

表 5-7　某型收发开关寿命数据

单位：10^2h

86	83	77	81	81	80	79	82	82	81	75	79	85	75	74	71	88	82	76	85
82	78	80	81	87	81	77	78	77	78	81	79	77	78	81	87	83	65	64	78
77	71	95	78	81	79	80	77	76	82	80	80	77	81	75	83	90	80	85	81
84	79	90	82	79	82	79	86	76	78	82	84	85	84	82	85	84	82	85	84
82	78	73	83	81	83	83	89	81	86	81	87	77	77	80	82	83	75	82	82
78	84	84	84	81	81	74	78	78	80	74	78	73	78	74	82	77	78	78	78

解：

找出数据中的最大值和最小值，求极差：

$$R = X_{\max} - X_{\min} = 95 \times 10^2\,\text{h} - 64 \times 10^2\,\text{h} = 31 \times 10^2\,\text{h}$$

确定组数和组距：

$$K = 1 + 3.3\lg n = 1 = 3.3\lg 120 = 7.86 \approx 8$$

$$\Delta t = \frac{R}{K} = 3.875 \times 10^2 \approx 4 \times 10^2\,\text{h}$$

列表计算，见表 5-8。

表 5-8　某型收发开关寿命分组数据累积频率计算表

序号	时间区间 / （10^2h）	中心值 / （10^2h）	频数 Δr_i	频率 ω_i	（$\omega_i \times t_i$） / （10^2h）	（$t_i - \bar{t}$） / （10^2h）	$\Delta r_i(t_i - \bar{t})^2$	累积频率 F_i
1	63.5～67.5	65.5	2	0.01667	1.0919	−14.7026	432.3329	0.01667
2	67.5～71.5	69.5	2	0.01667	1.1586	−10.7026	229.0913	0.03333
3	71.5～75.5	73.5	10	0.08333	6.1248	−6.7026	449.2485	0.11667
4	75.5～79.5	77.5	36	0.3	23.25	−2.7026	262.9457	0.41667
5	79.5～83.5	81.5	45	0.375	30.5625	1.2974	75.7461	0.79167
6	83.5～87.5	85.5	20	0.1667	14.2529	5.2974	561.2489	0.95833
7	87.5～91.5	89.5	4	0.03333	2.9830	9.2974	345.7666	0.9917
8	91.5～95.5	93.5	1	0.00833	0.7789	13.2974	176.8208	1.0000
总和			120		80.2026		2533.2008	

计算平均寿命：

$$\bar{t} = \frac{1}{n}\sum_{i=1}^{K}\Delta r_i \cdot t_i = \sum_{i=1}^{K}\Delta\omega_i \cdot t_i = 8.025 \times 10^3\,\text{h}$$

计算标准差

$$s = \sqrt{\frac{1}{n-1}\sum_{i=1}^{K}\Delta r_i(t_i - \overline{t})^2} = 4.4988 \times 10^3 \text{h}$$

$$s = \sqrt{\frac{1}{n-1}\sum_{i=1}^{K}\Delta r_i(t_i - \overline{t})^2} = 4.4988 \times 10^2 \text{h}$$

作直方图,参考图 5-4 和图 5-5。

平均故障率的计算,结果见表 5-9,根据计算结果作直方图,参考图 5-6。

该型号产品故障分布的初步判断。由图 5-6 可知,产品故障率随时间的增长而增加,属于耗损型失效;又由图 5-4 可知,直方图形状呈现中间大、两头小的特点。因此,可初步判断该型号产品的寿命分布为正态分布。

表 5-9 某型收发开关寿命分组数据平均故障率计算结果

时间区间 / (10^2h)	Δr_i	$n_s(t_{i-1})$	Δt_i	$\overline{\lambda}(\Delta t_i)$ / (10^{-4}h)	时间区间 / (10^2h)	Δr_i	$n_s(t_{i-1})$	Δt_i	$\overline{\lambda}(\Delta t_i)$ / (10^{-4}h)
63.5～67.5	2	120	400	0.4167	79.5～83.5	45	70	400	16.07
67.5～71.5	2	118	400	0.4237	83.5～87.5	20	25	400	20
71.5～75.5	10	116	400	2.155	87.5～91.5	4	5	400	20
75.5～79.5	36	106	400	8.490	91.5～95.5	1	1	400	25

根据上述方法,可以初步判断样本数据服从某一分布。但是,样本所反映的与假设的分布是有差异的,差异来自两个方面:一是分布假设不正确,假设的分布不是总体的分布;二是抽样的随机性所带来的抽样误差,称为随机误差。如果样本的偏差明显大于随机误差,则说明存在分布假设偏差,分布假设不正确;相反,如果样本的偏差与随机误差相差不大,则说明分布假设正确,可按照假设的分布进行数据分析和处理。

为此,在上述维修信息的初步整理、分析后,若要进一步推断产品寿命是否服从初步整理分析所选定的分布,还需通过拟合优度(观测数据的分布与选定的理论分布之间符合程度的度量)检验进一步进行分析。

(4)分布类型检验

观测数据是否服从某种理论分布,需要进行拟合检验。由图估法不难得出,产品分布的理论值在概率纸上应该是一条理想的直线,而产品样本的实测值却往往在直线附近摆动。也就是说,子样的实测值是分布在母体理论值的周围的。于是理论分布与实测分布之间的偏差又形成了一种新的分布。如果能够构造一个反映理论值与实测值偏差值的统计量,并且能够确定这种统计量的分布类型,就可以根据这个统计量分布类型的允许范围,对实测值是否与理论值相符合做出判断。

假定构造的统计量为 μ,并且已知 μ 是服从 μ_α 分布的,其中 α 为 μ 分布的 α 分位点,并且设 α 是一个较小的数,如 $\alpha=0.05$,0.01,0.10 等。如果有下列式子成立:

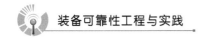

$$P(\mu \geq \mu_\alpha)=\alpha$$

就称事件"$\mu \geq \mu_\alpha$"为小概率事件。

由概率论可知，小概率事件在一次试验中几乎是不可能发生的。也就是说，一般来说事件"$\mu \geq \mu_\alpha$"是不会发生的；如果发生了，表明这一事件不可信，或者说这一事件发生的可能性只有α，有$1-\alpha$的把握相信它不会发生。

如果事件"$\mu \geq \mu_\alpha$"不发生，表明这一事件是可信的，或者说这一事件不出现的可能性为$1-\alpha$，因此有$1-\alpha$的把握相信事件"$\mu \geq \mu_\alpha$"不会发生，或者说有$1-\alpha$的把握相信会出现事件"$\mu < \mu_\alpha$"。

为此，我们将α称为显著性水平，将$1-\alpha$称为置信度。

综上所述，对产品寿命分布进行拟合检验的基本思想是：首先根据以往的经验，根据样本直方图的几何形状、实测数据在各种概率纸上的拟合程度，对母体的分布类型做出假设；然后构造一个能够反映理论值与实测值偏差的统计量，在已知统计量的精确分布或渐近分布的前提下，根据一定的置信度来选取判别标准；最后将统计量的计算值与判别标准进行比较，做出接受原假设或拒绝原假设的判决。

进行分布拟合检验的基本步骤如图 5-7 所示。

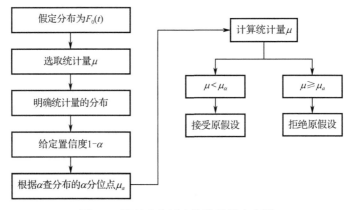

图 5-7　进行分布拟合检验的基本步骤

确定寿命分布类型的拟合检验方法比较多。在具体应用过程中，只要选取合理的统计量，并查找统计量所趋分布的 α 分位点就可以了。关于统计量的构造方法及统计量分布的表格编制，请参阅有关数理统计方面的资料。

（5）分布参数估计

对于同一分布来说，分布参数不同，分布的概率密度曲线也就不同，因此在母体分布类型已经知道的情况下，数据分析的主要任务就是根据子样的统计数据来估计母体分布参数。由前述可知，指数分布只有一个参数，即失效率 λ；正态分布有两个参数，均值 μ 及标准离差 σ；对数正态分布也有两个参数，即对数均值 μ 及对数标准离差 σ；而对于威布尔分布来说，则有 3 个分布参数，即形状参数 m、尺度

参数 t_0 或 η，以及位置参数 γ。只有既确定了产品的寿命分布类型，又掌握了产品的寿命分布参数以后，才能对产品的可靠性指标进行计算。

① 点估计

用一个点值来估计母体分布参数的方法，在统计学中称为参数的点估计法。如前所述，可以采用图估法来对分布参数进行点估计。此法的优点是简单易行，但其结果会因人而异，不甚精确。比较精确的点估计方法有矩法、最小二乘法（LSQL）、极大似然法（MLE）、最佳线性无偏估计法（BLUE）、简单线性无偏估计法（GLUE）以及最佳线性不变估计法（BLIE）等。

根据矩法的原理，在 n 足够大时，将 n 次试验中事件 A 出现的频率 v_i/n 作为它出现的概率 p_i 的点估计值；将子样观察值的平均值

$$\overline{x} = \frac{1}{n}\sum_{i=1}^{n} x_i$$

作为母体数学期望 μ 的点估计值；将子样观察值的方差作为母体方差 σ^2 的点估计值

$$s_n^2 = \frac{1}{n}\sum_{i=1}^{n} (x_i - \overline{x})^2$$

关于矩法的内容请看有关数理统计方面的书籍。

② 分布参数的区间估计

分布参数的估计除了点估计以外，为了准确地说明估计量在 θ 附近的变化范围，还可进行区间估计。若子样的函数为 θ_L 和 θ_U，使得未知参数 θ 落在区间 $[\theta_L , \theta_U]$ 内的概率为 $1-\alpha$，即

$$P(\theta_L \leqslant \theta \leqslant \theta_U)=1-\alpha$$

其中：$\theta < \alpha < 1$，$1-\alpha$ 称为置信度，α 称为显著水平。则称区间 $[\theta_L , \theta_U]$ 为置信度为 $1-\alpha$ 的置信区间，θ_L 为置信下限，θ_U 为置信上限。

置信区间的构造原理，牵涉到较多的数理统计知识。构造置信区间的基本方法一般有两种：一种是找出子样 x_1，x_2，…，x_n 和参数 θ 的函数 y，如果 y 的概率分布已知，而且与 θ 无关，就可以得到两个常数 a，b，使得 $P(\theta_L \leqslant \theta \leqslant \theta_U)=1-\alpha$，再把事件 $a \leqslant y \leqslant b$ 换成与之相等的事件 $\theta_L \leqslant \theta \leqslant \theta_U$，就得到 $P(\theta_L \leqslant \theta \leqslant \theta_U)=1-\alpha$，从而得到 θ 的置信水平为 $1-\alpha$ 的置信区间。

例如，母体服从正态分布 $N(\mu,\sigma)$，当 σ 已知时，可以构造一个统计量 $y = \dfrac{\sum\limits_{i=1}^{n} x_i}{n} - \mu$，显然它是子样 x_1，x_2，…，x_n 和待估参数 μ 的函数。由概率统计学的中心极限定理可知，$\dfrac{\overline{x} - \mu}{\sigma/\sqrt{n}}$ 是渐近于标准正态分布 $N(0,1)$ 的，而 $N(0,1)$ 是与待估参

数无关的，因此有 $P\left(\left|\dfrac{\bar{x}-\mu}{\sigma/\sqrt{n}}\right| \leqslant U_\alpha\right) = 1-\alpha$ ，其中 U_α 是正态分布的双侧 α 分位点。

由此可见

$$P\left(-U_\alpha \leqslant \frac{\bar{x}-\mu}{\sigma/\sqrt{n}} \leqslant U_\alpha\right) = 1-\alpha$$

$$P\left(\bar{x}-U_\alpha\frac{\sigma}{\sqrt{n}} \leqslant \mu \leqslant \bar{x}+U_\alpha\frac{\sigma}{\sqrt{n}}\right) = 1-\alpha$$

最后得到

$$\mu_{\mathrm{L}} = \bar{x}-\frac{\sigma}{\sqrt{n}}U_\alpha, \qquad \mu_{\mathrm{U}} = \bar{x}+\frac{\sigma}{\sqrt{n}}U_\alpha$$

这就是正态分布平均寿命的区间估计公式。

又如，对于指数分布的定数截尾试验，可以构造统计量 $y=2\lambda T_{r,n}=\dfrac{2r\hat{\theta}}{\theta}$ 。可以证明， $2\lambda T_{r,n}$ 是服从 $\chi_\alpha^2(2r)$ 分布的，因此有关系式

$$\chi_{\frac{\alpha}{2}}^2(2r) \leqslant 2\lambda T_{r,n} \leqslant \chi_{1-\frac{\alpha}{2}}^2(2r)$$

最后得到定数截尾试验的区间估计式为

$$P\left(\frac{\chi_\alpha^2}{2T_{r,n}} \leqslant \lambda \leqslant \frac{\chi_{1-\alpha/2}^2(2r)}{2T_{r,n}}\right) = 1-\alpha$$

求置信区间的另一种方法是：设待估计参数 θ 的估计量为 $\theta=t(x_1,x_2,\cdots,x_n)$ 。这是一个随机量，通常可取极大似然估计量，假设它的密度函数为 $g(t',\theta)$ ， t' 是 $t(x_1,x_2,\cdots,x_n)$ 的一个观察值，即从母体抽得一个子样 $x_1,x_2,\cdots,x_n$ 后函数 $t(x_1,x_2,\cdots,x_n)$ 的值。把 θ 作为未知数，解方程组

$$\begin{cases} \int_{t'}^{\infty} g(t',\theta)\mathrm{d}t = \dfrac{\alpha}{2} \\ \int_{-\infty}^{t'} g(t',\theta)\mathrm{d}t = \dfrac{\alpha}{2} \end{cases}$$

便可得到置信区间的下限 θ_{L} 和上限 θ_{U} 。

总之，参数的区间估计是对未知数参数 θ 给出一个估计范围 $(\theta_{\mathrm{L}}, \theta_{\mathrm{U}})$ ，其中 θ_{L} 和 θ_{U} 是通过子样观察值由数理统计方法推算出来的。

5.3.3 工作要点

① 使用可靠性评估应以实际的使用条件下收集的各种数据为基础，必要时也可组织专项试验，以获得所需的信息。

② 订购方应组织制订使用可靠性评估计划，计划中应规定评估的对象、评估的参数和模型、评估准则、样本量、统计的时间长度、置信水平以及所需的资源等，要求承制方参与的事项应用合同明确。

③ 使用可靠性评估一般在装备部署后，人员经过培训，保障资源按要求配备到位的条件下进行。

④ 使用可靠性评估应综合利用装备使用期间的各种信息，使用可靠性评估应与系统战备完好性评估同时进行。

⑤ 编制使用可靠性评估报告。

5.4 使用可靠性改进

使用可靠性改进的目的是对装备使用中暴露的可靠性问题采取改进措施，以提高装备的使用可靠性水平。装备初始使用阶段的可靠性改进主要是为了尽快达到使用可靠性目标值，后续的可靠性改进主要是为了提高可靠性水平，满足不断发展的需要。

根据装备从初始使用经过不断改进逐步发展成熟的成长规律，使用可靠性改进贯穿装备使用的全过程，在装备使用的早期尤为重要。在装备使用早期，会比较集中地暴露出设计、工艺、使用、保障等方面的可靠性问题，使装备达不到使用可靠性目标值，必须及时组织可靠性改进，以尽快达到使用可靠性要求。更为重要的是，在装备使用过程中，随着作战使用需求的变化和技术的发展，对装备可靠性的要求也在不断变化，使用可靠性改进是满足不断变化的可靠性要求的主要措施，因此使用可靠性改进贯穿装备使用的全过程。

5.4.1 可靠性改进项目的确定

使用可靠性改进项目的确定主要考虑改进的军事效益和经济效益，具体来说就是：

① 优先考虑影响安全的问题，对危及安全的故障即使发生概率不大，也应充分重视，优先予以解决。

② 重点考虑对作战使用影响大的问题，发生概率高，对战备完好性、任务成功性影响大的故障应予以重点解决。

③ 考虑对维修保障影响比较大的问题，对维修困难、维修工作量大、维修时间长的问题要予以解决。

④ 考虑对寿命周期费用影响大的问题，通过可靠性改进能有效降低寿命周期费用。

⑤ 可靠性改进后的产品要便于改装，尤其对于后续的可靠性改进，必须考虑改装的可能性；如果不能实施改装，其军事效益和经济效益都将大打折扣。

5.4.2 可靠性改进的途径

使用可靠性反映了产品设计、制造、安装、使用、维修、环境等因素的综合影响，因此，使用可靠性改进的途径除了对产品进行设计更改和工艺更改以外，还包括使用与维修方法更改、保障系统及保障资源的更改等。

① 设计更改

主要是从设计本身，通过技术改进提高可靠性技术，提高自身的固有可靠性和环境适应性。比如优化结构设计和电路设计、采取抗震或减震措施、更换耐环境和工作应力的材料、提高元器件质量等级、修改存在缺陷的软件、增加关键薄弱环节的裕度等。

② 工艺更改

主要是提高生产工艺的稳定性，保证设计可靠性的实现。比如：改进结构件焊接工艺，提高焊接的疲劳强度；改进电路的焊接工艺，减少虚焊；改进机械加工工艺，提高加工精度；改进表面处理工艺，提高接触面的抗磨损能力；改进涂敷工艺，提高抗腐蚀能力；改进防静电措施，防止安装过程中静电对元器件的损伤；调整质量控制界限，减小产品差异；等等。

③ 使用与维修方法更改

通过调整使用与维修方法，使产品得到恰当的维护修理，提高装备的使用可靠性水平。比如调整操作程序，规定操作禁忌，调整预防性维修周期，改进检查、维修方法等。

④ 保障系统及保障资源的更改

改进保障系统，合理配置保障资源，为保持装备的可靠性水平创造更好的条件。比如，改进维修设施和设备，合理配置维修人员，深化对使用、维修人员的培训，改进使用维护资料，改善存放条件，改进包装运输方式等。

5.4.3 工作要点

① 使用可靠性改进应列入订购方的可靠性计划。使用可靠性改进是装备可靠性工作的重要组成部分，订购方在制订可靠性计划时，应将使用可靠性改进工作作为必备的工作项目列入计划，并随着工作进展逐步细化、完善。

② 可靠性改进工作应与其他改进工作协调进行。可靠性改进是装备改进的重要内容，必须与装备的其他改进项目充分协调与权衡，以保证总体的改进效益。使

用可靠性改进的目标是提高战斗力，降低寿命周期费用，因此使用可靠性改进不仅要与维修性、保障性等方面的改进协调和权衡，而且，还要与性能的改进相协调与权衡，只有这样才能保证以较小的代价取得最大的效益。

③ 对承制方参加使用可靠性改进的要求应通过合同明确。由于影响使用可靠性的因素比较复杂，提高使用可靠性的途径也有多种，加上使用可靠性改进工作可以由不同单位来承担，因此由承制方承担的工作应通过合同予以明确。装备使用初期的可靠性改进应作为装备研制的工作内容，由承制方负责，并在相应的装备研制合同中予以明确；但考虑到使用可靠性改进突发性问题多，工作难以预料，也可以签订可靠性改进专项合同。对于后期的可靠性改进工作，需要承制方参加的，应签订可靠性改进专项合同。

5.4.4　可靠性改进示例

H 雷达是与某型飞机配套的多功能火控轰炸雷达，研制合同要求 MTBF 最低可接受值为 80h，成熟期目标值为 120h。由于可靠性设计、试验不足，H 雷达在装备部队使用后，故障率非常高，严重影响了飞机的战斗力，因此专门组织了使用可靠性改进，并进行了部队改装，取得了非常好的效果。

（1）外场初始评估和故障分析

根据部队的反映，对 H 雷达故障信息进行了分析，并进行了可靠性评估。据统计，H 雷达共发生故障 180 起，MTBF 点估计值为 46h，主要问题有：测角系统稳定性差，接收机前端失效，发射机误保护，显示抖动、卷边、层次不清、扫描线裂缝，信标解码误报，液压马达漏油，双边校零、参数调整困难，使用维护不当等。通过分析，设计问题占 30%，元器件问题占 32%，工艺问题占 18%，使用维护问题占 7%，其他占 5%，而其中硬件问题占 79%，计算机软件问题占 10%。

由于 MTBF 点估计值只有 46h，距可靠性要求值差距很大，而且这些问题对完好率的影响也较大，必须进行可靠性改进。

（2）制订计划和方案

① 确定改进项目。根据可靠性数据分析，将问题归纳为 34 类数据直方图，首先确定累积频率在 95%以内的 27 个问题为可靠性改进项目，然后通过分析发现排列在此之外的两个问题对维修率和完好率影响也较大，因此最后确定 29 个可靠性改进项目。

② 确定改进方案。在确定改进项目的同时，针对每一个问题的具体情况制订改进方案。比如，为从根本上解决测角系统稳定性差的问题，制订测角系统由模拟测角系统改为数字式测角系统的方案；为解决接收机前端失效问题，对接收机电路进行系统优化，并将有源放电管更换为无源放电管；为解决发射机误保护问题，提

高发射机对电源的适应性，增加保护后的清零电路，同时增加应急加高压开关，保证在紧急情况下可以使保护后的雷达快速恢复工作；针对参数调整问题进行系统优化，由原来的 32 个参数调整单元减少为 12 个参数调整单元；为解决双边校零困难影响使用的问题，研制双边校零专用模块；对发现的软件问题进行修改并进行回归测试；改进高频电缆压接工艺、表面涂敷工艺、旋转关节的表面处理工艺，增加防静电措施；同时，改进使用维护资料，编制电子化的使用维护手册，并对部队空勤人员和机务人员进行深化培训。

③ 签订合同。改进项目和改进方案确定后，与有关研制单位签订专项合同，明确可靠性改进项目、技术方案、改进目标、厂内验证及试飞验证、完成时限、经费、责任单位及相互关系等。

（3）组织更改和试验验证

经过一年半的努力，完成了 29 项改进工作，通过了环境试验、电磁兼容试验、可靠性鉴定试验、适应性试飞、精度试验和实弹打靶试飞。可靠性鉴定试验采用 GJB 899 中标准型定时试验方案 14，试验时间为 624h，发生故障 2 个，通过了检验下限为 80h 的可靠性鉴定试验。

（4）改装

为了将改进成果尽快落实到现役飞机上，尽快提高部队战斗力，采取了边研制试验边改装的方式。对于改动比较小、把握比较大的 15 项改进，厂内试验验证成功后立即落实到批量生产中，同时组织改装。其他改进项目待完成全部试验和试飞后将组织专门的部队改装，最后会将全部改进措施落实到部队飞机上。

（5）外场评估验证

对改进后的雷达进行了跟踪和外场评估，MTBF 点估计值达到 141h，H 雷达的可靠性和可维修性得到明显提高。空勤和地勤人员反映，改进后的 H 雷达，工作稳定，使用及维修保障更加便利，完好率显著提高。

第6章

装备可靠性管理

6.1 概述

6.1.1 可靠性管理的内涵

可靠性管理是指为确定和满足装备可靠性要求而进行的一系列组织、计划、协调、监督等工作。可靠性管理是满足装备可靠性要求、研制高可靠性装备的基本保证，对装备质量建设及其效能发挥有着全局性的影响。

可靠性管理的目的是以最少的资源实现装备的可靠性目标。从宏观上讲，可靠性管理的目标是：提高装备的战备完好性和任务成功性，减少维修人力和保障费用；从一个型号的角度看，可靠性管理的目标是以最合适的费用实现装备的可靠性要求。

可靠性管理是指依据系统工程思维，对装备寿命周期中所需开展的一系列可靠性工作（活动）进行规划和计划，建立健全的工作制度和组织机构，制订合理的可靠性计划和可靠性工作计划，开展有效的监督与控制和评审，以确保实现装备规定的可靠性要求。

可靠性管理从系统的观点出发，对装备寿命周期中各项可靠性活动进行规划、组织、协调与监督，以全面贯彻可靠性工作的基本原则，实现既定的可靠性目标，其内涵包括时间、对象、内容、组织机构4个维度，如图6-1所示。

① 时间：可靠性管理的时间覆盖产品的整个寿命周期，包括论证立项阶段、工程研制阶段、列装定型阶段、生产与使用阶段等。

② 对象：可靠性管理的对象涵盖需要开展可靠性管理的各行业、各层次的装备产品，如航天装备、航空装备、特定型号装备、电气系统、元器件等。当不指明对象时，可认为管理对象是普适的，即适用于任何对象。

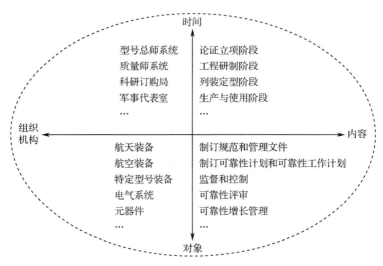

图 6-1　可靠性管理的维度

③ 内容：可靠性管理的内容包括制订规范和管理文件，制订可靠性计划和可靠性工作计划，对承制方、转承制方、供应方的监督和控制，可靠性评审，可靠性增长管理，等等。

④ 组织机构：包括单位内部实施管理的主体和上一级管理机构。其中，单位内部实施管理的主体包括型号总师系统、质量师系统等；上一级管理机构包括科研订购局、军事代表室等。

6.1.2　可靠性管理的方法

可靠性管理的基本职能是通过制订计划，建立或明确可靠性工作的组织机构及其职责，对整个装备寿命期中的各项可靠性活动进行监督、控制和指导，以尽可能减少经费投入，实现规定的可靠性要求。可靠性管理的基本方法包括计划、组织、协调、监督与控制。

（1）计划

计划，即对装备全寿命周期的可靠性工作进行全面规划，确定可靠性目标，以及为达到此目标而采取的方针、方法、准则和需要的资源，以解决可靠性工作做什么、谁来做、何时做、如何做等问题，包括可靠性计划和可靠性工作计划。

（2）组织

组织，即建立由各级计划制订、技术实施、过程控制、质量监督、培训等部门组成的可靠性管理组织机构，明确它们之间的关系、职责和权限，逐级落实可靠性管理和技术责任制。

（3）协调

为了实现管理的目标以达到规定的可靠性要求，可靠性管理组织应依据既定的方针、方法、准则、程序和资源，协调各部门以及各成员的工作，保证可靠性工作的有序开展。

（4）监督与控制

监督与控制，即对各项可靠性指标的完成情况进行检查，并将检查结果与预定要求进行比较；若存在偏差，则应采取控制措施。

6.2　建立可靠性工作机构

建立可靠性工作机构是做好各项可靠性工作，实现指定的型号装备（简称型号）可靠性要求的基础。对该型号的可靠性工作机构进行严格管理，充分发挥其工作职能，对深入全面开展该型号可靠性工作具有十分重要的意义。

可靠性工作机构是为完成某型号研制任务，由型号总体、系统（分系统）、设备等各级可靠性设计师组成的跨专业、跨部门、跨单位的型号可靠性保证组织。

6.2.1　可靠性工作机构的架构与责任

（1）建立可靠性工作机构

根据装备研制的要求，对于不同行业、不同单位和不同型号，应根据各自的特点建立型号可靠性工作机构。主要有以下两种组织形式。

① 在型号设计师系统中建立型号可靠性或通用质量特性设计师分系统，该分系统由型号总设计师或型号副总设计师负责，由该型号各参研单位的可靠性专业人员和产品设计师组成。

② 建立型号可靠性工作系统，各研制型号必须设一名可靠性或通用质量特性总设计师，可由型号副总设计师兼任，协助型号总设计师开展型号可靠性工作。工作系统由可靠性专业人员、产品设计师等组成。

对于大多数研制单位来说，一般建立通用质量特性设计师分系统；对于部分通用质量特性工作比较重视、工作开展较深入的研制单位，将由不同的人员分别来负责通用质量特性各特性工作。可靠性工作机构的一般形式如图 6-2 所示。

（2）确定可靠性工作机构责任制度

每个型号的装备都应该设置可靠性工作机构，通常由型号总设计师负责型号可靠性工作，并由一名型号副总设计师主管可靠性工作。在其下设有可靠性主任或（和）主管设计师。分系统也应有类似的组织。有的行业将可靠性组织纳入质量工

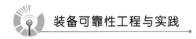

作系统，也有的与装备综合保障组织结合在一起。

① 制订型号可靠性顶层文件和管理规定，包括可靠性工作计划、可靠性设计准则、元器件选用大纲等。

② 明确各级设计人员的职责：产品设计人员负责所有质量特性的设计工作，包括可靠性设计工作；专职可靠性设计人员负责可靠性方面的总体工作和技术支援。

③ 建立和实施有关图纸与技术资料的会签制度。

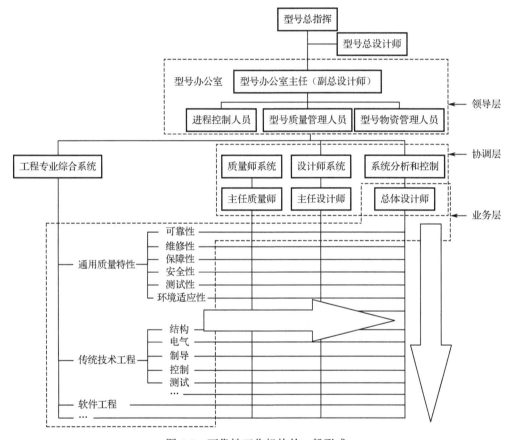

图 6-2　可靠性工作机构的一般形式

（3）明确可靠性工作机构各类人员职责

① 型号总设计师职责

● 批准型号顶层的可靠性文件；

● 对型号可靠性的关键问题进行决策；

● 主持召开可靠性工作系统会议；

● 负责落实可靠性系统的活动经费。

② 型号副总设计师职责

● 组织制订型号可靠性等的工作目标、规划及工作制度，并组织落实；

● 组织编写型号可靠性指标的论证报告和可靠性工作计划；

● 组织或参与可靠性设计评审；

● 组织型号可靠性技术攻关和可靠性增长工作；

● 组织型号可靠性试验；

● 审批可靠性技术文件和技术报告；

● 组织型号可靠性技术培训。

③ 主任设计师职责

● 组织编写本单位产品的可靠性工作目标、规划及工作制度；

● 制订本单位产品的可靠性工作计划；

● 组织或参与本单位产品的可靠性设计与分析工作；

● 组织或参与本单位产品的可靠性试验；

● 组织或参与本单位产品的可靠性评审；

● 组织管理本单位产品的各项可靠性工作，并及时向总师单位提交有关工作报告；

● 根据本单位的实际情况建立本单位的可靠性工作系统；

● 组织本单位有关人员进行可靠性技术培训；

● 代表本单位参加型号可靠性工作系统组织的可靠性活动。

④ 总体设计师职责

● 分析识别装备系统的所有使用场景；

● 分解细化装备系统的使用工作过程；

● 确定装备系统的分系统组成情况；

● 确定各分系统之间的功能逻辑关系；

● 明确装备系统的关键设计变量；

● 分解装备系统的指标要求；

● 协调、沟通下级配套单位及各学科特性设计人员，承担技术抓总、技术协调和技术配套等工作；

● 负责装备系统整体需求确认、验证的工作；

● 负责装备系统的总装、调试、试验及出厂把关工作；

● 参与装备系统各里程碑节点评审。

⑤ 可靠性专业设计师职责

● 制订可靠性设计准则；

● 进行可靠性建模与评估；

● 进行可靠性指标的预计与分配；

- 基于 FMEA 的故障识别；
- 可靠性设计优化；
- 建立故障报告、分析和纠正措施系统；
- 故障消减策略与控制措施归档管理；
- 编写可靠性工程技术文件和技术报告；
- 参与可靠性设计工作评审；
- 协助设计人员完成各项可靠性试验工作。

6.2.2 建立可靠性工作机构的基本要求

建立可靠性工作机构应符合以下基本要求。

① 装备可靠性工作主要由承制方负责组织实施，所建立的可靠性工作机构应以承制方各类人员为主。

② 型号总体单位应履行型号可靠性工作的"抓总"职责，所以要依托型号可靠性工作机构加强型号可靠性工作的总体策划，明确型号顶层的可靠性要求和技术规范。

③ 应明确可靠性负责人，该负责人隶属于可靠性工作机构。可靠性工作机构配合型号总设计师完成本型号装备可靠性工作的策划、组织和管理工作，制订型号可靠性工作计划，并组织完成规定的各项工作。

6.2.3 建立可靠性工作机构的要点

① 积极推行并行工程，可靠性工作机构应对型号的可靠性、维修性、测试性、安全性、保障性等工作实施全面统一的管理。

② 各单位在型号研制中要正确处理好型号可靠性工作机构与设计师系统、质量师系统或质量保证组织之间的关系，明确职责分工，加强协作和协调。

6.3 制订可靠性工作计划

承制方制订可靠性工作计划的目的是：通过制订和实施可靠性工作计划，确保装备满足合同规定的可靠性要求。

可靠性工作计划的作用包括：

- 有利于从组织、人员、经费以及进度安排等方面保证可靠性要求的落实和管理；

- 反映承制方对可靠性要求的保证能力及其对可靠性工作的重视程度；
- 便于评价承制方实施的控制可靠性工作的组织、资源分配、进度安排和程序是否合理。

6.3.1 可靠性工作计划的内容

可靠性工作计划是承制方开展可靠性工作的基本文件。承制方应根据合同要求或研制总要求制订可靠性工作计划，并据此组织、指挥、协调、检查和控制其全部可靠性工作，以实现合同或研制总要求中规定的可靠性要求。可靠性工作计划的内容主要包括：

- 装备的可靠性合同要求和计划开展的可靠性工作项目，至少应包括合同要求的全部可靠性工作项目。此外，承制方为确保实现合同要求，亦可自行增加其他可靠性工作项目；
- 每一项可靠性工作的实施细则，如实施的目的、要求、内容、方法、程度、完成形式、责任单位与人员、评审的节点和内容等；
- 可靠性管理机构、组织的职能和权限；
- 可靠性工作与相关专业工作相互协调，以及共用、传递信息的说明；
- 研制产品可靠性信息管理的要求、内容和方法说明；
- 对开展可靠性工作所需的经费的说明；
- 工作进度等。

以上可靠性工作计划的内容并非固定不变的，应随着装备的研制不断完善；当订购方的要求发生变更时，可靠性工作计划也应做相应的更改，且应经评审和订购方认可。但无论计划的内容如何变更，均应包括：

- 可靠性要求和可靠性工作项目要求；
- 产品各阶段可靠性工作项目的实施细则；
- 可靠性工作机构及人员；
- 工作进度；
- 每一阶段的节点，以及检查或评审点；
- 可靠性信息的收集、传递、分析、处理、使用的程序及方法等。

6.3.2 制订可靠性工作计划的基本要求

编制可靠性工作计划时，应遵循以下基本要求。

（1）明确可靠性计划与可靠性工作计划的关系

可靠性计划和可靠性工作计划分别是订购方和承制方进行可靠性管理的基本文

件，两个计划的目标都是最终实现装备完好性和任务成功性的要求，两个计划必须协调，承制方的可靠性工作计划必须符合订购方的可靠性计划要求，两个计划形成型号研制中可靠性管理的统一整体，以保证可靠性工作的顺利进行。

（2）制订可靠性工作计划的原则

制订可靠性工作计划的原则如下。

- 可靠性工作计划应覆盖产品的整个寿命周期；
- 尽可能制订、实施各工作项目的日程表，以便审查计划的进展情况；
- 对执行各项任务所需的设备、经费、时间进行预算，明确负责人的职责和权限；
- 应有定期检查计划执行情况的要求，必要时对计划进行补充和修正。

（3）制订可靠性工作计划应考虑的因素

可靠性工作计划是产品研制、生产计划的一部分，其内容应统一、协调。制订可靠性工作计划应考虑的因素包括：

- 产品可靠性水平的高低。产品可靠性要求越高，工作安排应越细，可靠性工作项目就越多。
- 应针对产品研制的不同阶段，制订不同的工作项目。
- 考虑产品类型及同类产品的可靠性水平，不同类型产品的可靠性要求不同，适用的工作项目亦不同。
- 应统筹考虑产品研制的其他要求，如资金和进度等。

6.3.3　制订可靠性工作计划的要点

应对可靠性工作计划进行评审，可靠性工作计划还应得到订购方的认可；应设立一系列监控点，对计划的进展情况进行评价和监控；可靠性工作计划需要不断调整和完善，可靠性工作计划的修改必须履行一定的报批手续，还需要经订购方认可。

6.4　对承制方、转承制方和供应方的监督与控制

对承制方的可靠性工作实施监督与控制是订购方重要的管理工作。在装备的研制与生产过程中，订购方应通过检查、评审、参加试验等手段，监控承制方可靠性工作计划的进展情况和各项可靠性工作项目的实施效果，以便尽早发现问题并采取必要的措施。

订购方对承制方，承制方对转承制方和供应方的可靠性工作进行监督与控制，

必要时采取相应措施，以确保承制方、转承制方和供应方交付的产品符合合同规定的可靠性要求。

6.4.1 监督与控制的工作内容

"监督与控制"包括订购方对承制方以及承制方对转承制方和供应方的监督与控制。监督与控制的主要方式有：亲自参与、重要问题跟踪、设立控制节点、进行评审或检查、必要的信息反馈等。

（1）订购方对承制方的监督与控制

订购方应利用合同，明确对承制方可靠性工作进行监督与控制的内容、要求和方式。监控的主要内容包括：

- 合同中规定的可靠性要求及其落实情况；
- 可靠性工作计划进展情况和各项可靠性工作的成果，并确保符合订购方可靠性计划的要求；
- 初步设计评审和详细设计评审；
- 关键元器件、零部件和原材料的选择与控制；
- 可靠性关键产品的鉴别、控制方法和试验要求；
- 单点故障、重大故障、故障发展趋势、纠正措施的执行情况和有效性；
- 可靠性鉴定与验收试验及试验结果的有效性；
- 执行有关可靠性标准的情况等。

（2）承制方对转承制方和供应方的监督与控制

承制方应利用合同，明确对转承制方和供应方可靠性工作进行监督与控制的内容、要求和方式等。对转承制方和供应方的监督与控制是承制方的责任，应将其纳入承制方的可靠性工作计划。承制方应规定对转承制方和供应方的可靠性要求，并与装备的可靠性合同要求协调一致。监督与控制的主要内容包括：

- 转承包和供应合同中规定的可靠性要求及其落实情况；
- 转承制方和供应方的可靠性工作计划的进展情况与各项可靠性工作的成果，并确保与承制方的可靠性工作计划是协调一致的；
- 转承制方和供应方执行故障报告、分析和纠正措施系统（FRACAS）的规定，对单点故障、重大故障纠正措施的执行情况和有效性；
- 关键元器件、零部件和原材料的选择与控制；
- 初步设计评审和详细设计评审；
- 可靠性关键产品的鉴别、控制方法和试验要求；
- 可靠性鉴定和验收试验及试验结果的有效性；
- 执行有关可靠性标准的情况。

6.4.2　监督与控制的工作要求

（1）要建立监控体系

应利用已建立的工作机构对转承制方和供应方实施有效的监控。型号总体单位内部有关部门应明确分工，与此有关的部门一般包括设计部门、科技管理部门、通用质量特性部门、质量管理部门、生产制造部门等。按照技术责任制，各部门间应协调一致，分工合作，各负其责。

（2）应明确监控方式

① 主要方式

监督与控制的主要方式有：

- 节点评审；
- 组织可靠性专题评审；
- 承制方组织有关单位和专家到现场检查、指导；
- 通过可靠性工作系统定期会议检查。

② 对转承制方和供应方的监控方式

- 对转承制方和供应方可靠性工作的监督与控制，应贯穿型号研制和生产全过程；
- 承制方主要通过深入转承制方现场进行工作检查和对形成的报告进行评审来实施监控。承制方对转承制方研制过程应进行持续跟踪和监督，参与转承制方的重要活动，将转承制方的 RMS-FRACAS 纳入到承制方的 RMS-FRACAS 中，及时了解转承制产品研制和生产过程中发生的重大可靠性问题、问题原因、纠正措施的有效性，必要时采取有效的管理措施；
- 对供应产品主要通过审查产品合格证明材料进行监控，如有必要可到现场进行检查。

6.4.3　监督与控制的工作要点

实施对承制方、转承制方和供应方的监督与控制，应注意以下事项：

- 订购方对转承制方和供应方监督与控制的内容和要求应利用合同和转承包合同（供应合同）进行明确，订购方应重点监控关键的转承制产品和供应品的可靠性鉴定与验收试验，以及重大故障纠正措施的有效性；
- 在订购方系统内部和承制方系统内部也存在监督与控制的管理模式，主要是自上而下，职能机构通过检查、批准手续、内部评审、FRACAS 和参与工作等手段对实施单位可靠性工作的进展情况和效果进行监督与控制，以便及时采取必要的措施，确保工作顺利进行。

6.5 可靠性评审

可靠性评审是为保证装备所提指标、设计方案、试验方案等符合要求，由设计、生产、使用等各部门代表组成的评审机构对装备的论证结果、设计方案、试验大纲、评估方案、评估结果等内容，从可靠性的角度进行的审查，评审的主要目的是及时发现不合理的要求、潜在的设计缺陷等，加速设计的成熟，降低决策风险。

可靠性评审就是对可靠性工作计划的执行情况进行连续观察与监控，以保证计划的全面实施，并达到预期目标。具体做法是在研制过程中设置一系列检查、评审点，实行分阶段的评审。由于装备的固有可靠性主要取决于设计，因此必须对规定的可靠性设计项目进行严格的评审，这是保证计划实现的重要管理环节，也是可靠性管理中一项极为重要的制度。

可靠性设计评审的作用如下：

- 评价装备是否满足合同要求，是否符合设计规范及有关标准、准则；
- 发现和确定装备的薄弱环节、可靠性风险较高的区域，研究并提出改进意见；
- 对研制试验、检查程序和维修资源进行预先考虑；
- 检查和监督可靠性工作计划的全面实施；
- 检查设计更改，缩短研制周期，降低寿命周期费用。

6.5.1 可靠性评审的工作内容

（1）可靠性评审的程序

可靠性评审是由一系列活动组成的审查过程，并按一定程序逐步开展和完成。

① 准备

准备阶段的主要工作内容如下：

- 提出评审要求、目的、范围；
- 制订检查清单。清单中列出的项目是对可靠性有较大影响的若干重点，若干根据设计、生产、使用经验提炼出来的准则或应注意的问题；
- 制订评审活动计划，规定时间、地点；
- 组成评审组，明确分工。评审组由负责设计项目的管理机构组织，一般由7～15人组成。组长的职责是制订评审计划，明确审查小组的分工，主持预审工作和评审会议，提出评审结论，签署设计评审报告。组长不应是被评审的设计项目的参加者。评审成员一般由主管设计师、非本系统的同行设计师、可靠性工程师、质量保证工程师、军事代表组成；

● 主管设计师汇集、提供评审所需的设计资料、试验数据，编写可靠性设计分析报告。可靠性设计分析报告的内容包括：设计依据、目标和达到的水平；设计的主要特点和改进方法；本阶段的可靠性分析、试验结果；对主要问题和薄弱环节的分析及对策；提交审查的设计、试验资料目录，以及有关的原始资料、结论；其他说明事项等。

② 预审

预审由评审组成员根据设计按分工和职责进行评审检查。所发现的问题应记录在专门的表格中。评审组汇集、讨论预审中发现的问题，并反馈给主管设计师。

③ 正式会议评审

由主管设计师给出可靠性设计分析报告。评审组研究和讨论评审意见。

④ 编写评审报告

评审报告除应包括如前所述的各项内容外，还应包括：评审组名单分工、设计目标及达到的水平、审查的项目及检查结果、重点问题审查结论、评审结论、不同意见备忘录、其他说明事项。

若评审报告认为必须进行重大改进或追补大量工作（如追加有关可靠性试验），则需要定期进行复审。

（2）可靠性评审的追踪管理

对设计评审中提出的问题要制订对策，落实到人，限期解决。

装备研制各阶段的评审内容如下。

① 论证立项阶段评审

其目的是评价所论证装备的可靠性定性要求与定量要求的科学性、可行性和是否满足装备的使用要求。评审结论为申报装备战术技术指标提供重要依据。

评审的主要内容是提出可靠性要求的依据、约束条件以及指标考核方案设想。

详细评审内容可参考《可靠性维修性评审指南》中的评审检查项，选择评审内容。

② 工程研制阶段评审

工程研制阶段的可靠性评审应根据实际情况具体安排，一般可进行三次评审，即方案设计评审、初步设计评审和详细设计评审。

a）方案设计评审

其目的是评审可靠性研制方案与技术途径的正确性、可行性、经济性和研制风险。评审结论为申报装备的研制任务书和是否转入工程研制阶段提供重要依据。

评审的主要内容是评审可靠性工作计划的完整性与可行性、相应的保障措施，以及初步维修保障方案的合理性。

b）初步设计评审

其目的是检查初步设计满足研制任务书对该阶段规定的可靠性要求的情况；检查可靠性工作计划的实施情况；找出可靠性方面存在的问题或薄弱环节，并提出改进建议。评审结果为是否转入详细设计提供重要依据。

评审的主要内容是评审工程研制阶段各项可靠性工作是否满足要求。

c）详细设计评审

其目的是检查详细设计是否满足任务书规定的本阶段可靠性要求；检查其工作实施情况；检查可靠性的薄弱环节是否得到改进或彻底解决。评审结论为是否转入设计定型阶段提供重要依据。

评审的主要内容是评审可靠性工作计划的实施情况、遗留问题的解决情况及可靠性已达到的水平。

③ 列装定型阶段评审

其目的是评审可靠性验证结果与合同要求的符合性；验证中暴露的问题和故障分析处理的正确性与彻底性，以及维修保障的适应性。评审结论为能否通过设计定型提供重要依据。

评审的主要内容是评审装备可靠性是否满足研制任务书和合同要求。

④ 生产阶段评审

其目的是确认装备批量生产中的必需资源和各种控制措施是否符合规定的可靠性要求。评审结论为装备能否转入批量生产提供重要依据。

评审的主要内容是评审试生产的产品是否满足规定的可靠性要求，以及在批量生产条件下装备可靠性保证措施的有效性。

（3）可靠性评审的管理

可靠性评审的组织管理执行 GJB 1310A《设计评审》中第 5.3 条的规定，评审程序执行 GJB 1310A 中第 5.2 条的规定，并应同时考虑下列要求。

① 评审专业组的组成

评审专业组的组成人员应根据评审阶段和评审内容的不同，而有所选择和区别。其中可靠性方面的技术专家应不少于 2/3，并尽可能从相应的专业技术机构或评审委员会中选聘。

② 评审的准备工作

● 主管设计（论证）人员应认真准备设计（论证）工作报告及评审所需的其他文件，提出设计评审申请报告；

● 有关业务主管部门负责组织拟定评审大纲和日程计划。

③ 评审检查项目清单

为了保证评审中对可靠性的有关问题都能给予适当的考虑，评审主办单位应根据评审的需要并参照《可靠性维修性评审指南》中的附录 B、附录 C，编制对可靠性工作情况和结果进行逐项核对与评价的检查清单。

④ 评审后的工作

● 评审结束后，评审组长应负责整理评审记录，填写评审报告；

● 有关业务主管部门应对评审报告中提出的问题、解决措施和实施计划进行跟踪管理，检查和监督其实施结果；

● 跟踪管理的结果应及时向有关部门反馈，填写有关记录，并作为下一次评审的输入信息。

⑤ 评审文件管理

评审申请报告、评审记录、评审报告以及追踪管理的实施结果文件等，应按规定传递、分发和归档。

6.5.2 可靠性评审的工作要求

根据装备研制阶段、产品组成层次、评审的任务与范围的不同，一般可按下列类型选择和设置可靠性评审及评审点。

① 按研制阶段划分

● 论证立项阶段评审；

● 工程研制阶段评审；

● 列装定型阶段评审；

● 生产阶段评审。

② 按产品组成层次划分

● 系统分级评审；

● 分系统分级评审；

● 系统级及其以下级别（设备、部件等）评审。

③ 对转承制方和供应方的专题项目评审

根据研制工作的需要，应对转承制方和供应方进行可靠性评审。

④ 软件的可靠性评审

在系统研制和软件开发的全过程中应根据 GB/T 8566—2022《系统与软件工程软件生存周期过程》、GJB 437—88《军用软件开发规范》、GJB 439—88《军用软件质量保证规范》的规定，进行软件的可靠性评审。

6.5.3 可靠性评审的工作要点

① 订购方和承制方在装备论证立项、工程研制、列装定型、生产等的过程中应分阶段、分层次进行可靠性评审，以确保可靠性工作按预定计划进行，保证所交

付的装备达到规定的可靠性要求。

② 可靠性评审是可靠性工作计划中必须规定的工作项目，因此在签订合同时，订购方应明确提出可靠性评审要求。

③ 可靠性评审作为装备转阶段评审的主要内容之一，评审结论是装备转阶段决策的重要依据之一。因此，订购方和承制方应及早制订可靠性评审计划，并将其纳入研制、生产、使用计划中，从经费、进度等方面予以保证。

④ 可靠性评审既要全面进行，又要突出重点、抓住关键，特别是对有疑问、有分歧的问题，应着重审查。因此，评审的主办单位应根据本次评审的目的，参照有关标准、规范编制评审检查项目单，供评审组参考，以保证评审中不致遗漏重要的可靠性问题。

⑤ 可靠性评审的主要目的是发现装备论证、研制、生产中存在的可靠性问题，以便及早采取措施并加以改进。因此，评审时不宜"歌功颂德"，而应严格要求，以查找问题为主。

⑥ 装备的可靠性与其性能以及维修性、保障性、测试性、安全性等特性密切相关，因此应与这些性能和特性的评审结合进行，提高评审效果和效率。

⑦ 应提前通知参加可靠性评审的人员，提供有关文件、资料、实物，保证评审人员有足够的时间审阅，避免评审走过场。

⑧ 为保证可靠性评审工作的公正性和权威性以及评审应取得的效果，正确选择评审组成员是非常关键的。评审组成员应是理论基础扎实、工程经验丰富、对被评审项目有较深入了解、公正而无偏见、认真负责且敢于坚持正确意见的专家。应据此建立评审专家库。对某装备（产品）进行评审的专家应尽量稳定，以保证对该装备（产品）情况的连续跟踪和深入了解。

⑨ 评审组内部要发扬民主，充分讨论，最后形成大多数成员同意的评审结论，允许保留个人意见。评审会议应有完整的记录。评审结论应包括：是否同意通过评审、尚存在的问题、建议的解决措施及其完成日期等。

⑩ 评审中提出的问题由有关部门负责分析处理，制订改进措施和计划，实行跟踪管理，并在下一阶段评审时提供报告。

6.6 故障报告、分析和纠正措施系统

建立故障报告、分析和纠正措施系统（FRACAS）的目的是及时报告产品的故障，分析故障原因，制订和实施有效的纠正措施，以防止故障再现，改善产品的可靠性和维修性。它是促进产品可靠性提升、提高产品质量的重要手段。

可靠性管理通过制订目标、组织实施、督促检查，根据检查获取的信息及时给

出处理决策以控制和提高产品可靠性，完成管理上的一个个循环。要实现上述目的，首先必须使可靠性信息流通形成闭环。在研制过程中，可靠性信息闭环管理的有效方法是建立 FRACAS。一切可靠性活动都是围绕故障展开的，都是为了防止、消除和控制故障的发生；所以，在研制、制造、试验过程中出现了故障时，一定要先充分利用故障信息去分析、评估和改进产品的可靠性。FRACAS 应按规定的程序进行，以使可靠性信息形成闭环。

FRACAS 主要适用于产品的工程研制阶段，也适用于生产阶段和使用阶段。因为在工程研制阶段采取纠正措施时选择的灵活性最大，最易于实施，效果也最明显。在生产和使用阶段也可以采取纠正措施，但会受到很大的限制。因此，承制单位应及早建立 FRACAS。

FRACAS 的主要任务，就是对可靠性信息系统的建立和运行的管理，其主要的工作内容如下。

- 制订必要的规章制度和有关规定。为保证可靠性信息系统正常运行，要制订信息工作的政策、法规、标准和规范，以及信息组织的管理章程和有关的工作细则等，使信息、工作制度化和规范化；
- 进行信息工作技术的基础建设。为满足开展可靠性工作的需要，应进行必要的技术设计，制订规范化的信息表格和信息代码系统，编制配套的计算机数据库和分析软件，开展信息分析处理、传递和应用等信息技术与方法的研究工作；
- 进行信息需求的分析。对信息的实际需求是开展信息工作的依据。各级信息组织和信息用户都应进行信息需求分析，明确信息收集的内容和工作重点，以便节约人力和财力，提高信息工作的实际效益；
- 实施信息的闭环管理。对信息实施闭环管理是开展可靠性信息工作的基本原则。信息的闭环管理有两层含义：一是信息流程要形成闭环；二是信息系统要与有关的工程系统相结合，不断地利用信息解决实际问题，形成闭环控制。为此，要依据对信息的需求，对信息流程的每个环节进行有效管理，并对信息的应用效果进行不间断的跟踪；
- 信息员的技术培训。信息工作人员的素质是搞好信息工作的关键。要有计划地开展技术培训工作，建立一支从事可靠性信息工作的专业队伍；
- 考核和评定信息系统的有效性。对信息系统应进行定期的考核和评估，以提高信息系统运行的有效性。

6.6.1　建立 FRACAS 阶段的工作内容

FRACAS 的工作内容主要分为两个阶段：建立 FRACAS 阶段和运行 FRACAS

阶段。其中，建立 FRACAS 阶段主要包括以下四方面内容。

（1）制订故障报告闭环系统的计划

该计划应包括以下内容：故障报告、故障分析和纠正措施反馈的程序；故障信息传递和故障件处理的流程图；故障分析和纠正措施实施状态的跟踪与监控的程序；故障审查组织的职权和其办事机构的职责等。该计划应得到订购方的认可。

该计划应有如何实现故障报告闭环系统的初步方案，应有一套用来控制故障报告、故障分析和纠正措施反馈的程序；应有反映故障发生、分析和纠正整个过程的流程图，图 6-3 所示给出了故障报告闭环系统工作流程图的示例；应有故障信息和故障件在承制方内部流通的程序；应有故障报告、故障分析和纠正措施报告的表格，表格的形式应考虑填写简便，有利于故障信息的追溯和便于所需信息的提取。

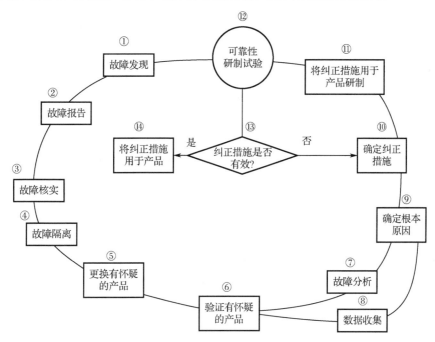

图 6-3　故障报告闭环系统工作流程图的示例

（2）建立故障报告闭环系统

故障报告闭环系统应由承制（及转承制）方尽早建立，并在订购（使用）方的协同下加以实现。该系统应保证对合同规定层次的产品在工程研制阶段和生产阶段所发生的故障进行及时报告、分析和纠正。转承制方应将所承制的产品在工程研制阶段及生产阶段发生的故障信息汇总到承制方的信息系统中，以利于跟踪故障和纳入承制方相应的故障文件。承制方应利用现有的信息收集、分析和纠正系统，只有该系统不能满足订购方的要求时，才进行修改。

订购（使用）方应将产品的故障信息及时反馈给故障报告闭环系统。

故障报告闭环系统应尽早建立和运用，因为在设计进展期间纠正措施的方案选择灵活性最大。根据已知的故障原因，可以进行较大程度的设计更改；虽然在生产阶段或使用阶段也能采取纠正措施，但方案选择受到限制，实施也更困难。故障原因弄清得越早，切实的纠正措施采取得越及时，承制方与使用方取得收益就越快，收益也越大。对那些做了较多工作仍不能处理的故障及早采取纠正措施，还有利于提前摸清什么措施更为有效。对可能发生的故障，应进行早期调查分析，采取纠正措施，避免使问题积压起来，或使若干早期可纠正的缺陷，留到现场服务中去解决。

（3）FRACAS 的故障审查组织

为了审查重大故障、故障趋势及纠正措施，承制（转承制）方根据其机构设置的具体情况，可成立专门的故障审查组织，亦可由能完成故障审查任务的办事组织负责此项工作。故障审查组织与质量保证部门的工作应协调一致。

① 故障审查组织的组成

故障审查组织由承制（转承制）方的设计、生产、可靠性、维修、安全和质量保证等方面的代表组成，订购方可派代表参加。故障审查组织的办事机构由质量保证部门或其他技术部门承担。

② 故障审查组织的职权

● 定期召开会议，审查产品研制阶段及生产阶段出现的故障信息，包括转承制方和订购方反馈的故障信息，分析、评审有关产品的故障趋势和纠正措施的实施效果；

● 对重大的、频繁出现的故障以及可靠性关键件和重要件的故障，应及时开会分析，提出纠正意见；

● 有权要求转承制方对所承制的产品进行故障调查和分析，并评审其纠正措施；

● 对悬而未决的问题有权追查，并提出处理意见，必要时向有关领导和部门报告。

③ 故障审查组织办事机构的职责

● 负责处理故障审查组织的日常工作；

● 负责对合同规定层次产品的故障报告进行收集、分类，并按规定程序传递及组织归档；

● 负责检查故障分析和纠正措施的进展情况；

● 负责提出故障趋势的意见；

● 负责提供故障审查组织召开审查会议需要的有关资料，并对会议记录进行归档。

（4）故障文件的编制

对所有故障（故障原因）的调查和分析、所采取的纠正措施及效果、故障审查活动等均应记录并保存，将这些记录编制成有统一编号的故障文件，以便检索、查阅，方便订购方在合同期内审查。故障文件除故障报告、故障分析报告和纠正措施实施报告外，还应包括故障概要或状态报告。

6.6.2 FRACAS 运行工作程序

FRACAS 运行工作程序如图 6-4 所示。

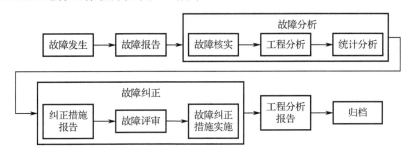

图 6-4 FRACAS 运行工作程序

整个程序围绕故障展开，包括故障发生、故障报告、故障分析、故障纠正等过程。

（1）故障报告

故障信息首先通过故障报告系统来建立。在研制和生产、试验过程中发生的所有硬件和软件故障，均应按规定的格式和要求进行记录，在规定的时间内向规定的管理级别报告。

合同规定层次的产品所发生的故障都应及时报告。故障报告内容应包括：识别故障件的信息、故障现象、试验条件、机内检测（BIT）指示、发生故障的产品工作时间、故障观测者、故障发生时机，以及观测故障时的环境条件等。故障报告内容应准确填写。

（2）故障分析

对报告的故障应进行必要的分析，以确定故障原因。故障报告闭环系统应针对故障调查和分析提供有关的资料。故障分析应从需要的硬件或软件产品层次进行。根据具体情况可采用试验、分解、X 射线、显微镜分析和应用研究等方法，进行故障调查和分析。

故障分析的目的就是确定故障原因和机理，为制订纠正措施提供依据。

故障分析首先应由专业人员审查故障信息，然后制订分析流程图，确定跟踪和监控故障分析工作的方法，以保证按时完成分析工作。

故障分析应按下述程序进行。

① 故障核实。应调查和核实故障产品的工作状态与环境情况，故障现象和特征，试验程序、方法和设备是否包含导致故障发生的因素，试验人员操作的可靠性。必要时，应做故障复现试验，以证实故障状态的各种数据。

② 故障工程分析。在故障核实后，可对故障产品进行测试、试验、观察和分析，确定故障部位，并弄清故障产生的机理。

③ 故障统计分析。收集同类产品的生产数量、试验和使用时间、已产生的故障数，估算该类故障出现的频率。

故障分析可采用工程或实验室的分析方法，简述如下：

● 设计师与可靠性工程师之间的技术讨论；

● 进行故障环境的调查；

● 进行分解、X 射线和显微镜分析等；

● 对某些特殊情况，采用实验室分析方法；

● 可与同类故障信息进行比较分析；

● 其他分析。

（3）故障纠正

故障原因确定以后，应由责任单位制订纠正措施，编制相应的文件，予以实施，防止或减少同类故障的再次发生。纠正措施应按工程更改程序的有关规定进行。

分析结果应反馈给专业技术人员，使他们可以采取适当的措施来解决或缓解问题。例如，制造中实行新的控制方法、更改设计、更改工艺或材料、更换一个满足使用要求的较好元器件等。实行纠正措施以后应加以监视，保证纠正措施能排除故障，而且不产生新的问题。

通过故障分析查明故障原因和责任，以便有针对性地采取纠正措施。纠正措施要经过分析、计算和必要的试验验证，并经评审通过后，方可付诸实施。

故障纠正活动完成后，应编写故障分析报告，汇集故障分析和纠正过程中形成的各种数据与资料，并立案归档。

（4）故障闭环管理

对报告的每个故障应根据标准的要求及时地予以分析，采取纠正措施，使其取得效果，并使难处理的或尚未解决的故障减少到最低程度。在纠正措施实施并证实有效或对不采取纠正措施的故障说明理由以后，可以认为故障报告的工作已经完成。对悬而未决的问题应当及时审查，确定其终止日期，以确保及时结束故障报告工作。对未能采取纠正措施的情况，经故障审查组织核准后作为遗留问题，立案备查。

（5）故障件的识别和控制

对所有的故障件应给出明显标记以便于识别和控制，确保按要求进行处置。为便于进行故障调查和分析，必要时应对现场加以保护。故障调查和分析完成后，典型的、重要的故障件应妥善保管。

（6）故障信息管理

故障信息应保证完整性和准确性。对所有报告的故障信息应统一管理和保存，保存时可采用文字档案和数据库的方式。

6.6.3　可靠性信息管理的工作要求

可靠性信息应作为装备质量信息的重要内容，并按 GJB 1686A—2005《装备质量信息管理通用要求》的规定实施统一管理。

（1）要建立可靠性信息收集系统

承制方应建立可靠性信息收集系统，及时收集在整个寿命周期中产生的可靠性数据，包括：要求论证、设计分析、试验与评价和使用与保障中与可靠性相关的数据。

① 确定可靠性信息收集系统的工作程序

承制方应确定可靠性信息收集系统的工作程序，包括向该系统提供输入的工作程序，数据分析的程序，向设计、制造及试验过程反馈信息的程序，以便能迅速检索所有可靠性信息，进行数据分析，估计可靠性参数值，并做出评价，生成纠正措施的建议。

② 制订可靠性信息收集计划

为有效收集可靠性信息，应制订可靠性信息收集计划。该计划应包括整个寿命周期中产生的可靠性信息，特别是可靠性设计缺陷报告、分析和纠正措施流程，可靠性信息的跟踪监控，可靠性设计缺陷审查组织的职权及其办事机构职责等内容。

（2）要进行可靠性信息的跟踪监控

可靠性信息的跟踪监控是实施可靠性信息管理的基础，其实质上是对已发现的可靠性设计缺陷进行闭环归零，即在技术和管理两个层面上实现"双归零"。"双归零"是我国航天人在质量工作中创造的经验，显然，它对于可靠性设计问题的处理也是适用的。

① 技术问题归零的五条原则："定位准确、原因清楚、缺陷复现、措施有效、举一反三"。

- 定位准确是前提，根据实际情况，对已发现的可靠性设计缺陷进行定位，这是处理问题的基本条件；
- 原因清楚是关键，缺陷一旦定位，就要通过分析等多种手段，弄清缺陷发生的根本原因。只有这样，才能对症下药，制订切实可行的纠正措施；
- 缺陷复现是手段，指在定位准确、原因清楚后，通过模拟试验，发现缺陷现象，从而验证缺陷定位的准确性和原因分析的正确性；
- 措施有效是核心，在定位准确、原因清楚的基础上，制订有针对性、工程上可行的纠正措施及其实施计划，措施应经过评审和验证；

● 举一反三是延伸，把发生缺陷的信息反馈给研制生产单位，从而防止同类缺陷的重复发生。

② 管理问题归零的五条原则："过程清楚、责任明确、措施落实、严肃处理、完善规章"。

● 过程清楚是基础，查明缺陷产生的全过程，从有关的每一个环节中分析缺陷产生的原因，查找设计上的薄弱环节或漏洞。要做到实事求是，过程事实准确；

● 责任明确是依据，在过程清楚的基础上，分清造成缺陷的责任单位和责任人，并从主观和客观、直接和间接等方面区别责任的主次，要做到责任明确、主次分明；

● 措施落实是基本内容，针对出现的管理问题迅速制订并落实相应有效的纠正和预防措施，堵塞漏洞，举一反三，杜绝类似问题重复发生；

● 严肃处理是手段，通过严肃处理，从中汲取教训，达到教育人和改进管理工作的目的，让广大员工形成严谨的工作作风，避免由于人为责任问题造成产品故障；

● 完善规章是最终目的，在上述工作的基础上，针对管理的薄弱环节和漏洞，健全和完善规章制度，并加以落实，从制度上杜绝故障的重复发生。

（3）要建立故障审查组织并明确其职责

① 故障审查组织的组成

根据各单位的具体情况，可以成立专门的故障审查组织，或指定现有的某个机构负责故障审查工作。故障审查组织由承制方（转承制方）的设计、生产、可靠性、维修、测试、保障、安全、试验和质量保证等方面的代表组成，订购方可派代表参加，订购方在审查组织中的权限应该在合同中明确。该组织的日常办事机构可由质量保证部门或其他技术部门承担。

② 故障审查组织的主要职责

● 对重大的、频繁出现的故障和质量问题及时召开专题会进行研究解决；

● 审查故障原因分析的正确性；

● 审查纠正措施的执行情况及有效性；

● 批准故障处理结果。

6.6.4 建立 FRACAS 的工作要点

建立 FRACAS 的主要注意事项包括：

① 合同工作说明中应明确的内容

● 承制方可靠性数据收集、分析和管理工作与用户装备信息系统协调的内容和范围；

● 承制方向订购方提供数据的产品层次及提交有关资料的要求;

● 订购方向承制方反馈数据的产品层次及提交有关资料的要求;

● 为保障性分析提供的数据要求。

② 系统收集的数据应当共用

系统收集的可靠性数据,承制方、订购方应当都能使用。为此,可靠性信息的分类、编码等要在订购方和承制方之间取得一致。GJB 1686A—2005,以及各类装备的信息分类和编码标准为此提供了基础。

③ 可靠性数据收集要贯穿研制全过程

装备研制全过程都有可靠性数据产生,都要收集和分析。即使到详细设计基本结束,可靠性设计已基本冻结,对装备进行可靠性验证以后,也要收集和分析可靠性数据。这种分析可以发现一些设计过程中未出现的问题,可对已确定的保障资源要求的合理性再进行一次检查调整。所以,对可靠性验证数据更应重视收集与分析。

④ 纠正措施要从各方面研究

通过数据分析发现的问题,应首先从产品设计方面找原因,采取纠正措施。同时,还可以从保障方面考虑,进行综合权衡,确定最适宜的措施。

第7章

装备可靠性工程新技术

7.1 复杂系统可靠性技术

7.1.1 复杂系统概述

复杂系统科学是近年来人们关注的一个热点，特别是美国桑塔菲研究所的创始人乔治·考温把复杂系统科学提升到"21 世纪的科学"的高度以来，人们对复杂系统科学的研究兴趣更是与日俱增。

复杂系统是具有复杂性属性的系统，它拥有大量交互成分，其内部关系复杂、不确定，总体行为非线性，既不能由全部局部变量、局部属性来重构总体属性，也不能通过系统局部特性描述整个系统的特性。现阶段对复杂系统的研究主要具有以下特点：

- 系统的模型通常用主体及其相互作用来描述，或者用演化的结构来描述；
- 以系统的整体行为，如涌现等作为主要研究目标和描述对象，以探讨系统的一般化动力学规律为目的，如幂律、遗传规则、自组织临界性等；
- 强调数学理论与计算机科学的结合。元胞自动机、人工神经元网络和遗传算法等都可被视为它的虚拟实验手段。

相较于一般系统，复杂系统一般具有以下三个方面的特点：

- 系统状态复杂性，复杂系统一般是由多个异构系统或设备组成，这些异构系统或设备故障的发生不是瞬态过程，而是存在性能劣化的持续过程，这就导致复杂系统的状态是多个异构系统或设备的多种状态的随机组合，表现出极大的复杂性；
- 系统阶段动态性，复杂系统中一般会存在大量的多功能系统或设备，随着系统任务阶段的改变，系统的配置和功能组成都会存在一定的差异性，同时不同阶段的环境和工作应力也可能会发生较大的变化；

- 多故障模式作用，复杂系统中各异构系统或设备之间一般存在着复杂的耦合关系，某一故障模式的发生同时也可能会诱发其他故障模式或其他设备的故障，这就导致复杂系统的状态变化往往都是多种故障模式的共同作用。

7.1.2 复杂系统的可靠性

由于复杂系统的状态复杂性、阶段动态性和多故障模式作用等特点，导致复杂系统的可靠性建模与分析评价等工作变得越来越困难。

（1）软硬件融合系统的可靠性

基于微电子技术和嵌入式软件，实现信息共享、系统集成和智能化控制的系统（产品）称为软硬件融合系统。例如，飞机的综合航空电子系统和数字化飞行控制系统，航空发动机的智能化控制系统，通信网络的智能化程控器，电网系统的智能化控制装置，汽车的自动挡传动系统，电脑控制的家电产品等。软硬件综合系统（产品）的发展和大量使用体现了技术进步以及社会生产力的发展，对于这类产品，尤其是大型、复杂软硬件综合系统的质量与可靠性管理具有重要作用。

软硬件融合系统的建模问题较为复杂，重点需要考虑软硬件之间的耦合和相互影响。在试验评价方面，一般是通过构建软硬件结合试验剖面（在系统使用剖面中注入软件运行剖面，两者叠加），对软硬件融合系统进行综合试验评价。我国一些机构已展开这方面的研究，并在机载雷达等系统中取得初步应用成效。

（2）网络信息系统的可靠性

作为应用最为广泛的典型复杂系统，网络系统（如通信网络系统）的可靠性问题，近年来受到人们的普遍重视。通信网是一种使用交换设备和传输设备，将地理上分散的用户终端连接起来，实现不同终端之间信息交换的系统。通信网络系统是一种典型的复杂系统，拥有复杂系统的所有共同属性，主要表现在以下方面。

① 多样性。包括网络自身组成与环境的多样性、网络故障原因的多样性、网络故障模式的多样性、故障原因与故障模式对应关系的多样性等。

② 涌现性。各种通信终端、网络部件按照一定的连接方式组合成一个通信系统，不同的通信时段，网络中的业务量可能有所差异，就可能产生终端或网络部件不具备或部分具备的特性，这就是网络本身的涌现特性。

③ 网络故障的传播性。网络各组成元素之间相互紧密的耦合关系。例如，通信网络系统中某节点发生故障时，与之相关联的实际网络拓扑结构、路由发生变化；同时，路由、拓扑结构的变化反过来也影响故障发生概率、业务的变化，以及复合复杂系统所描述的行为与结构的交互特性。这种耦合关系会导致通信网络故障呈现较强的传播特征，包括同一层次之间的横向传播特性和不同网络层次之间的纵

向传播特性。

④ 时效性。信息通常仅在一定时间内对决策具有价值，响应时间在很大程度上制约着通信网络应用的效果。

⑤ 非单调性。网络状态与组件状态呈现复杂的非单调相关性。

⑥ 失效相关性。共因、级联失效对网络可靠性的影响更加突出。

⑦ 时序性。网络状态不仅依赖于组件失效的组合方式，而且与其失效的先后顺序密切相关。

⑧ 非确定性逻辑。网络可靠性影响因素交错复杂，分析人员不可能面面俱到地分析网络及其组件之间的故障逻辑关系。

⑨ 软件影响。软件对网络可靠性的影响越来越大，不容忽视。

⑩ 人机交互。人在复杂工程网络中扮演着越来越重要的角色。

⑪ 信息的不确定性。决策信息来源多样化，包括专家经验等，其中大部分都是不完整、不确定性信息。

复杂系统与通信网络系统的关系如图 7-1 所示。

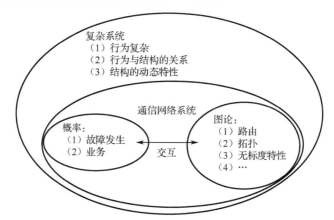

图 7-1　复杂系统与通信网络系统的关系

由图 7-1 可知，通信网络系统与复杂系统有着密切的关系，如果抛开复杂系统理论来研究复杂网络系统的可靠性，往往是片面的。例如，一些学者将概率论和图论结合起来描述通信网络的可靠性，从通信网络的拓扑结构及故障概率的角度提出网络的联通度、黏聚度、可靠度、可用度等可靠性相关参数，可在一定程度上反映通信网络的可靠性问题。然而，这样的描述无法反映通信网络拓扑结构与信息传递行为的关系，未能从通信业务的角度描述通信网络系统的可用性问题，因而是片面的，会与用户感知的网络业务可用度相去甚远。

因此，当前许多学者考虑从复杂网络系统本身的特性、发展规律出发，应用复杂系统理论研究复杂网络系统的内在本质与可靠性之间的潜在关系，以寻求有效解决复杂网络可靠性问题的方法。例如，通过离散事件仿真方法，建立网络拓扑结构和行为（通信业务、故障、修复）相结合的仿真模型，求解综合考虑网络结构与行为的业务可用性问题。

（3）云计算系统的可靠性

云计算（Cloud Computing）是一种基于互联网的计算新方式，通过互联网上异构、自治的服务为个人和企业用户提供按需使用的计算。从用户视角来看，云计算是这样一种计算形式：与大规模信息技术相关的各种计算资源和计算能力通过互联网以服务的方式提供给用户。云计算通过互联网提供动态易扩展而且虚拟化的资源。终端用户不需要了解"云"中基础设施的细节，不必具有相应的专业知识，也无须直接进行控制，只需要关注自己真正需要什么样的资源以及如何通过网络来得到相应的服务。

云计算发展迅猛，日新月异，大量的新技术涌现。由于具备以下特点：清晰的商业模式、高度可扩展的弹性交付服务方式、资源虚拟化、资源的自动管理与配置、海量数据的分布式并行处理、低成本并对用户透明和较高的可信性（广义的可靠性）等，云计算已成为目前最受关注的技术热点之一。但是，云计算系统的可信性、数据安全等仍被大多数的企业和用户所质疑，在一定程度上妨碍了云计算的大规模应用。埃森哲研究院的统计分析显示，在所有影响云计算系统应用的因素中数据安全、可信性分别排在第一位（89%）和第四位（75%），这些数据具有很高的代表性。云计算系统的可信性问题与其本身的特性密切相关，主要面临的挑战有以下方面：

- 超大规模：出于成本的考虑，云计算中的单个计算机系统可能采用了日常使用的、可靠性较低的组件。大规模地采用这些不可靠组件对整个云计算平台的可用性、可维护性以及容错性构成了严重的挑战；
- 单一接口：云计算平台通常给用户提供的是一个统一的接口。大量用户通过这个统一的接口对云计算平台进行访问；
- 跨组织性：云计算平台通常通过租赁的方式提供给多个不同的个人与组织。这些个人与组织之间通常是互不可信的，甚至可能互为竞争对手。这就要求云计算平台能对各个用户之间的服务进行有效隔离，以保证数据的安全性与完整性；
- 以服务为中心：云计算平台是以服务为中心的，暂时的或者永久的系统维护与故障不能影响向用户提供持续服务。

针对云计算系统的可靠性问题，主要对策包括：

- 利用云计算的虚拟化特性提高系统可靠性；
- 基于云计算架构和运行方式，分阶段建立可靠性模型，开展可靠性分析；
- 应用云计算仿真器，开展云计算系统的可靠性仿真分析。

（4）信息-物理融合系统的可靠性

信息-物理融合系统（Cyber-Physical Systems，CPS）是一种新型智能复杂系统，它将多维异构的计算单元和物理对象在网络环境中高度集成并实现交互。通过计算机、通信和控制（Computation、Communication、Control，3C）技术的有机融合与深度协作，CPS 能够实现大型工程系统的实时感知、动态控制和信息服务，具有实时、鲁棒、自治、高效和高性能等特点。CPS 实现计算、通信与物理系统的一体化，可使系统更加可靠、高效、实时协同，具有重要而广泛的应用前景。

CPS 可以被视为一种基于嵌入式设备的高效能网络化智能信息系统。它通过一系列计算单元和物理对象在网络环境下的高度集成与交互来提高系统在信息处理、实时通信、远程精准控制及组件自主协调等方面的能力。CPS 是一个时空多维异构的混杂自治系统，它利用人机交互接口实现与物理过程的交互，通过网络化空间以远程的、可靠的、实时的、安全的、协作的方式操控物理系统。CPS 是构建在物联网之上，集计算、通信与控制于一体，实现物理系统与计算系统有机融合的系统，是装备智能化发展的方向。近年来，CPS 不仅已成为国内外学术界和科技界研究开发的重要方向，也是政府和企业界优先发展的产业领域，开展 CPS 研究与应用对于加快推进我国工业化与信息化融合具有重要意义。

目前，国内外相关机构的研究人员正在研究和发展基于模型定义的 CPS 建模技术，基于标准的 CPS 分层次集成技术，以及支持异构组件的 CPS 验证与测试技术等。

可靠性是大型复杂系统的重要技术指标。广义的 CPS 可靠性涵盖了信息与物理系统的交互、软硬件结合组件可靠性、通信网络可靠性（含连通性、及时性、正确性、完整性）、信息安全和系统恢复性等方面。在 CPS 环境下，信息与物理系统间的交互与原有网络通信结构相较更为频繁、方式更为丰富多样。此外，网络中的用户（或者智能组件）可以享有更高程度的平等和自由。此外，物理组件与面向对象的软件组件对于信息安全的标准也有本质不同，传统的单一基于线程和方法调用的模式将不再适用。在这样的环境下，如何提高 CPS 网络及相应组件的可靠性和抗毁性，保证用户的通信隐私，并实现在不确定复杂环境下对系统时间轴上不间断的监控与管理，是极富挑战性的关键问题。

① 可靠性方面的挑战与对策

CPS 可靠性方面最大的挑战是：网络故障会阻碍 CPS 的实时运行。目前通用的网络技术（如 TCP/IP）是基于 Best-effort（尽力服务）思想建立的。这里，Best-effort 是一种服务模式，即当网络接口发生拥塞时，不顾及用户或应用，马上丢弃数据包，直到业务量有所减少，不再拥塞为止。Best-effort 对于高实时性要求的 CPS 应用，很难实现可预测性的保证。由于通信网络中存在各种复杂因素，如拥塞和信道质量问题，可能导致传输延迟、延迟抖动和丢包。这些问题会严重阻碍 CPS 数据包的实时传送。不可预测的传送时间最终必然会影响被控物理系统的性能，甚至导致被控物理系统的不稳定。

相应的对策是：一方面可以通过增强系统的实时性来实现；另一方面，也可以借助现有的一些网络抗毁与事故预防技术，开发有效的应急处理机制以预防突发异常事件，或者实现系统实时预警、预报和在线修复技术。同时，保证系统能量的恒久维持也很重要，比如通过各组件之间的协调和调度来实现生产系统的不断电，或是研发使用寿命更长的新型储能设备等。

② 信息安全方面的挑战与对策

CPS 的信息安全属于广义可靠性问题，这里仅做简单的讨论。CPS 的实时、自治等特性给其信息安全带来了许多新的问题，包括：

- 如何保证 CPS 在遭到恶意攻击时的实时性需求；
- 如何处理针对控制环节的恶意攻击；
- CPS 为信息安全引入了物理因素，比如以物理进程为目标的攻击。更重要的是，如果攻击者成功地利用了 CPS 的控制能力，后果将非常严重。现有的计算机安全技术还没有足够的能力保证 CPS 的安全性。

CPS 在信息安全方面的主要对策有：

- 及时发现网络威胁，并预计攻击可能导致的结果；
- 认识到 CPS 在安全性防护中与传统信息系统的不同之处；
- 考虑建立从预防、检测、防御性修复、系统复原和制止相似攻击等几个层面来抵制攻击的 CPS 安全机制。其中，在预防阶段可以结合网络科学、社会科学和动力学等知识，如偏好分析、行为发现、渗流预测等技术实现对可能存在的威胁的感知，并及时发布预警。

7.2 装备体系可靠性技术

7.2.1 装备体系概述

随着装备的信息化水平越来越高，现代战争中越来越多的高科技装备投入使用，使得战争形态发生变化。未来的战争不再是单一装备或几个装备的对抗，而是打破军兵种界限的基于信息系统的装备体系的对抗。

（1）体系的概念

体系的概念应用范围很广泛，其定义主要有三种：

- 体系是一组具有独立用途的系统的集合。
- 体系是同时在多个系统层次上研究的系统。
- 体系是由系统构成的超过单个系统能力的有机整体。

体系是由多个功能上相对独立的系统构成的，它们通过组合，共同实现单个系统无法达到的综合效能。系统是体系的组成部分，但系统的概念比体系更广。装备体系通过实时一体化的作战行动与智能化，实现装备之间的互联、互通以及互操作，从而增强了装备体系的任务可靠性和作战能力。

体系与系统的区别可归纳为几条准则：体系的组成部分能够独立工作，具有独立功能；体系具有涌现行为，变化具有突然性；体系的组成部分之间只存在信息关联性，不能直接产生作用。随着体系研究的日益深入，体系的内涵也在不断充实和演进。一般而言，体系是为实现共同目标聚合在一起的大型系统集合或网络。

（2）装备体系的概念

不同学者提出了多种装备体系的定义，一种认为装备体系是指为保障作战、训练、打击等相关任务的实施而需要的装备的总体结构，以及实现相关任务而进行活动的装备的整体；另一种定义认为装备体系是在一定的战略原则的要求下，为完成一定任务，由功能上相互关联的各种装备系统构成的大系统。前一种定义强调一个国家或军兵种所拥有的武器装备的总和，后一种定义强调针对一定作战行动任务的武器装备的组合，如装甲装备体系或者防空反导装备系统。

因此，装备体系可以分为两个层次：一是国家或军兵种的武器装备的总和；二是为满足作战任务需求，由武器装备组合成的体系，称为作战装备体系。国家或军队的武器装备体系结构相对稳定；作战体系面向任务需求，其结构随作战任务的变化而发生变化。

装备体系具有如下特点：

- 规模大。装备体系的组成复杂，参与任务的装备数量众多，导致相关模型复杂，求解所需时间也较长；
- 任务复杂。装备体系能够完成多种类型的任务，例如，反导体系能够实施反弹道导弹、反巡航导弹、反飞机等多种类型的防空反导任务。另外，装备体系的任务还具有多阶段、多层次的特性，不同阶段的任务需要的参与装备各不相同，不同层次的任务之间具有包含关系，任务的复杂性增加了装备体系的任务描述与建模的难度；
- 交互性。装备体系更加强调内部的互联、互通与互操作，交互性是装备体系有效完成任务的基础。装备之间的互联、互通、互操作增加了装备之间的相互影响，增强了装备之间的复杂性；
- 结构变化。装备体系由能够互操作的独立系统组成，根据不同的任务需求以及作战方案，装备体系的结构发生变化。例如，根据任务的不同，营级反导作战单元配备 3~6 台发射车。在任务执行过程中，装备体系可以根据任务的变化、自身的战损情况，实时调整结构、配置和位置。

7.2.2　装备体系的可靠性

装备体系的可靠性是其战斗力形成和保持的重要基础，直接影响装备系统的作战模式、作战规模以及持续作战能力，影响战斗力的巩固和提高，直接影响装备体系的作战效能。可靠性的定义包括三个"规定"和一个"能力"，按照经典分类方法，可靠性可分为基本可靠性和任务可靠性。因而装备体系的可靠性也可分为基本可靠性和任务可靠性两大类。

（1）装备体系的基本可靠性

装备体系的基本可靠性是指在规定条件下，装备体系无故障持续工作的时间或概率。这一指标反映了装备总的故障次数。由于装备体系的规模大，构成装备体系的武器、平台、设备数目众多，因此装备体系的基本可靠性处于比较低的水平。这相应地对维修、保障设施设备提出了更高的要求。例如，对于某型反导体系，其一次部署涉及数十辆车、数百枚拦截弹，任一装备的故障都将降低装备体系的基本可靠性。因此，越复杂的装备体系，其基本可靠性将越低。

因此，为了提高装备体系的基本可靠性，需要选用高可靠的武器平台、装备系统，这样将大大提高整个装备体系的造价。

（2）装备体系的任务可靠性

装备体系的任务可靠性和使用方式相关，表征的是装备的任务执行方式与任务的完成情况，是装备作战效能的重要影响因素。结合装备体系和任务可靠性的定义，可以得到装备体系的任务可靠性的定义为：装备体系在规定的任务剖面中完成规定功能的能力。

由于装备体系的任务阶段和任务类型众多，体系规模大，组成结构及其关系复杂，体系的结构与任务具有动态性。因此，装备体系的任务可靠性具有如下特点：

● 装备体系规模庞大、组成结构及其关系复杂，通常包括传感类装备、指挥控制类装备、通信类装备、作战行动类装备；

● 装备体系的任务阶段和任务类型多，不同的任务阶段和类型需要不同的武器以及设备参与任务；

● 装备体系的结构与任务是动态的，主要体现在三个方面：一是装备体系的系统及平台故障的发生具有随机性，而且发生故障的平台可能在随机维修时间后恢复功能；二是装备体系的作战任务具有动态关联性及时序性；三是装备体系具有适应性，随着战损或系统故障的发生，可能会对装备体系的结构做出调整；

● 从可靠性评价的角度看，装备体系中部分武器平台出现故障或性能降级，并不一定会影响体系特定任务的完成。作为装备体系，其可靠性并不是简单的故障与工作两状态问题，而是存在降级运行的状态。

对于装备体系的任务可靠性而言，冗余或备份都可以使任务更加可靠地完成，但是这样将使得装备体系更加复杂，降低了基本可靠性，提高了装备体系的造价与保障难度。

7.2.3　装备体系可靠性技术

装备体系因其规模大、层次多、组成复杂，各组成部分彼此是分离的，甚至可能存在地理或空间距离，隶属不同部门管理、使用。开展可靠性分析时，要考虑设备的硬件可靠性、软件可靠性和设备间的连接可靠性，还要考虑多时空、不同进程的可靠性等多种因素。传统的产品可靠性建模方法显然难以有效满足装备体系的可靠性建模要求。

现代战争越来越多地体现装备体系与体系之间的对抗，各类装备和作战单元之间的联系越来越紧密，日益成为一个有机整体。单个装备的可靠性高并不能代表体系的可靠性高。从体系出发，研究装备在体系中的配置关系，分析体系的可靠性是装备作战效能评估的重要内容之一。

（1）装备体系的描述模型

当前，广泛采用体系结构框架作为装备体系的描述模型，体系结构（Architecture）是部件之间的关系以及制约其设计和随时间演进的原则以及指南。体系结构框架（Architecture Framework，AF）为体系结构提供了一套规范化的建模过程和方法，以多视图方法为基础，确保对体系结构的理解和比较有统一的标准。利用体系结构框架方法可以从体系中抽取体系结构、逻辑和行为等方面的信息，是系统之间综合集成和互操作的关键。

国外对体系结构框架的研究主要分为两类：第一种是企业体系框架，包括Zachman 框架、联邦企业体系结构框架、财务部企业体系结构框架等；第二种是应用于军事领域的体系结构框架，比较有影响的有美军的国防部体系结构框架（Department of Defense Architecture Framework，DoDAF），以及英军的国防部体系结构框架（Military of Defense Architecture Framework，MoDAF）等，在军事领域，以美军的体系结构框架系列最具代表性。

目前主流的装备体系描述模型是美军的 DoDAF，DoDAF 为指导装备体系的开发、描述和集成定义了一种通用的体系结构方法，并给出了如何规范化表示体系结构描述、体系结构的规则以及统一术语等内容。

DoDAF 源于美国国防部为规范军事信息系统提出的 C^4ISR AF，后来逐渐演变发展为 DoDAF。美国国防部于 1996 年和 1997 年发布了 C^4ISR 体系结构框架 1.0 版和 2.0 版，2004 年发布了国防部体系结构框架（DoDAF）1.0 版，2007 年发布了

DoDAF 1.5 版，2009 年正式推出 DoDAF 2.0 版。

DoDAF 2.0 版将前期"以产品为中心"（Products-centric Approach）的视图产品开发模式转向"以数据为中心"（Data-centric Approach）的开发模式，将原 1.0 版和 1.5 版中的视图产品由 3 种扩展到了 8 种，包括全视图（All Viewpoint，AV）、能力视图（Capability Viewpoint，CV）、作战视图（Operational Viewpoint，OV）、服务视图（Services Viewpoint，SvcV）、系统视图（Systems Viewpoint，SV）、标准视图（Standard Viewpoint，StdV）、数据与信息视图（Data and Information Viewpoint，DIV）和项目视图（Project Viewpoint，PV）。8 种视图下总共定义了 52 个视图产品模型。另外，DoDAF 2.0 提出了一种体系结构数据模型表示方法，DoDAF 元数据模型（DoDAF Meta-data Model，DM2），替代了原有的核心体系结构数据模型（Core Architecture Data Model，CADM）。DM2 元模型提供了一种在处理体系结构建模过程中需要收集、组织和存储各类数据的方法。这些变化体现了 DoDAF 2.0 更加注重"以数据为中心"的体系结构建模方法。

为了提高 DoDAF 与其他体系结构框架标准的互联、互通、互操作性，DoDAF 2.0 建议视图产品描述模型采用 SysML（System Modeling Language）作为模型建模的标准，并使用 DoDAF 和 MoDAF 的数据标准作为体系结构数据交换的标准。UML（Unified Modeling Language）是 DoDAF 先期版本中的推荐表示方法。UML 目前广泛应用于 DoDAF 建模工具，如 IBM Rational Rhasody，IBM Rational SA 等。除了面向对象建模方法的 UML 模型外，还采用以文档、表格、矩阵为代表的结构化表示法。当前，有大量成熟的商用软件和工具作为体系结构开发的支撑，如 IBM 公司的 SA、Telelogic 公司的 DOORs、Rational 公司的 Requisite Pro、Borland 公司的 Caliber RM 等，这些工具能够提供方便的方法，缩短体系结构的开发周期。

国内针对体系结构框架展开了大量的研究，在框架和产品研究方面，国防科技大学在借鉴美国国防部 DoDAF、英国国防部 MoDAF 和北约 NAF 的基础上，结合我军装备论证、顶层规划的实际特点，开发了面向不同领域需求，且能够支撑多层次体系需求的建模工具和体系结构建模工具，共包括七大类（全视图、作战视图、能力视图、体系视图、系统视图、技术视图、项目视图）共 34 个视图产品，可初步描述我军武器装备的体系结构。另外，结合具体项目的研究特点，国内也出现了一些项目体系结构框架或指南。

（2）装备体系可靠性建模

目前，国内外关于装备体系的研究大多集中于体系的需求建模和结构优化方面，可靠性方面的研究才刚刚起步，国内外的相关文献较少。2008 年，美国田纳西大学的 Mo Jamshidi 在论文《体系工程——21 世纪的挑战》中提出了体系可靠性是体系工程的重要目标之一。2009 年，美国陆军装备研究发展中心（ARDEC）的 J.L.Cook 建立了体系的多状态系统可靠性模型，但是该模型仅对体系的基本可靠性进行粗略评价，对于体系的层次性、动态时序等特点考虑不足。

装备体系的可靠性建模方法主要包括状态空间法和系统仿真法两种。系统的状态是系统过去、现在和未来的状态。状态空间法描述了系统在给定时间内的状态，即可以通过状态将所有时间片联系起来，动态地评估系统可靠性。状态空间法主要包括Markov 模型、动态故障树（Dynamic Fault Tree，DFT）和扩展时间事件序列图（Extended Time Event Sequence Diagram，ETED）。系统仿真法通过建立故障随机模型，模拟随机故障的产生和伴随功能的变化。典型的系统仿真法包括以下三种。

① Petri 网

DODAF 虽然可以从整体上较好地描述体系的构成及各系统之间的相互关系，但是其对于体系的评价的功能较弱，对于体系各系统的时间信息及逻辑关系描述能力有限。为了对体系的功能需求进行验证与评价，还需要定义体系的可执行模型（Executable Model）。目前国内外研究的主流是用 Petri 网来建立可执行仿真模型。

Petri 网作为一种具有良好数学定义和图形描述的分析工具，能够很好地描述系统的并发、冲突、资源共享现象，被广泛地应用于离散事件系统中。近年来，各种扩展的 Petri 网相继提出并应用于可靠性建模中，给 Petri 网的建模与分析提供了新的思路。

系统的许多可靠性指标如可用度、任务可靠度都与系统的动态性质相关，通过Petri 网的一些基本性质，可以描述这些动态性质，以便于防止影响系统可靠性情况的发生，并协助设计人员改进系统设计。

目前，Petri 网已广泛应用于可修系统的可靠性建模与分析方面。例如，原菊梅总结了国内外基于 Petri 网的系统可靠性建模现状，针对传统 Petri 网模型节点多、规模庞大的不足，提出了基于着色 Petri 网的复杂系统任务可靠性的建模方法。这种方法虽然在一定程度上减小了模型的规模，但是没有考虑装备体系的层次性问题，建模过程复杂、模型庞大。如果直接由人工据此建立装备体系任务可靠性 Petri 网模型，不仅工作繁杂，而且极易出错。对超大规模、异常复杂的装备体系的任务可靠性建模，必须考虑模型的自动生成技术，并用规范、直观的方式解决用户输入的效率和准确性问题。

针对传统可靠性模型在装备体系建模中存在的描述能力不足问题、Petri 网建模存在的模型爆炸和模型构建困难问题，一些学者将面向对象的思想与 Petri 网相结合，采用面向对象 Petri 网进行装备体系可靠性建模，取得了较好的效果。

② 多 Agent 仿真（多代理仿真）

由于装备体系中各作战单元或装备具有自主性、能动性、交互性、决策性和智能性的特点，一般的建模方法难以对这些特点进行描述。Agent（代理）一经提出，就被广泛运用于军事仿真中，用 Agent 建模的方式去分析、模拟装备体系的任务可靠性。

Agent 的活动可以用其行为来描述。其中，"行为"一词是指智能体对其环境条件、内部状态和驱动力所进行的一系列活动。多代理仿真模型的基础是：用程序表现出完全可以由其内部机制即程序指令来描述的行为。通过将智能体与程序相关联，可以模拟一个由交互过程填充的多智能体世界。这就是计算科学领域中所谓的多代理系统。模拟可以通过将真实装备移植到其智能体对应的系统中来实现。装备体系中的每一个装备都被单独表示为一个计算过程或一个 Agent。Agent 在其生命的所有阶段（如生产、观察、故障、维修等）的行为都被编程为所有需要的细节。多代理仿真主要是用来表示复杂的情况，在这些情况下，装备具有复杂和不同的行为，通过采集环境数据、分析数据最终作用于环境。这种模拟的目的是在模型中同时考虑系统的定量属性（如数值参数）和定性（如个体行为）属性，而不是传统模拟中的表示环节，只将属性与定量参数联系起来。多代理模拟也叫微观分析模拟，意思是每个 Agent 的行为和环境条件都得到有效表示。

在多智能体模拟中，每个生物和社会学个体（或个体的群体）都被类比为一个计算 Agent（代理），即一个能够对各种刺激和与其他 Agent 的通信进行局部反应的自主性计算过程。因此，个人（或群体）与智能体之间存在着一对一的对应关系。

军事领域是多 Agent 运用的一个新领域。军事对抗、陆战系统是一个复杂适应系统，具有复杂适应系统的特征。这一点得到了研究人员的共识，因而可用 Agent 来研究军事对抗战场行为以及装备体系中智能体的行为。现有研究成果表明 Agent 具有强大的生命力，它为人们提供了很好的模拟战场的手段。如美国国防部希望在未来的战场中实时、全方位地掌握战场信息，因此以多 Agent 技术进行建模和仿真，研制了 C^4ISR 系统。

③ 贝叶斯网络

贝叶斯网络（Bayesian Networks，BN）是表示随机变量间统计依赖关系的模型。贝叶斯网络可以表示为有向无环图（Directed Acyclic Graph，DAG）。

$$B=\{G,P\}=\{V,E,P\}$$

其中，G 表示有向无环图，P 表示概率依赖关系。G 中包括节点集 V 与有向边集 E，节点集 V 中的每个节点代表一个随机变量。E 为 G 中有向边的集合，每条边 $e \in E$ 表示相连两变量间的依赖关系，节点之间若无连接边则表示节点之间是条件独立的。变量之间的关联性采用条件概率表（Conditional Probability Table，CPT）表示。运用贝叶斯网络能够清晰地表达和分析概率性事件之间的相互关系，并进行推理，得到概率值。

构建贝叶斯网络需要进行三方面的工作：变量的定义、结构的学习和参数的学习。这三部分工作需要按照顺序进行，第一部分工作主要是选取合适的研究问题领域的变量，第二、三部分工作是构建一个有向无环图并给出每个节点的分布参数，即得到每个节点的条件概率分布表。

针对可靠性建模的特点，贝叶斯网络的构造分为 4 个阶段：

阶段一：定义变量。针对某一问题，确定需要用哪些变量来描述随机因素并给出每个变量的定义，采用合适的符号进行标示。

阶段二：确定贝叶斯网络结构。依据研究的问题特征确定各个变量之间的依赖关系，若两变量有依赖关系，则在变量之间连上边，就可以得到网络拓扑图。

阶段三：确定条件概率分布表。依据专家知识或先验信息确定网络结构中变量之间的条件概率分布函数，定量地表示变量之间的依赖程度。

阶段四：根据数据进行学习，通过学习优化贝叶斯网络的结构以及分布函数，并通过计算，调整条件概率分布表。

当前有系列的贝叶斯网络工具，包括：Hugin、Netica、BNT、BayesiaLab、Analytica 等。这些工具的特点各有不同，如表 7-1 所示，可以根据不同的需要选择。

表 7-1　贝叶斯网络常用工具

贝叶斯工具	变量类型	是否图形界面	能否提供应用程序接口	能否嵌入代码	是否允许参数、结构学习	是否免费提供
Hugin	离散、连续	是	能	否	是	免费版本
Netica	离散、连续	是	能	否	是	是
BNT	离散、连续	否	否	是	是	是
BayesiaLab	离散	否	是	否	是	否
Analytica	离散	否	是	否	是	否

7.3　基于模型的装备可靠性工程技术

7.3.1　基于模型的系统工程概述

2007 年，系统工程国际委员会（International Council on System Engineering，INCOSE）在其举办的国际研讨会上将基于模型的系统工程定义为"对建模的形式化应用，用来支持系统的需求、设计、分析、验证和确认活动，这些活动开始于概念设计阶段并持续到整个开发和以后的寿命阶段"。MBSE 已成为系统工程领域重要理念，并取得了大量的实践成果，是未来系统工程发展和产品可靠性设计分析领域的重点发展方向。

当前装备功能设计制造环境正在从传统的基于图纸文档设计制造转向模型化、数字化和智能化制造，基于模型的系统工程正在逐步成为装备研制功能结构设计的主流模式。基于模型的系统工程具有以下方面的优点：

- 知识表述的无二义性;
- 沟通交流的效率提高;
- 系统设计的一体化;
- 系统内容的可重用性;
- 增强知识的获取和再利用;
- 可以通过模型多角度分析系统，分析更改影响，并支持在早期进行系统的验证和确认，从而可以降低项目风险，降低设计更改周期时间和费用。

传统的系统工程是基于文档的系统工程，而基于模型的系统工程在系统模型构建方法、建模语言和建模工具上发生了重大的转变，生命周期活动的产物不再是一系列基于自然语言的文档（比如系统需求说明书、架构说明文档、系统设计方案等），而是一套完整的、集成的、标准化的、一致化的系统模型。无论是构建传统的系统工程（也即基于文档的系统工程）还是基于模型的系统工程，系统工程师在开展工作时都遵循"分解-集成"的系统论思路和渐进有序的设计过程，即 V 字形设计模型，如图 7-2 所示。但相比于传统系统工程，其系统交付物、文档等，都通过建模工具从系统模型自动生成。基于模型的系统工程相对于传统系统工程有诸多不可替代的优势，是系统工程的颠覆性技术。

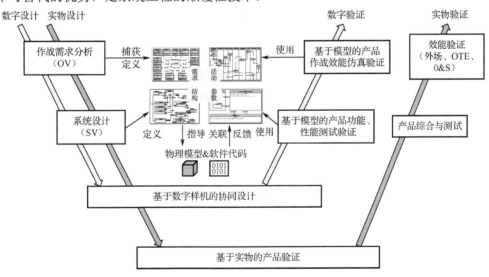

图 7-2　系统工程 V 字形设计模型

7.3.2　基于模型的装备可靠性工程

在基于模型的系统工程思想下，系统设计以系统模型为中心：设计中做出的每个决定都被捕获为一个模型元素（或者元素之间的关系）——一条需求、一个系统功能活动、一个系统组成、一个系统参数……都能够用相应的系统元素规范化地表示出来，并存储于系统模型中。当要形成系统的视图、图表、文字等阶段性产物时，只需根据已有的设计元素进行"组合、拼装"，即可自动生成相应的产物。相同设计元素在不同设计产物中出现时，无须重复性建模，这样有效提高了设计效率并保证了数据的一致性。当设计元素发生变更时，只需修改相应的系统元素，整个系统模型即自动更新，所有与该设计元素相关的设计产物也将自动更新，避免重复性工作的同时，也降低了管理成本和错误率。正是这种以模型为中心的思想使得MBSE能够承诺系统设计的质量和可提供性。

装备研制过程本质上是一个系统工程过程，伴随着数字化建模仿真技术的发展，基于模型的系统工程已成为国内外工程领域解决复杂系统设计问题的必要手段。为将可靠性与性能设计相结合，在基于模型的系统工程基础上拓展可靠性设计分析工作，提出基于模型的可靠性正向设计与验证方法——从作战需求出发，将可靠性正向设计过程中的各类设计信息、要素模型化，并基于模型在设计周期内不断与其他特性之间开展综合权衡分析验证工作，使得用户需求能够完全转化为设计要素，最终形成高质量、高效用的装备。

基于模型的可靠性工程基于统一模型开展。统一模型是广义的模型，包含两大类模型，即过程模型和方法模型。两类模型构成了支撑性能和可靠性设计有效开展的基础。这两类模型从不同的角度对性能与可靠性设计所需的各类要素进行描述，既相互联系又各有侧重。

分析性能与可靠性设计的工程需求，明确统一建模的目标，开展综合设计过程、方法的建模，技术研究，建立统一模型框架；突破综合设计的集成机理、性能与可靠性统一过程多视图建模，面向可靠性设计要求的故障模式消减决策等关键技术，形成过程和方法统一的综合设计模型；基于模型，面向应用，给出综合设计集成平台和软件工具的构建方法，验证统一模型的可行性。通过以上目标的实现，建立复杂系统研制全过程的性能与可靠性综合统一模型基本架构，为综合设计技术的深入发展和工程应用奠定了良好的基础。

在产品设计中突出可靠性设计，是由于传统的设计中虽然全面考虑了可靠性设计，但侧重于问题的解决，缺乏系统化和综合化的正向解决途径。系统考虑了可靠性要求，会大大增加设计问题的复杂性。可靠性作为产品的固有属性，与产品的功能、特性紧密耦合，并由产品设计特性及其环境特性决定，因此可靠性相关的设计活动是功能、性能设计活动的延伸，其反过来也影响和约束功能性能设计。可靠性工程在自身发展过程中，也充分认识到了可靠性工作介入设计过程越早、介入程度越深，考虑的问题越全面，越有利于提高产品的可靠性水平。

复杂产品的功能、性能与可靠性综合设计问题具有动态性、非线性、不确定性等特点，难以构建定量化模型，也难以与产品功能结构设计直接关联，需要定性定量结合、多种手段综合、多人多角度配合来构建和解决。可靠性设计进程中，其数据应来源于分布式数字化研发环境中的设计数据、试验（含仿真）数据、外场使用数据和历史经验数据，其模型应基于产品功能、性能和物理模型，其过程应与传统功能、性能设计过程紧密协同。

模型化的技术发展为功能、性能与可靠性综合设计提供了全新的解决途径，基于模型可精确刻画功能、性能与可靠性之间的关系，可有效实现不同产品层次、不同设计阶段之间的设计演进，降低设计的复杂性、反复性和不确定性。

MBRSE 通过不断细化产品的各专业特性模型和各类外界载荷模型，构建了产品使用过程模型、故障行为模型和维修维护模型。在此基础上，随着产品设计的不断演进，不断认知产品故障发生、发展、预防、控制的规律以及产品使用保障规律。通过仿真分析，识别可靠性设计的薄弱环节，验证可靠性要求的实现情况，从而改进可靠性设计，并与功能、性能设计进行协调与综合权衡，确保功能、性能设计与可靠性设计的同步优化。

MBRSE 的概念模型如图 7-3 所示，根据使用需求向量 $\{RC\}$，构建综合设计问题，并将设计分解为功能、性能设计和故障消减与控制设计，应用工程方法集合，对设计问题进行分析和求解，在求解过程中，两类设计应相互协同，以减少设计迭代，故障消减与控制设计建立在对故障及其控制规律认知的基础上，其认知随着设计的深入和设计方案的细化而逐渐深化，从定性到定量，从逻辑到物理；同时故障

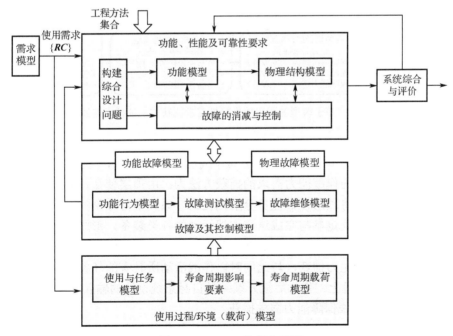

图 7-3　MBRSE 的概念模型

消减与控制的过程也是对故障及其控制规律再认识的过程。而对故障及其控制规律的认知，建立在对使用过程/环境（载荷）认知的基础上，对载荷的认知也随着设计的进展不断深入。在完成各问题的求解后，需要进行系统综合与评价，校核求解过程，评价综合问题解决程序，上述过程在产品设计中可能要多次迭代，直到综合设计问题得到满意解决。

7.3.3 基于模型的可靠性技术

MBSE 环境下强调模型驱动的设计思想，一切设计、分析、验证、确认等活动都围绕模型展开。根据不同装备研制阶段的工作需求，基于模型的可靠性技术主要可分为三个方面：基于模型的需求捕获技术、基于模型的综合建模与设计分析技术、基于模型的仿真评估与综合权衡优化技术。

（1）基于模型的需求捕获技术

针对装备研制工作初期缺乏通用质量特性顶层需求开发方法、与作战能力需求开发关联性差等问题，结合新一代装备基于 MBSE 的需求建模与捕获实施方法，以装备作战、能力、系统等能力需求捕获模型视图为输入，拓展保障场景模型要素、捕获保障能力需求、分解通用质量特性顶层需求，从而基于模型开展仿真论证和权衡分析，确定装备顶层"六性"需求，并合理分解到装备各层次产品。整体技术过程如图 7-4 所示。

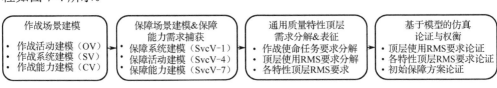

图 7-4　基于模型的通用质量特性需求捕获与表征技术路线

① 作战场景建模

装备维修保障能力需求的确定源于其作战任务。在 MBSE 正向设计思想指导下，装备整体需满足的作战能力需求的捕获方法为：由顶层使命任务出发，通过作战活动模型建模逐渐将顶层使命任务分解细化为一系列不可分割的、具有特定目标性的作战活动，进而确定参与完成这些作战活动的各类装备，形成作战装备系统。根据各类装备特点及所能完成的作战任务，将作战活动分配到相应的作战装备上，完成作战装备的作战能力捕获，与此同时，作战活动所具有的任务目标、完成条件也相应分配到作战装备上，作为后续开展装备自身系统设计的输入条件。

② 保障场景建模&保障能力需求捕获

为保证作战任务的成功执行，装备系统在执行作战任务时，如发生故障导致任务执行中断，需保证系统提供相应的保障服务，以使装备系统重新恢复到可执行状态。由此应以作战场景模型为输入，拓展相应保障场景要素，与作战装备系统组成支撑关系，共同完成作战任务。在模型的基础上，通过场景仿真推演对当前保障系统配置和保障方案进行分析，确定是否满足顶层使命任务要求，从而捕获并确定保障能力需求。

③ 通用质量特性顶层需求分解与表征

基于已定义的作战场景模型和保障场景模型，参考相似装备 RMS 指标，通过仿真推演的方式分析和计算出作战需要满足的装备系统效能或系统战备完好性和任务成功性的定量要求，完成由作战使命任务要求向装备顶层使用 RMS 要求的分解，并通过需求图模型建模的方式，实现需求的分解、分配、关联和追溯。

在装备顶层使用 RMS 要求的基础上，建立能反映 RMS 指标要求的装备效能模型或装备战备完好性和任务成功性模型。依据这些模型进行装备顶层综合参数及指标的分解，并根据相似装备 RMS 指标、调研数据和装备设计要求，从工程合理性的角度，将顶层使用 RMS 要求向装备基本可靠性要求、任务可靠性要求、维修性（含测试性）要求、保障系统及其资源要求进行分解。

④ 基于模型的仿真论证与权衡

以构建的作战场景模型、装备系统模型、保障场景模型、作战使命任务要求、装备顶层使用 RMS 要求及初步确定的各特性 RMS 指标要求为输入，根据时间顺序进行事件排列，采用事件调度方法，融合各类离散事件进行仿真，并提取仿真参数进行统计分析，评估装备在作战任务下的任务成功率、任务可靠度、可用度等水平，与要求的 RMST 指标进行比较，判断是否满足指标要求。若不满足要求，建立基于灵敏度分析的综合权衡方法，实现从装备典型顶层指标分解可行域中获得通用质量特性指标的最佳组合，最终实现通用质量特性顶层指标的论证与权衡。

（2）基于模型的综合建模与设计分析技术

MBSE 模式下实现性能与通用质量特性综合设计的基础在于综合模型的构建，其中方案设计阶段构建的综合逻辑模型更是实现早期验证确认通用质量特性设计的关键。在 MBSE 模式下方案设计阶段的建模手段主要是 SysML 模型。SysML 模型是 INCOSE 联合对象管理组织（OMG）为规范 MBSE 设计过程并确保设计要素的全覆盖，在统一建模语言（Unified Modeling Language，UML）的基础上，开发和适用于描述工程系统的系统建模语言（System Modeling Language，SysML）。SysML 语言通过"三类九种"视图，将 MBSE 实践过程中系统工程师的各类设计观点——系统的结构、行为、需求、约束等要素都以模型视图的形式表现出来，使得系统设计可视化、统一化、利于设计师之间相互沟通（基于 SysML 的系统综合建模框架如图 7-5 所示）。

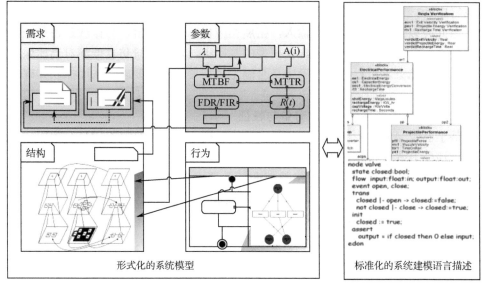

图 7-5 基于 SysML 的系统综合建模框架

① 基于形式化语言的通用质量特性综合模型表征方法

与 SysML 构建的系统性能特性模型一样，装备的通用质量特性模型也分为需求模型、行为模型、结构模型和参数模型四个方面，通过各维度之间具有的关联性，实现通用质量特性各设计要素的综合集成。

② 基于 SysML 结构和行为模型的通用质量特性综合建模

在提出的基于形式化语言的通用质量特性综合模型表征方法基础上，要实现通用质量特性与系统功能特性的集成设计分析，保证通用质量特性模型在分析过程中始终与功能特性模型数据同源，必须突破基于 SysML 模型的通用质量特性一体化建模方法，实现 SysML 构建的系统功能模型向通用质量特性模型的自动转换。

（3）基于模型的仿真评估与综合权衡优化技术

对于复杂系统而言，单独对通用质量特性各特性开展静态分析（如可靠性框图、故障树分析、ETA 分析、测试性分析等）已无法满足要求，尤其是具有动态架构设计特征、故障控制算法复杂或对性能高度敏感的系统，需借助静态结构与动态行为相结合的仿真模型进行动态仿真分析，才能确认系统是否满足通用质量特性要求。

① 基于形式化模型的通用质量特性仿真验证技术

形式化验证是指通过对需求进行形式化定义，转化为仿真模型可接口的判定准则，利用穷举式的模型检测等方法，发现违背需求的反例的过程。基于形式化语言的通用质量特性一体化模型通过状态机模型和失效传递行为模型将系统的完整失效发生、失效状态转移、失效状态传递、功能容错/切换、失效消减&控制等行为进行了描述，在此模型基础上运用模态逻辑或时序逻辑公式（F）对系统需要满足的通用质量特性需求进行规约，最后将系统和系统需求抽象为数学问题，在检验工具的支撑下，穷举系统的状态空间，验证通用质量特性需求（F）是否能够得到满足。

② 基于形式化模型的通用质量特性综合权衡优化技术

在得到形式化模型的通用质量特性仿真验证结果之后，再对仿真输出结果进一步地分析和评估可为装备通用质量特性设计方案优化与指标权衡分析提供方法指导和决策依据。通过统计和分析任务时间、故障时间、维修时间、保障延迟时间等时间参数，备品、备件和维修保障设备、设施等保障资源参数，能够及时有效识别装备系统的薄弱环节，给出设计优化建议，支持通用质量特性设计方案的制订和优化。通用质量特性综合权衡优化主要可以从多保障方案的优选和保障方案的权衡优化两方面开展。

 7.4 数据驱动的装备可靠性工程技术

7.4.1 大数据概述

20 世纪 90 年代后期，以信息技术、计算机技术和网络技术等高新技术发展为标志，人类社会迅速迈进一个崭新的大数据时代。

大数据是一个新的概念，英文中至少有 3 种名称：大数据（Big Data）、大尺度数据（Big Scale Data）和大规模数据（Massive Data），尚未形成统一定义，维基百科、数据科学家、研究机构和 IT 业界都曾使用过大数据的概念，一致认为大数据具有 4 个基本特征：数据体量巨大；价值密度低；来源广泛，特征多样；增长速度快。这 4 个特征在业界被称为 4V 特征，取自 Volume、Value、Variety 和 Velocity 4 个英文单词的首字母。大数据下，所需收集、存储、分发的数据规模远超传统管理技术的管理能力；大数据中的价值密度很低，因此也增加了价值挖掘的难度；所处理的对象既包括结构化数据，也包括半结构化数据和非结构化数据；各类数据流、信息流高速产生、传输、处理。由此可见，大数据的核心问题是如何在种类繁多、数量庞大的数据中快速获取有价值的信息。

大数据技术已成为科技大国的重要发展战略。数据与能源、货币一样，已成为一个国家的公共资源，金融市场上有"劣币驱逐良币"，能源开发中有"并非缺乏能源，而是缺乏清洁能源"，数据的管理和再利用技术不能取代科学，在数据的结构与功能越来越复杂的客观事实面前，需要更多角度的模式探测和更可靠的模型构建，无论是运用模型生成规则还是运用结构都需要更规范的设计与分析。

传统数据是完全结构化的，这意味着传统数据源会以明确的、预先规范好所有细节的格式呈现。每时每刻所产生的新数据，都不会违背这些预先定义好的格式。大数据可具有多种形式，从高度结构化的财务数据，到文本文件、多媒体文件和基因定位图的任何数据，它包括了结构化、半结构化、准结构化、非结构化的各种数据。

● 结构化：包括预定义的数据类型、格式和结构数据；

● 半结构化：具有可识别的模式和可以解析的文本数据文件；

● 准结构化：具有不规则数据格式的文本数据，通过使用工具可以使之格式化；

● 非结构化：没有固定结构的数据，通常保存为不同类型的文件。

大数据给我们带来分析信息的 3 个转变，这些转变将改变我们理解和组建社会的方法。第一个转变就是，在大数据时代，我们可以分析更多的数据，有时候可以处理和某个特别现象相关的所有数据，而不再依赖于随机采样；第二个转变就是，研究数据如此之多，以至于我们不再热衷于追求精度；第三个转变就是，因为前两个转变促成了我们不再热衷于寻找因果关系。

7.4.2 质量大数据

质量作为评估工业设备、产品及服务能否稳定发挥其性能作用的关键指标，对工业技术升级、工业成本和消费体验均有较大影响。现代工业设备、产品及系统十分复杂，仅仅依赖传统的质量管理手段很难对其质量问题进行规避，从而实质性地提升其质量水平。而随着大数据、传感器、人工智能等技术的飞速发展，一些原本较为隐蔽的质量特征、关联关系可以从工业质量数据中得到挖掘。质量大数据可以将各类工业场景下的质量风险暴露，实现质量关联关系挖掘、质量水平优化和质量经验知识积累，达到工业产品和服务向中高端转型升级的目的，提升整体行业效益。

质量大数据根据质量管理在不同生产体系、管理体系和数据基础等方面的内涵不同，决定了其边界和内容。从数据要素的角度，质量大数据是指围绕工业产品各种质量要求（功能型质量、性能质量、可靠性质量、感官质量等）在不同阶段（研发设计、生产制造、使用运行等）所产生的与产品质量相关的各类数据的总称，覆盖了人、机、料、法、环、测（人员、设备、物料、加工方法、加工环境、检测）等多个因素。

质量大数据作为以大数据形式表征的工业产品、设备与系统质量数据集合，具有跨尺度、协同性、多因素、动态化等特性。

所谓"跨尺度"，是指质量大数据作为一个统称集合，囊括了多个工业行业的不同阶段、不同生产模式和环节的多种质量数据。这些数据由于表征对象、属性、量度等方面的差异，将工业对象的质量全貌以数字空间的形式得到了全面的展示，形成了质量数据在多个尺度的跨越。

所谓"协同性"，是指质量大数据的不同实体与关系数据的联动变化。由于工业系统是一个多要素、多环节的系统，各个环节的质量指标数值均会影响下一个环节。例如对一个装配件 C 来说，它由零件 A 和 B 组装形成，当零件 A 的公差已经超过 C 的精度要求时，待装配的 C 是不可能达到质量要求的；当零件 A 和 B 的偏差存在互补效果时，装配件 C 的质量反而更高些。因此在产品的质量数据分析过程中需要将各阶段质量数据作为整体来看待。

所谓"多因素"，是指产品质量的影响因素来源多样，包括人员、设备、物料、加工方法、加工环境、检测等多方面的因素。在企业建立工业产品质量大数据的过程中，多种因素数据的来源和形式也是多样化的，需要进行专门的集成和归纳。

所谓"动态化"，是指质量大数据是随时间的变化以及工业系统状态的变化而实时变化的。质量包含的大量特性数据主要是跟随产品全生命周期变化的，统计并理解产品质量特性数据在全生命周期的变化规律，能够使用户有效把握质量大数据的"动态化"特征，达到对产品的质量情况的全面了解。

随着计算能力和存储能力的提升，大数据分析方法与传统分析方法的最大区别在于分析的对象是全体数据，而不是数据样本，其最大的特点在于不追求算法的复杂性和精确性，而追求可以高效地对整个数据集进行分析。

7.4.3 质量大数据与可靠性工程

可靠性作为产品质量的重要一环，其分析工作贯穿于产品研制、生产、使用和维修全过程，可以说质量数据分析在可靠性工程中始终发挥着重要作用。随着制造业数字化转型、高档数控机床的配置应用和自动化采集设备的广泛应用，工业装备生产产生的质量数据，逐渐被全方位采集和多形式记录。数据量、数据类型、数据传输均得到大幅提升和扩展，不断采集和积累的质量数据也将可靠性工程推进到大数据时代。

可靠性源于设计，成于制造，显于使用。产品的可靠性是设计出来的，生产出来的，也是管理出来的。可靠性贯穿产品全寿命周期，包括设计生产阶段、生产制造阶段、贮存阶段、使用保障阶段、报废阶段。在产品全寿命周期内，大量可靠性数据都会产生，这些数据都属于典型的质量数据，如平均故障间隔时间（MTBF）、平均修复时间（MTTR）、平均失效时间（MTTF）等。这些数据贯穿产品全寿命周期，构成了对产品可靠性的分析与评估。

大量的可靠性数据的来源分为设计数据、生产数据、使用数据等。部分数据分类明确，但有的数据属于其中多类或贯穿始终，不仅数据量大，数据类型也多种多样，给产品可靠性的分析工作带来较大难度。另外，大量数据间具有隐性关系，难以直观分析。同时，数据间的交互耦合也会给数据分析带来难度。因此，如何对现有的可靠性工程数据进行深度全面分析，是可靠性工程中的重点工作之一。

质量大数据给可靠性工程带来了分析信息的 5 个转变，这些转变将改变可靠性工程中数据分析的方法。

第一个转变：在质量大数据时代，我们可以分析更多的数据，甚至是某个事物的全集数据，并且"样本"可以等于"总体"，可以洞察全局、整体的质量，而不需要随机抽样和多级抽样。

第二个转变：在质量大数据时代，因为数据量非常庞大，可以不再热衷于追求精确性，而是适当忽略微观层面的精确性而专注于宏观层面的洞察力，偏重于用概率说话，接受混乱和不准确性，宽容错误可能会带来更多价值。

第三个转变：在质量大数据时代，寻找因果关系不再是长久以来的习惯，我们将更侧重于寻找事物之间的关联关系，能让我们超越目前已掌握的可靠性理论的局限，发现新的可靠性问题、挖掘新的潜在价值。

第四个转变：在质量大数据时代，"数据+算法"研究范式将由于数据"量"的增长形成"质"的变革，简单算法比传统的复杂分析算法更有效，改变传统的基于有限数据不得不花费大量精力追求算法复杂性、精密性和智能性的模式，花费更少的精力寻找有效的简单算法，计算分析的效率也将提升。

第五个转变：数据的价值从基本用途变为潜在用途，数据的价值不会随着它的使用而减少，而是可以不断地被处理和利用，并不断地产生价值，即数据可以被无限利用，而不是一次性消费。

未来的可靠性工程中需要更多地使用数据"发声"，要用质量大数据发现问题答案，要用质量大数据总结成功规律，要用质量大数据实现质量预警，要用质量大数据完成创新管理。

7.4.4 数据驱动的可靠性工程技术

数据驱动的可靠性工程，是指以大数据为基础，采用数据分析、挖掘等技术进行可靠性分析、可靠性评估、故障诊断与预测等可靠性活动，实现发现薄弱环节、改善系统可靠性水平的目的。传统的可靠性工程技术，在面对具有大数据特征的系统时，表现出明显的局限性，因此，大数据环境下数据驱动的可靠性工程，不仅要解决对大数据的收集问题，更主要的是要研究数据挖掘与分析方法，实现对系统可靠性的分析、评估、预测等。要实现数据驱动的可靠性工程，应着重解决以下几个方面的问题。

（1）数据收集

数据收集主要为了收集系统在试验或运行过程中产生的多种类型的质量数据，

包括运行数据、故障信息数据、维修信息数据、可靠性指标等，为数据挖掘分析提供丰富的初始数据源。信息化条件下，系统的质量数据呈现出新的特点，来源广、容量大、更新快，数据来源包括各种平台及任务载荷，数据类型包括数字、文本、图表等，对数据的收集与处理提出了更高的要求。

对于来源单一、种类单一的数据来说，可以采用最简单、最直接的数据收集方法，即人工收集。制作数据收集表格，将系统试验或运行中产生的质量数据逐项记录。但对于大数据样本来说，传统方法费时费力，不太可取。

基于大数据采集技术，可以实现对质量数据的采集并构建质量数据库。通过搭建大数据采集平台，利用数据接口实现对多种类试验数据的采集，包括结构化数据和非结构化数据：结构化数据可以通过规则化的数据格式采集到可靠性试验平台，非结构化数据首先可以通过转换工具将数据转换为既定格式的数据文件，再由数据平台进行采集。采集方法也可分为多种，对于历史数据，经初步处理后可以将有用数据信息通过数据接口直接采集到大数据平台的数据库中存储；对于正在生成的试验数据，可以通过传感器部署，将不同种类的参数采集到大数据平台。已经采集的质量大数据，可以构建质量大数据库，为数据挖掘分析等提供数据源。

（2）数据预处理

质量大数据的预处理，主要涉及对质量数据的初步筛选、数据清洗等工作。

首先，根据质量数据挖掘分析的工作需求，初步识别和筛选工作需要的目标数据，组建新的质量数据源。其次，经过采集的质量大数据体系，必然存在部分不符合要求的数据，包括残缺数据、错误数据、无效数据、重复数据等，针对该类数据要进行数据清洗工作。针对残缺数据，通过检索获取具体残缺数据点，可以利用人工输入或平均值代替的手段进行处理；针对错误数据，利用统计分析的方法识别错误数据点或异常值，也可以利用既定的规则库进行检查，并对错误数据及时纠正处理；针对无效数据，利用规则库检查明显不符合要求的数据值并将其删除，或用寻找替代值的方法进行处理；针对重复数据，通过数据属性值检查的手段进行筛选，并将重复值进行合并或清除处理。

（3）特征提取与建模

经过处理的质量数据，仍存在数据体量庞大、种类多样等特点，不适合直接用于后续的数据挖掘与分析。此时可以开展大数据特征提取工作，利用降维算法对大数据集进行数据降维，生成新的质量数据集，既能够保留质量大数据的主要特征，又便于后续的挖掘分析。经过降维的质量数据集以特征数据集的形式作为后续分析的输入。

在挖掘分析前，首先对历史数据进行模型训练。历史质量数据包含了试验信息、输入数据信息等参数，也有试验结果等真实数据。通过大数据预测分析算法，如关联规则分析算法、聚类算法等，构建试验输入数据与输出数据的算法模型，并利用历史数据在原始模型的基础上进行泛化性能的提高，优化后的模型在达到相应的精确度指标后就可以用于质量数据的挖掘分析。

（4）数据挖掘与分析

质量数据蕴藏着大量的能够反映系统可靠性水平的有效信息，可以基于大数据挖掘分析，通过分析结果反馈系统的可靠性设计，进而改进系统的可靠性水平。例如，可以考虑采用关联挖掘算法等大数据挖掘方法，分析故障与不同种类质量数据的具体关联关系，以便掌握故障发生的规律，分析影响质量可靠性水平的关键部件、关键参数等，或通过关联挖掘找出易出故障的薄弱环节，进而将分析结果反馈到系统工程研制中，或作为经验数据用于指导下一代同类产品的研发设计，从而提升产品的质量可靠性水平。另外，也可以基于现有质量数据，利用神经网络等数据挖掘预测算法，对系统可靠性指标进行预测，进而评估其可靠性水平。

7.5 装备可靠性数字孪生技术

7.5.1 数字孪生的概念与内涵

当前，以物联网、大数据、人工智能等新技术为代表的数字浪潮席卷全球，物理世界和与之对应的数字世界正形成两大体系平行发展、相互作用。数字世界为了服务物理世界而存在，物理世界因为数字世界而变得高效而有序。在这种背景下，数字孪生（Digital Twin）技术应运而生。

数字孪生也被称为数字双胞胎和数字化映射，这一概念由密歇根大学的Michael Grieves 博士于 2002 年 10 月在美国制造工程协会管理论坛上提出，当时的命名为"信息镜像模型"（Information Mirroring Model）。2009 年，美国空军研究实验室在战斗机维护工作数字化中提出了"机身数字孪生"的概念，2012 年 NASA 给出了数字孪生的概念描述：数字孪生是指充分利用物理模型、传感器、运行历史等数据，集成多学科、多尺度的仿真过程，它作为虚拟空间中对实体产品的镜像，反映了相对应物理实体产品的全生命周期过程。其后，美国国防部、德勤公司、通用电气公司、ISO 等均对数字孪生给出了不同的定义。

在应用层面，2012 年，面对未来飞行器轻质量、高负载以及更加极端环境下更长服役时间的需求，NASA 和美国空军研究实验室合作并共同提出了未来飞行器的数字孪生体范例。2015 年，美国通用电气公司计划基于数字孪生，并通过其自身搭建的云服务平台 Predix，采用大数据、物联网等先进技术，实现对发动机的实时监测、及时检查和预测性维护。之后，NASA 开发了飞行器全套数字样机"铁鸟"，用以在飞行前进行虚拟测试。美国 F35 战斗机的设计与生产就是采用数字孪生和数字纽带技术实现了工程设计与制造的连接，设计阶段产生的 3D 精确实体模型可以用于加工模拟、数控机床编程、坐标测量机检测、模具/工装的设计和制造等。近年来，随着全球范围内移动互联网、物联网、边缘计算、大数据与机器学习、区块链等新兴技术的快速发展和实践落地，数字孪生制造、数字孪生产业、数字孪生交通、数字孪生城市、数字孪生战场等应用蓬勃兴起。全球 IT 研究与顾问咨询公司 Gartner 连续三年将数字孪生列为关键战略技术发展趋势，《中华人民共和国国民经济和社会发展第十四个五年规划和 2035 年远景目标纲要》明确提出要"探索建设数字孪生城市"。信息技术、工业生产、建筑工程、水利应急、综合交通、标准构建、能源安全、城市发展等领域的相关政策中均涉及数字孪生。

综合数字孪生的概念及其未来应用场景，可从如下几个方面理解数字孪生技术的内涵。

① 数字孪生是体系级的数字映射：最早的数字孪生概念模型包含真实空间中的物理产品、虚拟空间中的虚拟产品和将虚拟产品与真实产品联系在一起的数据和信息连接等三个部分。数字孪生综合运用智能感知、计算、数据建模等信息技术，通过软件定义虚拟产品，对物理产品进行描述、诊断、预测和决策，进而实现物理空间与虚拟空间的交互映射。

② 数字孪生与 MBSE 紧密耦合：基于模型的系统工程是一种形式化的建模方法学，是为了应对基于文档的传统系统工程工作模式在复杂产品和系统研发时所面临的挑战，以逻辑连贯一致的多视角通用系统模型为桥梁和框架，实现跨领域模型的可追踪、可验证和全生命周期内的动态关联，进而驱动贯穿于从概念方案、工程研制、使用维护到报废更新的全寿命期内的系统工程过程和活动。一方面，MBSE 的建模和仿真方法与流程可以指导数字孪生体的构建和运行；另一方面，MBSE 是创建数字孪生的框架，数字孪生体可以通过数字线程集成到 MBSE 工具套件中，进而成为 MBSE 框架下的核心要素。

7.5.2　装备可靠性数字孪生应用

结合数字孪生的概念和内涵，可将装备可靠性数字孪生定义为：利用数字技术对物理实体对象的可靠性特征、可靠性行为、可靠性形成过程等进行描述和建模的过程与方法。从广义的角度，可靠性数字孪生从微观原子级到宏观几何级，对潜在生产或实际制造产品的虚拟可靠性信息进行全面描述。相应地，可靠性数字孪生是指产品物理实体的可靠性在虚拟空间的全要素重建及数字化映射，可用来模拟、监测、诊断、预测、控制产品物理实体在现实环境中的可靠性行为，这里的物理实体既包含装备本体，也包含对装备本体可靠性有着重要影响的环境。

基于装备可靠性数字孪生，在方案阶段可以形成技术可行、经济可承受的可靠性方案，可以大大减少需求迭代时间。现代装备具有结构组成复杂及技术含量高等特点，新研装备在技术方案的设计过程中需要同时考虑许多因素，装备可靠性要求的实现还涉及性能、进度、费用的综合权衡，因此可靠性指标实现的过程是一个复杂的工程活动过程。在新研装备的方案阶段，根据其性能和任务要求，基于历史型号的设计、试验、制造和使用数据，建立装备可靠性数字孪生，并进行模型计算和仿真，分析可靠性对装备作战效能的影响，对可靠性、装备性能和费用进行综合权衡。在此基础上对可靠性合同要求的技术可行性和经济可行性进行分析，确定可靠性要求的验证时机和方法，明确装备故障判据。

装备工程研制过程集中了大量知识经验的复用及其工程技术和管理方法的创新。为了保证这一复杂的系统工程有效且低风险地进行，需要对型号各层次、研制过程各个阶段要做的事情进行系统性的定义与策划。数字孪生为针对产品研制薄弱环节确定产品可靠性提升措施，开展了产品可靠性改进工作策划与实施，提供了数据支撑，确保整个工程项目研制过程中的工作项目（活动）能及时、协调和全面地开展，最终达到可靠性要求。

在装备生产与使用阶段，以装备可靠性数字孪生模型为核心，一方面基于装备使用环境数据、任务数据、维修保障等数据，对装备进行故障预测，支持装备的任务规划；另一方面通过装备与其可靠性数字孪生之间的数据及信息交互，使装备可靠性数字孪生得到不断修正，逐步提升模型的精确性，实现定制化的维修和保障。

7.5.3　装备可靠性数字孪生关键技术

（1）可靠性数字孪生故障物理模型

武器装备产品可以看成复杂的"机"和"电"混合系统，系统的可靠性不仅与组成系统的各子系统可靠性相关，而且与子系统的组合方式和子系统内部的相互作用相关。为了定量和定性评估系统可靠性各环节的薄弱点和产品的系统设计结构，需要建立可靠性数字孪生故障物理模型，常见的可靠性建模手段和方法有可靠性框图、FMECA、FTA、BN、ANN、GO 法、Petri 网等。

（2）可靠性数字孪生传感器数据监测

与传统的数据采集不同，面向可靠性数字孪生的传感器数据监测与装备自身的物理结构具有紧密的联系。因此，需要根据不同装备的特点，搭建其可靠性数字孪生数据监测结构。按照装备的构型搭建装备结构树，并对装备结构树的结构节点进行扩展，以形成基于 BOM 的扩展产品结构树。扩展产品结构树一般可分为三层，第一层为装备结构层，用以表征装备的结构；第二层为监测定义层，用以定义传感器状态感知运行环境、监测内容和融合手段；第三层为参数层，用以存储状态参数的实时采集记录。

（3）可靠性数字孪生健康信息感知

武器装备的健康信息感知是装备现有状态与期望状态偏离情况的评估，反映了装备良好完成任务的能力，故障预测与健康管理（Prognostics and Health Management，PHM）是装备健康信息感知的有效手段和有力工具，而可靠性数字孪生驱动的健康信息感知扩展了 PHM 的实现方式和应用范围，是在可靠性孪生数据的驱动下，基于物理设备和虚拟设备的同步映射与实时交互，形成装备健康管理 PHM 服务新模式，实现快速捕捉故障现象、准确定位故障原因、合理设计并验证维修策略。

可靠性数字孪生健康信息感知在传感器数据监测的基础上，将健康信息感知分为数据操作、状态逻辑、健康评价、故障诊断预测、辅助决策和人机交互等层次，并在分布式计算能力和通信机制上建立模块松散型耦合关系。

（4）可靠性数字孪生使用与维修映射

可靠性数字孪生使用与维修映射就是借助可靠性数字孪生技术，形成与装备保障相匹配的保障方案，将使用与维修保障工作分解为各个子工作或工序，确定出每个子工作或工序所对应的保障资源需求，作为确定保障资源体量的重要输入信息。

以可靠性数字孪生为中心的使用与维修映射是一种系统化考虑系统功能、功能失效的方法，以可靠性数字孪生为中心的使用与维修只有放在整个预防维护数据链条中才能发挥最大功效，体现了状态监测与精准执行的思想。借助可靠性数字孪生，采用先进合理的装备使用与维修策略，既能保证装备安全可靠运行，又能在使用过程中，应用经济技术评价等方法对装备的成本进行跟踪，合理地降低使用费用，从而真正地实现对装备的使用、维护等综合管理。

（5）数字—物理双空间精准映射

可靠性数字孪生数字—物理双空间精准映射就是实现虚拟空间—实体空间的全要素对称性映射。数字—物理双空间精准映射是通过装备传感器数据监测，将动态环境下的海量感知数据实时传输到虚拟数字世界，从产品设计、产品工艺、产品制造/装配、产品服务以及产品报废/回收等多角度对装备进行可靠性建模，以及可靠性评估和验证。在实现信息融合和模型融合的基础上，针对这些数据，进行模型数据轻量化、数据聚类与挖掘、数据演化与融合等操作，真实刻画装备状态、可靠性行为等动态演化过程和演化规律，形成装备全生命周期中精准管控的可靠性服务能力。

（6）可靠性数字孪生与信息物理系统集成

信息物理系统（Cyber Physical System，CPS）集成了计算、通信和贮存，具体来说主要有智能连接、数据分析、网络连接、认知与决策、执行等功能。典型的信息物理系统包括两个组成部分：①可靠的连接性，确保从物理世界获得实时数据和从网络空间获得信息反馈；②以智能数据管理、分析和计算为核心的网络空间。

信息物理系统与可靠性数字孪生都要求虚拟世界与物理世界的实时交互和深度融合，而可靠性数字孪生为 CPS 信息空间与物理空间之间的数据交互提供了清晰的思路、方法和实施途径。以物理实体建模产生的可靠性模型为基础，通过实时数据采集、数据集成和监控，动态跟踪物理实体的可靠性工作状态和工作进展，将物理空间中的物理实体在信息空间进行虚拟数字化重建，形成具有感知、分析、决策、执行能力的可靠性数字孪生体。

对于每个可靠性数字孪生 CPS 单元，可认为其主要由传感器、执行器和决策控制单元等在内的基本组件构成。传感器和执行器通过嵌入物理组件上实现对外界实时可靠性状态的感知与监测，同时接收决策控制单元的控制指令对物理对象进行控制，传感器与执行器是连接物理世界和计算世界的接口；决策控制单元接收传感器感知到的可靠性信息，根据具体用户定义的语义规则和控制规则生成相应的控制逻辑，并将指令发送给执行器对物理对象进行操控。

7.6 智能软件可靠性技术

7.6.1 智能软件及其内涵

智能软件是人工智能的重要载体，它包含能产生人类智能行为的应用软件，也包含支持数据采集和人工智能算法（如机器学习、深度学习等算法）的软件基础设施，其中，软件基础设施主要指允许智能软件运行的软件框架或人工智能平台。

当前，得益于大数据技术的发展、统计和概率方法的采用及计算机处理能力的提升，特别是，机器学习或深度学习支持计算机从经验或例子中学习，已经表现出越来越精准的结果，智能软件正在革命性地改变人类的工作、学习、生活和沟通方式，许许多多的智能软件和技术也正广泛应用于金融、医疗、安防、交通、工业、媒体等领域。

智能软件通过人工智能或者机器学习算法，模拟甚至超越人类感知、学习、推理和行为能力，实现对问题的求解。它与传统软件存在以下明显的区别。

① 基于问题求解。一个智能软件往往采用人工智能问题求解模式来获得结果。与传统软件相比，其问题往往具有指数型的计算复杂性，其问题求解在很大程度上依赖知识，问题求解算法往往是非确定的或启发式的。

② 基于知识处理。智能软件处理的对象，不仅仅有数据，还有知识。表示、获取和处理知识的能力是智能软件与传统软件的重要区别之一。因此，智能软件需要如下机制：表示知识的语言；知识组织工具；建立、维护与查询知识库的方法与环境；支持知识重用的机制。

③ 基于现场感应。智能软件具有现场感知（环境适应）的能力，即它可与所处的现实世界进行交互。这种交互包括感知、学习、推理、判断并做出相应动作，即智能软件存在自适应性。

鉴于智能软件在社会中发挥着越来越重要的作用，针对其可靠性方面的研究日益成为关注的焦点，如何开发可靠、真实和可信赖的智能软件，如何确保智能软件以受控的方式安全可靠地运行，如何有效地测试、维护和演化智能软件，成为多领域共同关注的焦点。

7.6.2 智能软件可靠性模型

软件系统中的可靠性属性被定义为工作产品或产品的属性，产品拥有者将通过它来判断产品质量。软件系统常常从满足其业务和任务目标，扩展到满足相应的可靠性需求。

智能软件可靠性是指在规定的条件下、规定的时间内，系统正确完成预期功能，且不引起系统失效或异常的能力。总体而言，智能软件的可靠性可分为三大方面：模型可靠性、数据可靠性和平台可靠性，如图 7-6 所示。模型可靠性包括深度学习算法的正确性、代码的正确性。数据可靠性包括训练数据集的影响和环境数据的影响。平台可靠性包括软硬件平台对智能软件可靠性的影响。

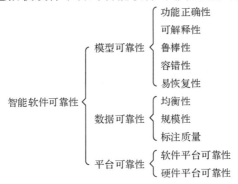

图 7-6 智能软件可靠性维度

（1）模型可靠性

模型可靠性用于评价智能软件中涉及的机器学习模型或深度学习模型的可靠程度，主要包括：

① 功能正确性，指模型对指定任务或目标完成结果的正确度。

② 可解释性，指模型对某一特定任务做出的决策的可靠程度。

③ 鲁棒性，指模型面对异常情况时避免失效的能力。

④ 容错性，指模型面对故障保持用户期望性能水平的能力。

⑤ 易恢复性，指模型失效后在有限时间内恢复原始状态的能力。

其中，最关键也是最难提升的是模型的可解释性。人工智能算法常常需要选择、训练及部署模型。为了提升智能软件可靠性，了解模型在何时以及什么情形下能做出准确的预测是一个热点研究问题，随着机器学习算法变得越来越复杂，模型可解释性正引起更多的关注。一些人工智能社区建议使用可解释模型，或开发可视化技术，使黑盒模型更易解释。另外，构建或使用的模型需要具备可定制性和可扩展性，这不仅要求开发团队具备软件工程技能，还需要有足够深厚的机器学习知识来解释、构建、评估和调整模型。

（2）数据可靠性

数据可靠性主要指用于训练机器学习或深度学习模型所使用的数据质量。主要包括：

● 数据均衡性，指数据集分布是否均匀；

● 数据规模性，指用于训练模型的数据集的大小；

● 数据标注质量，指数据集中样本的标注是否恰当。

（3）平台可靠性

平台可靠性指衡量智能软件所依赖的软硬件平台的可靠程度。主要包括：

● 软件平台可靠性，指智能软件所依赖的软件平台（包括深度学习框架、大数据平台、操作系统等）的可靠程度；

● 硬件平台可靠性，指智能软件所依赖的硬件平台（如传感器、人工智能芯片等）的可靠程度。

7.6.3 智能软件可靠性保障技术手段

为了实现主动的可靠性保障，通常的手段包括验证与测试，其保障过程往往建立于程序分析的基础上。此外，考虑到深度学习模型通常是智能软件的核心组件，测试用例生成技术、对抗样本生成技术、错误调试与错误修复技术、基于确定性保证的验证方法等均在近年获得了较大关注。

① 测试用例生成技术。智能软件的测试用例可以被分为两类：对抗输入和天然输入。对抗输入是基于原始输入扰动得到的，它们可能不属于正常的数据分布，但是可以暴露鲁棒性和安全性上的缺陷；而天然输入是属于真实应用场景的数据分布的输入。为了为不同领域的深度学习算法自动生成测试用例，特定领域的测试输入合成技术、基于模糊与搜索的测试用例生成技术、基于符号执行的测试用例生成技术等被研究运用于提升深度学习算法的神经元覆盖率，获得更高效、更有效的测试生成。

② 对抗样本生成技术：对抗样本是一种由人为添加扰动的特殊样本。对抗样

本可以使模型产生误判，使攻击者达到绕过模型检测的目的，甚至可导致基于此类模型的各种异常检测算法失效。现有的模型很容易受到"对抗样本"的攻击，因对抗样本等攻击噪声产生的深度学习模型错误而引发的可靠性问题是亟待解决的问题。基于对抗样本的智能软件深度学习模型可靠性保障技术是近年来关注的热点。

③ 错误调试与错误修复技术：通过测试或形式化验证所检测出的深度学习模型的错误，如何对其进行调试与修复是目前学术界与工业界面临的另一个难题。基于数据驱动开发的深度学习模型，其行为很大程度上由训练数据分布所定义。然而，学习所得的模型预测结果通常并不能很好地描绘训练数据的分布。目前，通过对输入数据与神经网络运行时行为关系的研究，可以减少其在实际应用场景做出错误决定的风险。然而，深度学习模型通常无法保证100%行为正确。其错误可能来源于深度学习本身内在的局限性。另外，包括数据、训练程序、深度神经网络结构、动态学习算法以及支撑平台都可能是最终训练模型错误行为的原因。

④ 基于确定性保证的验证方法：确定性保证的原理是将验证问题转换为一组约束，进而可以使用约束求解器解决相关问题。之所以称为"确定性"，是因为求解器通常会对查询返回确定性答案，得益于近几年各种约束求解器的成功应用，模型的确定性也进一步提升。

7.6.4 可靠的智能软件开发过程

软件过程是利用过程来保障软件可靠性的重要手段。软件过程是指为建造高可靠性软件所需完成的一系列步骤、中间产品、资源、角色及过程中采取的方法、工具等。

智能软件是一个软件密集型系统。从开发过程上看，智能软件的开发需要遵循软件开发过程。设计和部署质量软件系统，及时满足其使命目标，这一既定原则亦适用于智能软件。开发团队应遵循现代软件工程实践以及准则，努力按时提供高质量的功能，满足设计架构上的可靠性需求，维护智能软件全生命周期。

另外，正如其他复杂软件系统，智能软件面临若干可靠性挑战，且其可靠性表现得更不可控。一个重要原因是人工智能和机器学习引起的编程范型与软件开发模式的转变。传统上，软件系统采用程序代码来编写系统行为的规则。但是，使用机器学习和人工智能技术，大量规则会从训练数据中推理出来。这种编程范型的转变使得智能软件开发存在挑战——智能软件模块之间的交互存在不确定性，对具有智能组件的软件系统行为进行推理变得困难，对智能软件进行测试或验证也存在挑战。因此，从数据、模型、集成三个维度，梳理总结可信的智能软件开发过程，对提升智能软件可靠性具有重要而现实的意义。

（1）与数据相关的开发过程

① 数据收集：查找可用数据集。有时候使用通用数据集来训练部分模型，使用迁移学习与专业数据训练来训练出更准确的模型。

② 数据清洗：工程师从数据集中删除不准确的数据或噪声数据。

③ 数据标记：工程师、领域专家可以为数据加上标签，大多数受监督的学习技术利用标签来引导模型训练。

人工智能算法或机器学习是否成功，一个关键是为算法或学习模型提供足够且可靠的训练数据。数据是智能软件开发具有挑战性的关键方面，影响着系统设计的各个方面。软件元素需要根据数据的结构和行为来进行架构，并且需要根据数据的不确定性、可用性和可伸缩性来明确地进行架构。人工智能系统以在数据上进行训练的模型为中心，如果提供给训练模型的数据发生变化，那么系统的性能可能会下降。

（2）与模型相关的开发过程

① 模型需求阶段，设计人员决定可使用机器学习或者人工智能算法来实现智能软件的哪些功能或者问题，他们还决定哪些模型最适合给定功能/问题。

② 特征工程指为提取模型信息和选择机器学习模型而执行的活动。对于某些模型（如卷积神经网络）而言，此阶段通常与模型训练合并。

③ 在模型训练阶段，需要在收集、清洗的数据集上训练和调整模型特征、超参数调优。

④ 在模型评估阶段，工程师使用预定义的指标评估输出模型。这一阶段还可能涉及人工评估。

⑤ 在模型部署阶段，将模型的推理代码部署在目标设备上。

⑥ 在模型监视阶段，在实际运行中持续监视智能软件或者模型，发现误差或错误。

为保障模型的可靠性，通常需要开展如下活动。

① 跟踪运行。工程师跟踪智能软件使用的数据集、模型、代码和超参数的更改，并发现不同运行之间的变化。

② 代码测试与调试。在初始阶段，程序员所编写的许多代码通常质量不高，无法满足模型训练要求。工程师要花费大量时间调试代码，并进行测试。

③ 训练和故障排除。通常需要数小时或数天才能完成模型训练。例如，完整构建特斯拉自动驾驶仪的神经网络需要在 GPU 上进行 7 万个小时的训练。如果训练过程出错，则需要进行故障排除及继续/重新启动模型训练。

④ 模型精度评估。训练后需要评估模型精度，以查看其是否符合所需的指标。在达到精度要求之前，仍要不断提高准确性。

⑤ 再训练。以机器学习为中心的智能软件会经历由模型更改、参数调整和数

据更新启动而导致的频繁更改，这些修订对系统可靠性和性能有显著影响。在数据更新、模型出错或需求变化的情况下，需要重新训练模型。因此，需要设计高效的模型再训练的方法。

⑥ 模型部署。在模型经过训练并达到精度要求后，它将被部署到生产环境中，并根据模型及其在生产中使用实时数据的方式，进行脱机预测或在线预测。运行阶段监控模型，如果发现问题，需要向团队发出警报，以便及时解决问题。

（3）智能软件的开发与集成

随着机器学习组件变得成熟，将机器学习集成到更大的软件系统变得越来越重要。但是，由于机器学习模块与传统软件模块具有不同特性，实现系统集成具有很高的挑战性。

用于设计智能软件的程序语言、工具和平台在不断发展，为开发可靠和可扩展的系统奠定了基础。当构造智能软件时，我们可以使用更好的工程和数据管理工具。例如，工程师可以利用开源工具，或者构建自己的工具链，以发现、收集、使用、理解和转换数据。工具提供高度自动化，并支持训练、部署模型及产品集成。业界还需要设计更丰富的机器学习工具、库、模型和框架，满足对于智能软件的开发需求。

此外，软件过程的变化不仅改变了开发团队日常的工作，也影响了团队成员角色。近年来，很多软件开发团队添加数据科学家，以提升团队分析应用程序行为、确定 Bug 优先级、估计故障率的能力等，数据科学家也扮演数据收集和分析的角色。这些数据科学家成为将统计和机器学习工作流集成到软件开发流程中的先行者。随着智能软件的发展，数据科学家的角色逐渐与深入理解业务问题的领域专家、开发预测模型的建模者以及创建基于云的基础架构的平台构建者等角色相结合。

参考文献

[1] 中国人民解放军总装备部电子信息基础部. 装备可靠性工作通用要求：GJB450A—2004[S]. 北京：总装备部军标出版发行部，2004.

[2] 中国人民解放军总装备部电子信息基础部. 可靠性维修性保障性术语：GJB 451A—2005[S]. 北京：总装备部军标出版发行部，2005.

[3] 中国人民解放军总装备部电子信息基础部. 装备可靠性维修性保障性要求论证：GJB 1909A—2009[S]. 北京：总装备部军标出版发行部，2009.

[4] 航天工业总公司. 可靠性维修性评审指南：GJB/Z 72—1995[S]. 北京：国防科学技术工业委员会发行部，1995.

[5] 国防科学技术工业委员会. 设计评审：GJB 1310A—2004[S]. 北京：国防科学技术工业委员会发行部，2004.

[6] 中国人民解放军总装备部电子信息基础部. 大型复杂装备军事代表质量监督体系工作要求：GJB 3899A—2006[S]. 北京：总装备部军标出版发行部，2006.

[7] 杨为民. 可靠性维修性保障性总论[M]. 北京：国防工业出版社，1995.

[8] 康锐，石荣德，李瑞莹. 型号可靠性维修性保障性技术规范. 第 2 册[M]. 国防工业出版社，2010.

[9] 康锐. 可靠性维修性保障性工程基础[M]. 北京：国防工业出版社，2012.

[10] 谢少锋，张增照，聂国健. 可靠性设计[M]. 北京：电子工业出版社，2015.

[11] 殷世龙. 武器装备研制工程管理与监督[M]. 北京：国防工业出版社，2012.

[12] 潘勇. 可靠性概论[M]. 北京：电子工业出版社.

[13] 曾声奎. 可靠性设计与分析[M]. 北京：国防工业出版社，2011.

[14] 盛志森. 可靠性工程简史[J]. 电子产品可靠性与环境试验，2008,26(6):6-8.

[15] 龚庆祥. 型号可靠性工程手册[M]. 北京：国防工业出版社，2007.

[16] 张武林. 常规武器装备设计师系统的构建和运行模式初探[J]. 国防技术基础，2016(6):34-38.

[17] 白凤凯. 军事代表室管理[M]. 北京：国防工业出版社，2013.

[18] 陆彪，上海航天技术研究院所. 加强对转承制方的可靠性监控[J]. 第二届电子信息系统质量与可靠性学术研讨会，2005.

[19] 倪大江. 民机安全性工作体系与共模故障分析方法研究[D]. 南京：南京航空航天大学，2007.

[20] 刘安定，胡勇，王子田. 论型号装备"六性"管理组织及职责[J]. 中国军转民，2014(4):35-37.

[21] 徐萍，耿伟波，游宏梁，加强装备质量数据资源建设的思考[J]. 质量与可靠性，2020(6): 43-47.